KB003521

아이와 다투지 않는

영국육아

아이와 다투지 않는

영국 육아

초판 1쇄 펴낸날 2017년 9월 25일

지은이 김혜중
펴낸이 조영혜
펴낸곳 동녘라이프

전무 정낙윤
주간 곽종구
편집 구형민 최미혜 이환희 사공영 김은우
미술 조정윤
영업 김진규 조현수
관리 서숙희 장하나

인쇄·제본 새한문화사 라미네이팅 북웨어 종이 한서지업사
등록 제311-2003-14호 1997년 1월 29일
주소 (10881) 경기도 파주시 회동길 77-26
전화 영업 031-955-3000 편집 031-955-3005 전송 031-955-3009
블로그 www.dongnyok.com 전자우편 life@dongnyok.com

ISBN 978-89-90514-67-7 (03590)

• 잘못 만들어진 책은 구입처에서 바꿔 드립니다.
• 책값은 뒤표지에 쓰여 있습니다
• 이 도서의 국립중앙도서관 출판시도서목록(CIP)은 e-CIP홈페이지(http://www.nl.go.kr/ecip)와
국가자료공동목록시스템(http://www.nl.go.kr/kolisnet)에서 이용하실 수 있습니다. (CIP제어번호: CIP2017019624)

아이와 다투지 않는

영국육아

슈어스타트센터에서 만난 기적의 육아법

3~7세 아이를 위한 13주 행복 수업

김혜중 지음

동녘라이프

부모가 된다는 것

누구나 그렇겠지만 내 인생에서 가장 큰 전환점은 부모가 된 것이었다.

백두산을 비롯해 네팔의 포카라, 몽골의 초원, 핀란드의 산타마을에 이르기까지 전 세계를 거침없이 다녔던 나는 자유로운 영혼의 소유자였고 욕심 많은 사람이었다. 어려서부터 몇몇 다른 나라에서 살아볼 기회도 있었다. 하고 싶은 일이 있으면 반드시 해야 했다. 외국과 한국에서 몇 번의 자원봉사와 직장 생활을 거쳐 마침내는 안정된 직장에 안착했다. 이십 대 시절 다양한 곳에서 여러 사람들을 만나 수많은 경험을 한 덕에 웬만한 것에는 크게 요동하지 않는 내공이 있다고 자부했다. 결혼하면서도 평생 함께할 좋은 친구가 생겼다는 것 외에는 인생에 있어서 크게 달라지는 건 없다고 생각했다. 내가 있는 자리에서 주어진 일을 열심히 하며 미래를 꿈꿨다. 항상 그랬듯이.

이런 나에게 인생의 가장 큰 변수가 생겼다. 바로 '부모가 되는 것'이었다. 큰아이의 태명은 '진리'였는데 우리보다 먼저 부모가 된 친구 부부는 "이제 '진리'가 태어나면 '진리'가 너희를 자유롭게 하지 못할 거야"라고 농담 섞인 일침을 가했다. 우리 아기만큼은 그렇지 않기를 바랐지만 아기를 키운다는 것이 얼마나 힘든지에 대해 이야기를 많이 들었기 때문에 단단히 마음을 먹었다.

출산 전에 워낙 겁을 많이 먹어서 그런지 첫아이 현우는 생각보다 키우기 쉬웠다. 신생아인데도 상당히 규칙적인 생활을 했고 기본적인 욕구를 제때 충족시켜주면 크게 보채거나 힘들게 하는 일도 없이, 항상 방긋방긋 잘 웃고 우리를 무척이나 좋아해주었다. 더 이상 훌쩍 여행을 떠난다든지, 심야영화를 볼 수는 없었지만 첫아이를 키우는 일은 그리 어렵지 않았다. 얼마 안 있어 우리는 둘째를 계획하기 시작했다. 둘째가 현우 정도의 성격이라면 두 명 키우는 것은 그리 어렵지 않을 듯했다. "벌써 둘째 계획을 하다니, 현우가 순한 아기인가 보다. 아기가 까다로우면 둘째 생각을 벌써 하지는 못할 텐데"라고 주위에서는 입을 모아 말했다. 우리는 둘째도 현우만큼만 순한 아기이기를 바랐다. 그리고 그럴 것이라 믿었다.

현우가 27개월 때, '승리'라는 태명을 가진 둘째 아이가 태어났다. '진리가 승리한다'라는 뜻으로 두 아이의 태명을 연결시켜 붙여주었는데, 순산으로 낳았던 현우와는 달리 둘째는 분만 시간도 오래 걸리고 더 힘들었다. 둘째 출산은 첫째보다 수월하다는 이야기는 도대체 누구의 경험담인 걸까 싶을 정도였다. 둘째는 울음소리부터 달랐다. 소리도 클 뿐 아니라 한번 울기 시작하면 언제 끝날지 모를 정도로 울어대다가 제 풀에 지쳐 멈추는데 멈추고 나서도 한참 동안이나 훌쩍이며 흐느꼈다. 둘째 아기 재우는 조리원에서부터도 소문난 "뒤끝 있는 아이"였다. 이미 첫째 때 다 거쳤던 과정이므로 둘째는 모든 것이 수월할 줄 알았다. 그러나 둘째 재우는 단 하나도 형처럼 쉽게 지나가는 것이 없었다.

재우에게 하는 밤중 수유도 너무 힘들었다. 백일 지나서는 밤에 깨지도 않고 숙면을 취하던 현우와는 달리, 재우는 밤이면 밤마다 몇 차례씩 깨어 자지러졌다. 그 덕에 내 눈엔 다크서클이 지워질 날이 없었다. 푹 자 본 적이 언제인지 모를 정도였다. 이유식기에 들어선 재우는 새로운 것을 먹을 때마다 죄다 뱉어버리는 바람에 보통 애를 먹이는 것이 아니었다. 두 아이는 달라도 너무 달랐다. 큰아이는 태어날 때부터 '모범생 아기'였던 반면, 둘째 아이는 타고난 '반항아'였다. 현우를 키우던 시절은 아기를 키우는 것 치고는 호강이었다. 재우가 첫째로 태어났으면 아마도 둘째 생각을 안 했을지도 모르겠다. 다시 생각해보니 내 인생에서 가장 큰 전환점은 '부모가 되는 것'이 아니라 '재우의 엄마가 되는 것'이었던 것 같다.

이렇게 두 아들을 키우며 고군분투하던 와중에 남편이 유학을 결심했다. 우리는 만 4세가 채 되지 않은 현우와 한 살 반 정도 된 재우를 데리고 다같이 영국으로 갔다. 이제 겨우 걸음마를 뗀 둘째 아이, 그래서 안고 걷기엔 너무 무겁고 그렇다고 마냥 스스로 걷게만 할 수도 없는 아이였다. 장거리 여행을 하기엔 쉽지 않은 상황에서 아이들과 짐에 파묻혀 영국으로 가는 여정은 길기만 했다. 한국에서는 아이들을 키우면서 양가 부모님들의 도움을 받기도 했지만 영국에서는 어떻게 키워야 하나 걱정도 많았다. 한국에서는 직장에 다니느라 돌 지나자마자 아이를 어린이집에 맡기고 나는 내 할 일을 하며 살았다. 하지만 영국은

만 3세가 지나서야 공보육 시설에 아이를 맡길 수 있는지라 재우는 보육 시설에 맡길 조건조차 되지 않았다. 어떻게 해서든 내가 하루 종일 돌보아야 했다.

영국이라는 새로운 터전에서 아이들을 키우는데 도움을 받을 길이 전혀 없이 '독박육아'를 해야 한다는 생각에 앞이 캄캄했지만, '그래, 어떻게든 해보자. 다들 하는데 나라고 못 할 건 또 뭐 있겠어'라며 부딪혀보기로 했다. '영하 20도의 날씨에 백두산도 등반해봤는데, 뭔들 못하겠어?'라는 어쭙잖은 생각도 어느 정도 있었다. 여행을 많이 하는 것은 여러모로 도움이 되기도 한다. 어떠한 상황이 닥쳐도 그 때 그 일만큼 힘들진 않을 것이라 생각해볼 수 있는 경험이 생기기 때문이다. 그리고 담대해진다. 영국으로 가는 비행기 안에서 나는 이렇게 걱정 반, 담대함 반으로 머릿속이 뒤죽박죽 엉켜 있었다. 그러나 영국이라는 낯선 나라에서 나에게 육아의 또 다른 돌파구가 생기게 될지 누가 알았을까?

내가 영국에서 받은 부모 교육은 슈어스타트 칠드런센터(Sure Start Children's Centre)에서 제공하는 프로그램으로, 한국의 건강가정지원센터 또는 육아종합지원센터와 같은 기관에서 제공하는 교육 프로그램이었다. 부모 서바이벌 코스(Parents' Survival Course), 인크레더블 이어(Incredible Years), 자녀 행동 이해하기(Understanding Children's Behaviours) 등의 프로그램이 있다. 이 책은 내가 영국에서 배운 양육법을 공유하고 동시에 키우기 쉽지 않았던 둘째 아이 덕분에 내가 성장할 수 있었던 과정에 대한 이야기다. 영국에서 부모 교육을 들으며 어느 순간 변화되어 있었던 나와 아이를 발견한 이야기이기도 하다. 부족한 점이 많지만 지금 이 순간 나처럼 많은 부모들이 아이를 키우는 것에 힘들어하고 감정 조절이 쉽지 않다는 것을 알기에 육아가 힘겨운 엄마도 몇 가지 노하우를 배우면 조금은 수월하게 아이를 키울 수 있다는 것을, 그리고 아이를 대하는 나의 태도가 달라진다는 이야기를 나누고 싶었다.

무엇보다 내 스스로가 아이들을 존중해주는 '노력하는 부모'가 되기 위해 글을 쓰기 시작했다. 아이를 키우는 것이 힘겨웠던 평범한 엄마가 영국에서 받은 부모 교육을 통해 변화되는 이야기를 독자들이 가볍게, 그러나 남의 이야기 같지 않게 읽어주었으면 하는 바람도 담았다. 이 책에는 나와 함께 부모 교육 프로그램을 수강한 다른 이들의 경험담도 종종 등장하는데 아이를 키운다는 것은 동서를 막론하고 모든 부모들에게 쉽지 않은 일임을 공유하고 싶었다. 국적을 불문하고 비슷한 고민을 한다는 것을 보며 심심찮은 위로가 될 수 있기도 바란다. 이 책의 마지막 장을 덮을 때에는 내가 부모 교육을 마쳤을 때처럼, 아이와 부모 모두의 변화가 조금씩 인지되기 시작했으면 좋겠다. 그런 뜻에서 부모 교육을 받았을 때 실질적인 도움이 되었던 조언도 각 장 말미에 담았다. 아울러 이 책에서 다룬 내용을 독자들이 실생활에서 실천할 수 있도록 워크북을 부록으로 추가했다.

영국에서의 생활을 정리하고 귀국한 지 1년 가까이 되었다. 그동안 벌써 몇 가지 일을 벌여보았다. 취업에도 재도전했고 실제로 얼마간 일도 했었다. 하지만 여러 가지 상황상 일과 가정 양립은 꿈으로 그쳤고 결국 일을 포기할 수밖에 없었다. 그렇다고 꿈도 포기할 수는 없었다.

지금은 대학원에 다시 진학해 공부하며 다시금 새로운 미래를 그리고 있다. 물론 공부가 일하는 것보다 결코 쉬운 것은 아니고 오히려 더 많은 것을 요구할 때도 있다. 다만 지금 이 상황에서 내가 할 수 있는 최선의 선택이라고 생각한다. 이전의 경력과는 전혀 무관한 공부지만 영국에서 받은 이 부모 교육이 학습 동기가 되었음은 두말할 필요 없다. 재우 덕분에 받을 수 있었던 부모 교육이었으므로, 내 인생의 전환점은 다름아닌 '재우의 엄마가 된 것'임에 틀림없다.

한 번은 나를 아껴주시던 교수님이 회초리 같은 말씀을 해주신 적이 있다. 한 가지를 꾸준히 하지 못하고 이렇게 이것저것 건드려보는 사람은 '다양한 경험'을 하는 것이 아니라 무엇을 해야 할지 몰라 방황을 하는 것뿐이라고. 물론 그 말이 맞을 수도 있다. 하지만 사람들이 모두가 다르게 생긴 것처럼 사는 모습도 제각각이다. 돌이켜보건대 지금까지 내가 했던 경험들과 내가 지나왔던 자취들 그 어느 하나 버릴 것이 없었다. 이러한 모습들이 축적되어 또 다시 미래의 나를 만들 것이다. 지금 공부해서 뭐하겠냐고 말리는 분들도 있지만 아무것도 하지 않는 것보다 무엇이든 도전하는 것이 더 의미 있다. 지금 공부하고 있는 분야를 통해서 몇 년 뒤 어떤 일을 하게 될지 나 역시 궁금하다. 또 엄마로서, 아내로서 어떤 사람이 되어 있을지는 아무도 모르는 일이다. 단지 이 시점에서 있어야 할 그 방향에 올바로 서 있기만을 바랄 뿐이다. 훗날 돌이켜보았을 때 스스로에게 '그때 잘 견뎠어'라고 다독여줄 수 있도록.

이 책은 재우가 없었으면 나오지 않았을 것이다. 재우를 임신했을 때에는 유산기가 있어서 아이를 지키기 위해 유산 방지 주사도 여러 번 맞았다. 직장에서는 눈치 봐 가면서 몇 주간 병가를 내어 어떻게든 이 작은 생명에게 세상의 빛을 보게 하려고 무척이나 애를 썼다. 재우를 키우는 것은 결코 호락호락하지 않았으나 자칫하면 세상에 없었을 뻔했던 이 아이 덕분에 이 책이 나올 수 있었다. 재우에게 고맙다. 포기하지 않고 이 세상에 태어나주어서.

모범생이었다는 이유로 또는 맏이라는 이유로, 많은 것을 양보할 수밖에 없던 현우도 누구보다 좋은 아들이자 멋진 형이 되어주어서 고맙다. 가장 가까운 자리에서 가장 냉철하게 비판하지만 그럼에도 항상 내 편이 되어주는 든든한 남편에게도 이 자리를 빌려 고마움을 전한다. 철없는 딸, 철없는 며느리를 있는 그대로 받아주시는 양가 부모님에게도, 아흔 평생 책을 벗 삼아 살아오신, 그리고 이제는 손녀딸이 낸 책을 손에 쥐고 그 누구보다 기뻐할 할머니에게도 감사를 표한다. 이 책이 출간될 수 있도록 애써주신 동녘의 김진규 팀장님, 구형민 팀장님, 본인 일처럼 신경 써 주신 강경희 씨에게도 감사의 말씀을 전한다. 내가 지금의 내가 될 수 있도록 도움을 주신 모든 분들에게 다시 한 번 사랑의 마음을 담아 인사를 드린다.

> "마땅히 행할 길을 아이에게 가르치라. 그리하면 늙어서도 그것을 떠나지 아니하리라." (잠언 22:6)

김혜중

차례

0교시

준비

분노발작

재우가 8개월쯤 된 여름날 저녁이었다.

재우는 형인 현우와 함께 놀고 있었는데 재우가 현우의 장난감을 가져가자 둘은 실랑이를 벌였다. 재우는 그 장난감이 마음에 들었는지 꼭 쥐고 절대로 놓지 않았다. 재우는 아직 기어다니며 말도 못 할 때였고 현우도 이제 겨우 만 세 돌 되었을 때라 고집을 절대로 굽히지 않았다. 결국 힘이 더 센 현우가 재우의 손에서 장난감을 낚아챘다. 그 순간 재우가 자지러지며 울기 시작했다. 그 전에도 자지러지게 울었던 적이 여러 번 있던 터라, 크게 신경 쓰지 않고 나는 하던 일을 계속 했다. 그런데 몇 초 정도 지나니 아이의 울음소리가 이상해진다. 갓난아이의 울음소리라기보다는 야생동물 울음소리 같은 커다란 소리가 꺼이꺼이 들리더니 어느 순간 정점에 달하다가 멈췄다.

다급해진 나는 하던 일을 멈추고 재우에게 뛰어갔다. 재우는 숨을 쉬지 않고 있었다. 눈은 뒤집어져 있었고 고개는 힘없이 푹 떨어져 있었으며 온몸에 힘이 없었다. 마침 시아버님이 거실에서 아이들 노는 것을 보고 계셨는데 아버님도 이런 재우의 모습을 보고 어쩔 줄 몰라 나에게 아이를 얼른 건네주신다. 아버님과 나는 "재우야, 정신 차려! 눈 떠봐!"를 연달아 외쳤다. 아이는 얼마간 그 상태로 있었는데 그 시간이 얼마나 길게 느껴졌는지 모른다.

얼마 뒤, 재우가 갑자기 숨을 크게 들이키더니 다시 정신이 들었다. 재우는 엄마를 보자마자 서럽게 울음을 터뜨린다. 다시 제정신으로 돌

아온 재우를 다독여주었다. 동시에 머릿속이 복잡해지기 시작했다. 어디에서도 아이의 이런 증상에 대한 설명을 들어본 적이 없었다. 길어야 30초 정도였지만 그 짧은 순간 동안 온갖 생각이 다 들었다. 이 아이가 이러다 죽으면 어떻게 하지? 혹시라도 뇌에 산소 공급이 안 되어 장애라도 생기면 어떻게 하지? 다시는 이런 일이 일어나지 않기를 바랐다.

그러나 바람은 바람으로 그쳤다. 가끔가다 재우는 분에 못 이겨 분노를 표출했다. 이런 증상이 서너 번 정기적으로 포착되자 소아청소년과에 진료를 받으러 간 김에 의사에게 이 증상을 상담받았다. 일흔은 가까이 된 할아버지 선생님께서는 대수롭지 않게 말씀하셨다. "허허, 우리 재우가 분노발작을 하는구나. 그 녀석 성질이 좀 있네. 어쩔 수 없지 뭐. 그렇게 태어난 걸. 크면서 점점 없어지니 그냥 놔두세요. 뜻 좀 잘 맞춰주고." 오랜 연륜에서 묻어나는 그 안정감이 좋았지만 그렇다고 아이의 증세가 약해지는 건 아니었다. 재우는 그러고도 한참 동안이나 분노발작 증세를 보였다. 처음에는 그런 재우에게 무척이나 신경이 쓰였지만 증세가 꽤나 정기적으로 나타나기도 했고, 또 할아버지 선생님의 말씀을 듣고 크게 신경을 쓰지 않게 되었다. 분노발작 증세가 나타나면, "또 시작이구나" 정도로 생각하고 대수롭지 않게 넘어가기도 했지만, 여전히 마음은 안절부절못했다. 재우의 잦은 분노발작을 본 현우도 "엄마, 재우 또 분노발작 해!"라는 말을 수시로 해서 말 그대로 웃지도 울지도 못하는 '웃픈' 상황이 되곤 했다. 그리고 이 상태 그대로 우리는 영국에 왔다.

직접 찾아오는 영국의 복지 시스템

영국에서는 대부분의 의료 시스템을 무료로 이용할 수 있다. 특히 어린아이가 있는 가정일수록 정부 차원에서 지원을 많이 한다. 영국에 거주하는 사람은 지역 의사 중에서 가족주치의(GP, General Practitioner)를 선택해 등록하고 그 병원만 다녀야 한다. 이 등록과정을 거치면 대부분의 의료 혜택을 무료로 받을 수 있다. 대부분의 질병은 가족주치의 선에서 해결되지만 좀 더 세밀한 진단이 필요할 경우 의사가 써준 소견서를 들고 더 큰 병원으로 가면 된다. 진료를 받은 후에도, 응급실을 다녀온 후에도, 약을 처방받은 후에도, 정밀검사를 한 후에도 돈을 한 푼도 내지 않는다. 진료를 받고 나올 때마다 결제를 하지 않으니 뭔가 빠지고 허전한 기분이 들 때도 있었다.

물론 불편한 점도 있다. 예약하기 쉽지 않고 좀처럼 처방전을 주지 않는다. 이러한 의료 시스템이 불편하다는 사람도 있지만 나는 오히려 과잉진료를 하지 않는다는 느낌을 받았고 더 꼼꼼한 진료를 받은 것 같았다. 영국의 의료 서비스 중 특히 마음에 들었던 것은 바로 '찾아오는 서비스'였다. 아이가 만 2세가 되기 전까지 방문간호사(Health Visitor)가 정기적으로 집을 방문해 아이의 건강 상태와 집안 환경 등을 점검하는 서비스가 있다.

우리가 영국에 살기 시작했을 때 둘째 아이 재우는 만 2세가 채 못 되었는데 가정주치의 등록을 했더니 두 돌이 지나자 방문간호사가 방

문을 해서 영유아건강검진을 실시했다. 한국에서는 병원에서 받는 영유아건강검진을 가정으로 방문하여 진행하는 것이다. 그날 우리 집을 방문한 방문간호사는 테사라는 오십 대 여성이었다. 당시 우리 집은 엘리베이터도 없는 3층이어서 테사는 아이의 건강검진을 위해 체중계를 비롯해 키 재는 기계, 건강검진 도구들을 끙끙거리며 직접 들고 올라와야 했다. 고맙기도 하고 미안하기도 했다.

분노발작이 주특기이고 낯가림이 심한 데다 고집도 있는 재우에게 테사가 반가울 리 없었다. 아이는 평소보다도 더 심하게 고집을 부렸고 건강검진에도 비협조적이었다. 내가 테사와 함께 재우의 건강 상태를 점검하는 동안 남편은 아이를 통제하는 데 도움이 될까 싶어 과자를 꺼내들며 뇌물 공세를 시작했으나 소용없었다. 테사는 그런 우리 모습을 유심히 지켜봤다.

재우의 고집 때문에 결국 키와 몸무게는 재지도 못했고, 발달사항 설문조사 등과 같이 내가 작성해야 할 서류만 겨우 작성했다. 테사는 여간 까다로운 사람이 아니었다. 검진 후에는 아이한테 초콜릿도 먹이지 않아야 한다고 당부했고, 요즘 먹이는 시리얼도 보여달라고 했다. 테사는 시리얼 성분표를 들여다 본 다음 앞으로 나에게도 성분을 일일이 다 확인하고 살 것을 제안했다. 지금 먹이는 시리얼은 아이가 좋아할지는 모르지만 건강에는 도움이 되지 않는다며 당분이 없는 것으로 당장 바꾸라고 했다. 심지어 아이가 쓰는 어린이 치약도 확인했고, 비

타민제는 반드시 먹이라고도 조언했다. 특히 영국은 햇빛이 없는 날이 많으므로 비타민 D도 꼭 먹이라고 했다.

검사가 제대로 진행되지 않아 난감해하는 우리에게 테사는 아이에게 검사를 강요할 필요가 없다며 우리를 위로했다. 무엇보다 아이의 기분을 맞춰주고 아이의 의견을 존중해주자고 했다. 외관상 보았을 때 건강한 아이이므로 이번에 영유아건강검진을 끝내지 못하더라도 건강상 크게 문제가 될 것은 없다고 안심도 시켜준다. 그러나 아이에게는 매우 호의적인 태도를 보이던 테사가 나에게는 단호하게 한마디 했다.

"아이를 컨트롤하는 것은 부모인데 그 역할을 잘 못하고 있어요. 아이한테 휘둘리고 있고요! 부모 점수를 매긴다면 별 5개 중 2개밖에 못 주겠어요."

별 5개까지는 바라지도 않았지만 별 2개라니. 평균 이하란 소리였다. 내가 그렇게 형편없는 부모였나? 안 그래도 재우의 행동 때문에 매우 당황했는데, 테사의 이 말 한마디는 나를 더욱 의기소침하게 만들었다. 말 그대로 쥐구멍이라도 있으면 들어가고 싶었다. 그러나 곧바로 테사는 나에게 돌파구를 마련해줬다. 무뚝뚝하고, 깐깐한 표정이었지만 테사는 1시간 남짓 건강을 체크하면서 나와 재우의 관계를 파악하고 해결방법을 제시했다.

"혹시 부모 교육을 받아볼 생각은 없으세요?"

한국의 육아종합지원센터와 같이 지방자치단체에서 각 동네마다 영

유아를 위한 슈어스타트 칠드런센터(Sure Start Children's Centre)를 운영하고 있는데 이곳에서 부모 교육(Parenting Course)을 제공하고 있다고 했다. 이 프로그램을 수강하면 큰 도움이 될 것이라고도 알려줬다. 사실 말은 제안에 가까웠지만 테사의 눈을 바라보니 "꼭 들어야 합니다"라고 거의 강요하는 눈빛이었다. 테사는 남편도 함께하면 좋겠다고 제안했으나 남편까지 같이하는 것은 여의치 않았다. 나 역시 남편과 큰아들이 없는 낮 시간 동안 재우와 둘이서만 집에 있는 것이 답답했던 터였기에 망설임 없이 부모 교육을 수강하겠다고 했다. 그러자 테사는 나의 개인정보 몇 가지를 적더니 프로그램이 확정되면 다시 연락을 주겠다고 했다.

그렇게 몇 주가 지났다. 부모 교육에 대해 까마득히 잊고 있던 어느 날, 장을 보던 와중에 테사의 전화를 받았다. 곧 시작하는 부모 교육이 있어서 그 프로그램에 나를 등록해주었다고 친절히 알려준다. 길어봤자 서너 번이겠지 하고 생각했는데 알고 보니 13주 프로그램이라고 한다. 3개월 이상 교육을 받는다고 생각하니 까마득하게만 느껴졌지만, 다른 한편으로는 설레기도 했다. 어느 누구도 나에게 가르쳐주지 않았던, 부모가 되는 공부를 하는 수업이었다.

부모 교육 수강 준비하기

테사가 다녀가고 몇 주 뒤 두 명의 여성이 우리 집을 방문했다. 국민

건강서비스(NHS, National Health Service) 소속 직원과 슈어스타트 칠드런센터에서 함께 나온 직원이었다. 그들은 다시 한 번 집안 환경을 조사하고 내가 수강하게 될 부모 교육에 대해 여러 가지 설명을 해주었다. 처음에는 약간 긴장했지만 이내 편안하고 화기애애한 분위기에서 이야기를 나눴다. 이들이 다녀간 뒤 2주 후에는 교육 전 면접을 보았다. 내가 교육받게 될 부모 교육 프로그램의 강사인 데비 및 키런 박사와 함께 2시간 넘게 면담을 했다. 재우를 임신했을 때의 환경과 계획 임신이었는지의 여부, 부부 사이의 문제는 없는지, 지금 내가 생각하는 재우의 문제점이 무엇인지, 앞으로 어떻게 개선되길 원하는지 등 매우 구체적인 내용까지 묻는 면접이었다. 두 명의 전문가들은 내가 말하는 바를 자세히 기록했다.

키런 박사는 이번 면접을 포함하여 앞으로 나와 재우의 행동 및 토론 내용을 모두 기록하게 된다고 했다. 이는 모두 영국 국민건강서비스와 이 프로그램을 제공하는 단체인 CAPS(Children And Parents Service), 그리고 우리의 주치의 병원에 보관용 자료로 만들어진다. 또한 강의를 듣는 동안 아이는 강의실 옆에 위치한 놀이방(creché)에서 돌봄을 받는다.

이날은 재우도 함께했는데 낯선 곳에서 처음 보는 사람들과 있는 자리가 불편했는지 아이는 이번에도 역시 엎드린 채로 고집 부리기, 내 손을 잡아끌고 밖으로 나가자는 등의 행동을 보였다. 여러 모로 면접

을 매끄럽게 진행하기 위해 강사인 데비가 아이를 달래기 위해 장난감을 가지고 와서 아이의 관심을 분산시키려 했다. 역시나, 쉽지 않은 면접이었다. 덕분에 1시간 정도를 예상했던 면접은 예상 시간을 훌쩍 넘겨버렸다.

그다음 주에는 아이들의 오리엔테이션이 있었다. 지난번 심층면접 때 재우를 데리고 갔기에 키런 박사, 데비와는 안면이 있었지만 앞으로 13주 동안 재우는 내가 교육을 받는 동안 나와 떨어져 돌봄 교사와 함께 놀이방에 있어야 했다. 부모 교육 프로그램 담당자들은 아이들이 새로운 환경에 적응하는 것을 도와주기 위해서 아이들만을 위한 오리엔테이션 세션을 별도로 마련하는 세심함까지 보였다. 아이들의 오리엔테이션 때 처음으로 다른 수강생 부모들의 얼굴을 보게 되었다. 영국에 오기 전, 어린이집에 한 달 반 다닌 것 외에는 사회생활이 전무한 재우가 당연히 잘 있을 리 없었다. 엄마가 없다는 것을 알게 되자마자 난리가 났다. 시뻘게진 얼굴로 눈물콧물을 질질 짜는 바람에 2시간 내내 내가 같이 있어줄 수밖에 없었다. 앞으로 13주 동안 어떻게 해야 할지, 과연 재우가 나와 떨어져서도 잘 있어줄지, 내가 교육을 잘 받을 수 있도록 아이가 협조해줄 것인지 심히 걱정스러웠다.

오리엔테이션을 시작하다

13주 중 첫 주는 부모 교육에 관한 오리엔테이션으로 진행됐다. 수강생은 모두 열 명인데 그중 두 명은 나타샤와 네이선이라는 부부였다. 이들의 둘째 아이 테오가 언어 발달이 느려 아이가 하고 싶은 표현을 제대로 할 수 없다고 했다. 그 부작용으로 테오가 공격적인 행동을 보인다고 했다. 나타샤와 네이선은 아이를 통제하기 쉽지 않아 힘들어했고 도움을 받고 싶어 부모 교육을 수강하게 되었다고 했다. 네이선은 이 수업을 듣기 위해 매주 회사에 양해를 구하고 조퇴했다. 아이를 위해서 매주 회사를 조퇴하는 아빠와 이 상황을 이해해주는 회사라니. 한국에서는 불가능한 그 분위기가 참으로 부러울 뿐이었다. 그 외에도 음악을 하는 데이브, 세 아이를 키우는 전직 보육교사 제니퍼, 사우디아라비아 출신으로 현재 고등학생부터 만 2세 아이까지 네 자녀를 키우고 있는 사빈 등이 이 과정에 함께했다. 각기 다른 배경을 지녔지만 우리 사이에는 어떠한 차별도 없었다.

네 명의 선생이 부모 교육을 담당하는데 모두가 있을 때도 있었지만 보통 두세 명 정도가 들어와 프로그램을 돌아가며 진행했다. 모든 수업은 철저히 녹화되기 때문에 개인정보보호 서약서를 썼고 원하지 않는다면 녹화 부분에서 자신의 모습은 편집된다. 우리는 둥그렇게 둘러 앉아 토론하는 포커스그룹(Focus Group) 방식을 사용했다. 오리엔테이션에서는 간단하게 자신과 자녀에 대해 소개하고 왜 이 교육을 듣게 되었는지 돌아가면서 이야기했다. 자기소개가 끝나자 강사가 질문했다.

"여러분이 생각하는 아이들의 문제는 무엇인가요?"

여기저기에서 대답이 나온다. 이야기를 들어보니 재우가 하는 행동과 별반 다를 바 없어 보인다. 길바닥에 엎드려서 고집 부리기, 소리 지르기, 때리기, 발차기, 물건 집어던지기, 물건 부수기, 침 뱉기 등 종류도 다양하다. 이런 행동을 하는 아이들의 부모가 다 여기 모였나 싶다.

"이번에는 목표를 세워봅시다. 이 과정이 끝난 뒤, 아이들이 어떻게 변화되어 있기를 원하는지, 또 부모 스스로 어떻게 변화되어 있기를 원하는지 생각해보면 좋을 것 같아요."

사실 개별 목표는 오리엔테이션 이전에 실시한 개별 면담 시간에 어느 정도 윤곽을 정했다. 오리엔테이션 시간에는 그 목표를 다시 한 번 나누고 다짐하고 공유하는 시간이었다. 목표도 다 비슷비슷하다. 말 잘 듣는 아이, 음식 골고루 먹는 아이, 형제자매와 잘 지내는 아이로 키우고 싶다는 내용이다. 조금 특이했던 목표는 헬렌의 경우였는데 만 4세인 아들 트로이가 나이에 비해 너무 독립적이어서 엄마의 도움을 전혀 필요로 하지 않고 뭐든 혼자서 하려 해 이 부분을 좀 완화시키고 싶다고 했다.

나의 감정에 대해 생각해본 적이 있는가

"감정 사이클에 대해 아시나요?"

강사가 질문했다. 아이가 잘못된 행동을 한 경우, 부모는 보통 감정

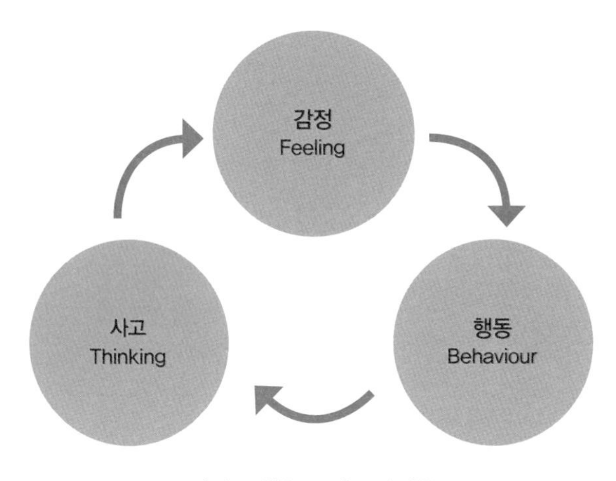

감정 → 행동 → 사고 사이클

(feeling)→행동(behaviour)→사고(thinking) 사이클로 행동한다고 했다. 예를 들어보자. 아이가 새로 산 러그 위에 주스를 쏟을 경우 부모는 화가 나 마음속 생각을 그대로 행동으로 옮긴다. 처음에는 감정적으로 아이에게 화를 내지만 잠시 뒤 의기소침한 아이를 보면 부모는 이성적으로 죄책감을 느낀다.

이 경우에 부모가 감정을 조절하면 자신의 행동이 바뀌고, 죄책감도 덜 느끼고, 아이와의 관계도 틀어지지 않는다. 이론으로는 알고 있어도 실생활에서는 절대로 쉽지 않다. 나 역시 그동안의 모습을 돌이켜봤을 때 쉽지 않다는 것을 너무나도 잘 알고 있다.

오리엔테이션을 마무리하며 강사가 종이 한 장을 나누어준다. 구인 광고였다. 조건은 아래와 같다.

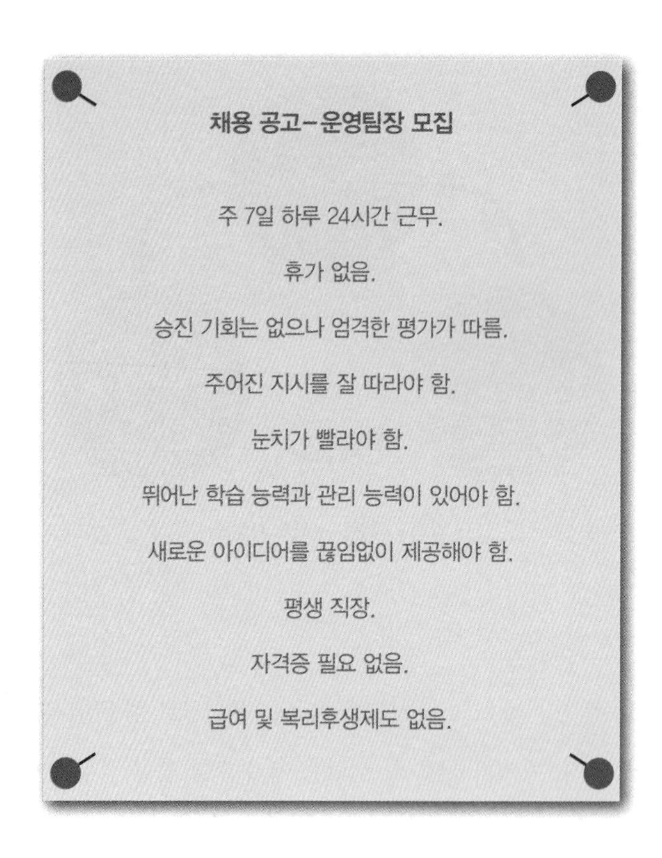

"이런 일을 하려고 하는 사람이 과연 있을까요?" 수업에 참여한 사람들이 다들 고개를 절레절레 흔든다. 강사가 설명했다. "실제로 이런 구인 광고를 내고 온라인 면접까지 본 경우가 있습니다. 모집하는 분야는 운영팀장(Director of Operations)이었습니다."

강사는 이에 관련한 영상을 이어 틀어주었다. 면접에 응했던 사람들은 직책을 듣고 솔깃해 했지만 근무 환경을 듣고 전부 거절했다. 모두가 말도 안 되는 조건이라며 누가 그런 데서 일을 하겠냐고 이구동성으로 말한다. 그러자 면접관이 말한다.

"실제로 이런 일을 하는 사람들이 전 세계에 수억 명 있다면 믿으시겠습니까?" 말도 안 된다는 대답만 하던 면접 참가자들이 대답을 듣고 하나같이 숙연해진다.

"그 사람은 바로 엄마들입니다."

영상에서는 면접자들이 각자 본인의 엄마에게 하고 싶은 말을 영상으로 남기며 마무리된다. 고맙다는 인사, 울먹이며 사랑을 고백하는 사람 등 표현은 달랐으나 마음은 모두 같았다. 엄마는 그런 존재인 것이다. 아무것도 바라지 않고 사랑과 헌신으로 나를 위해 모든 것을 바친 분, 오로지 나를 위해 이 모든 것을 희생한 분.

내 기억 속의 엄마는 완벽했던 것 같은데, 나는 그렇지 않다는 점이 다를 뿐이다. 나의 엄마나 다른 사람에게는 수월해 보이는 수유도, 아이 재우기도, 이유식 먹이기도, 아이의 고집을 받아주는 것도 내가 할 때는 모두 다 서투르기만 했다.

"그렇지만 여기에는 비밀이 있습니다." 강사가 위로해준다. 우리들의 엄마도 처음에는 우리와 같이 서툴렀다는 것이다. 다만 아이는 어느 정도 컸을 때부터 부모의 모습을 기억하기에 엄마의 완벽한 모습만 보았을 것이라는 뜻이다. 처음엔 서툴렀던 우리도 아이와 영유아시기를 함께 보내면서 노하우를 쌓게 되는 것이다. 아이들이 신생아였을 때부터 엄마의 모습을 전부 기억한다면, 엄마를 실수투성이로만 알 것 같다.

누구나 처음부터 완벽한 부모가 될 수 없고, 아무리 시간이 지나도 완벽한 부모가 될 수 없다. 훌륭한 부모라는 것 자체가 주관적인 개념이다. 그렇지만 누구나 '노력하는 부모'는 될 수 있다. 자신의 상황과 조건에 상관없이 지금 현재 상황에서도 '노력하는 부모'가 되면 된다.

이날 오리엔테이션을 마무리하며 과제를 하나 받았다. 감정→행동→사고의 사이클에 해당되는 상황을 만나면 기록해보라는 것이다. 화가 나는 상황에서 일단 숙제를 먼저 떠올린 다음 이때 어떻게 하면 좋을지 생각해보는 것이다.

TO DO LIST
이번 주에는 이것을 하자!

아이와 생활하면서 겪은 감정→행동→사고 사이클이 어떤지 일주일간 기록해보자.

1일차

≫ 상황 : ______________________________

≫ 감정 : ______________________________

≫ 행동 : ______________________________

≫ 사고 : ______________________________

2일차

≫ 상황 : ______________________________

≫ 감정 : ______________________________

≫ 행동 : ______________________________

≫ 사고 : ______________________________

3일차

≫ 상황 : ______________________________

≫ 감정 : ______________________________

≫ 행동 : ______________________________

≫ 사고 : ______________________________

4일차

상황 :

감정 :

행동 :

사고 :

5일차

상황 :

감정 :

행동 :

사고 :

6일차

상황 :

감정 :

행동 :

사고 :

7일차

상황 :

감정 :

행동 :

사고 :

국가가 책임지는 육아

얼떨결에 부모 교육을 수강하게 되었지만, 수업을 들으며 느낀 점이 몇 가지 있었다. 당시 나는 영국에 세금을 내는 근로자가 아니었고 영국 시민권자도 아니었다. 이방인이나 다름없는데도 영국의 보건 시스템은 외국인을 차별하지 않았고, 나를 사각지대에 두지 않았다. 정부 기관에서 먼저 알아서 필요한 서비스를 제공해준다는 것이 참으로 놀라웠다.

영국에서 알게 된 한 지인에게 나의 이런 생각을 이야기했다. 그런데 그분의 대답은 다시 한 번 나를 놀라게 했다. 영국에서는 출산하면 산모의 방문간호사가 아이의 방문간호사와는 별도로 방문하는데 출산 후 시간이 지나서 산모의 방문간호사가 더 이상 방문하지 않고 아기의 방문간호사만 오자 본인은 돌봄을 받지 못하게 된 것이 서러웠다고 했다. 나는 반대였다. 한국에서는 그 누구도 신경 써 주지 않던 육아 도움을 영국에서는 외국인임에도 받을 수 있었다. 좋은 혜택을 잘 받는다는 생각만 들 뿐이었다.

또한 이 모든 프로그램이 무료라는 사실이 매우 감동적이었다. 정부에서 지원해준 덕에 전문적인 교육과 상담을 무료로 받는다는 게 신기하기만 할 따름이었다. 심지어 이 교육에 참석한 한 인도 엄마는 영어를 잘 못해 통역 서비스도 무료로 지원해주었다.

쉬는 시간에는 강사들이 수강생들에게 다과 서빙까지 해준다. 누군가가 커피는 직접 타 마시겠다고 하자 키런 박사가 웃으며 말했다.

"서빙도 저희 몫입니다. 그냥 편하게 즐기세요."

상대적으로 부모 수업을 받는 강의실 시설은 한국의 공공시설처럼 최첨단은 아니었지만 그것은 그다지 중요한 요소가 아니었다. 한국에서 개인이 비용을 지불해야 하는 천차만별 스타일의 산후조리원이나 가족 및 아동 상담과 달리 영국에서는 모든 사람이 균등하게 국가에서 제공하는 혜택을 받을 수 있다.

13주라는 짧지 않은 시간 동안 교육을 받으며 부모와 아이의 변화를 관찰하는 것 역시 즐거웠다. 실제로 한 엄마는 이전에도 이와 비슷한 교육을 받았는데 교육 이후 '우리 아이가 달라졌어요' 정도의 변화가 일어나 이 과정을 또 듣게 되었다고 한다. 이렇듯 방문간호사가 아이들의 성장발달에 맞추어 각 가정을 방문해 아이의 신체적인 성장뿐만 아니라 양육 환경도 확인한다. 방문간호사는 아이나 부모에게 필요한 것이 무엇인지 파악하여 지원하고, 교육 프로그램 등을 적극 추천한다.

나는 고집 센 아이를 통제하지 못해 올바른 부모 역할을 하기 위한 훈련이 필요하다고 판단되어 부모 교육을 권유받았지만, 한 인도네시아 엄마는 아이의 언어 발달이 또래보다 느려 언어 치료를 받는다고 했다. 또 다른 영국인 친구의 아이는 공격적인 성향 때문에 놀이 치료를 받는다고 했다. 모두 부모가 버틸 대로 버티다가 참다못해 도움을 받을 만한 곳을 찾아가는 게 아니었다. 방문간호사와 같은 전문가가 먼저 가정에 방문해서 부모와 상담하고 아이의 상태를 직접 확인한 후 판단을

내린다. 도움이 필요한 아이나 부모에게 알맞은 필요한 프로그램 등을 찾아주는 형태였다.

한국에서는 워킹맘으로 생활하느라 반쪽짜리 육아를 체험했다면, 영국에서는 혼자서 만 2세, 4세의 두 아들들을 책임져야 하는 독박 육아를 경험했다. 영국에 처음 도착해 이삿짐을 정리하고 남편이 출근한 첫날이 기억난다. 아이들 둘과 나만 집에 있는데 갑자기 두려움과 답답함이 엄습해왔다. 돌이켜보니 한국에서는 나 혼자 하루 종일 아이 둘을 돌본 적이 거의 없었다. 워킹맘 시절에는 낮에는 일하고 밤과 주말에만 육아를 했다. 아이들 둘을 혼자 보아야 하는 상황이 생기면, 도저히 혼자서는 엄두가 안 나 시댁이든, 친정이든 뻔뻔할 정도로 도움받을 곳을 찾아다녔다. 그런데 이제는 어디 도움을 요청할 곳도 없이, 나 혼자서만 이 아이들 둘을 보아야 한다니. 생각만으로도 숨이 막힐 지경이었다. 그러나 공교롭게도 한국에서는 육아에 있어서 부모의 비공식적인 도움을 받았다면, 영국에서는 한국에서는 경험하지 못했던, 정부에서 공식적으로 책임져주는 육아를 경험했다.

육아는 엄마 또는 양육자 개인의 몫이 아니라, 국가에서 함께 책임져주고 관리해주는 것이어야 한다. 저출산을 해결하기 위해 출산 장려금이나 양육수당, 무료급식 등 하드웨어를 지원하는 것뿐만 아니라 아이들의 인성교육, 정서발달, 부모 교육 등 소프트웨어에도 부모와 함께 국가가 책임을 지고 집중해야 하는 것이 아닐까?

누구나 다 무엇이 되기 위해서는 체계적으로 공부를 한다. 그런데 이 세상에서 가장 중요하고 어려운 역할인 부모가 되는 방법을 체계적으로 배워본 적이 없었다. 부모를 통해서, 지인을 통해서, 온라인 커뮤니티를 통해서, 책을 통해서, 또는 텔레비전 육아 관련 프로그램을 통해서 알음알음으로 배웠을 뿐이다.

부모 서바이벌 코스라고도 불리는 부모 교육을 내가 받게 된 것을 두고, 훗날 남편은 선택받은 부모들만 들을 수 있는 수업이었다고 말하기도 했다. 부모 역할을 잘 못하는 사람들만 선택되어 받는 수업이라고 농담 반 진담 반으로 말이다. 아이를 키우느라 쩔쩔매고 있던 찰나 이런 기회를 알게 되고 교육을 받을 수 있었던 것은 참으로 값진 경험이었다. 테사를 만나지 못했더라면 이런 프로그램이 있다는 사실조차 알 수 없었을 텐데, 살짝 무서웠던 우리의 방문간호사 테사에게 고마울 따름이다.

아이와 '놀이'를 하는 부모가 되자

지난주 복습 사항

첫 시간. 지난주 숙제였던 감정→행동→사고 사이클을 각자 잘 지켰는지 다같이 모여 이야기를 나눴다. 대부분 생각은 했으나 실천하기가 너무 어려웠다는 반응을 보였다.

"아이가 통 자려 하질 않아서 인내심의 한계를 느꼈죠."

"아이가 계속 놀아달라고 보채서 처음에는 좀 놀아주었죠. 그런데 나중에는 너무 힘들어서 혼자 놀라고 화를 내게 되었어요. 순간 감정이 앞섰던 것 같아요."

"수업에 와야 하는데 아이가 유모차에 안 타려고 30분 이상을 버텨서 한참 고생했어요. 좋게 타이르려고 해도 안 들어서 결국 저도 소리를 지르게 되었죠. 화를 내지 않으려고 했는데 너무 말을 안 들어서 어쩔 수 없었어요."

"아이가 낮잠이 설핏 들어서 틀어놓았던 텔레비전을 껐는데 그 소리에 깨더니 다시 텔레비전을 틀어달라며 서럽게 울어서 당황했어요."

각각의 상황에서 부모들은 대부분 지난주에 배운 감정→행동→사고 사이클을 적용하려 했다. 성공한 사람도, 그렇지 않은 사람도 있었다. 나도 지난주 아이와 있었던 일을 솔직하게 말했다.

"재우가 고집을 부리며 우는 상황에서 감정→행동→사고 사이클대로 생각할 여유는 없었어요. 그래서 차라리 평소처럼 내버려두었어요"라는 내 말에 강사는 아이가 운다고 바로 달래주지 않은 것은 좋은 행동이었다고 답변해주었다.

선생님 코멘트

"울 때마다 아이를 달래게 되면 아이는 필요한 것이 생길 때마다 울게 됩니다. 울음을 문제 해결의 수단으로 이용하게 되는 거죠. 처음에는 감정→행동→사고 사이클을 기억하면서 아이를 대하는 것이 쉽지 않습니다. 하지만 꾸준히 연습하다 보면 부모도 감정을 조절할 수 있게 되고 아이와의 관계가 이전과는 조금씩 달라진다는 것을 알게 됩니다."

부모가 쌓아야 할 피라미드

"아이들과의 관계에서 가장 기본이 되는 것은 무엇일까요?"

강사의 질문에 답이 쏟아진다.

"좋은 관계요!"

"부모와 자녀 사이의 신뢰."

"정해진 규율을 잘 지키는 것!"

"사랑 아닐까요?"

그러나 강사의 대답은 뜻밖이었다. "아이들과의 관계에서 가장 기본이 되는 개념은 칭찬도, 규율을 정하는 것도 아닌, 바로 부모와 상호작용하는 '놀이'에 있습니다." 그리고 블록으로 피라미드를 쌓아 보여주었다.

미국 워싱턴대학교의 캐롤린 웹스터-스트래턴(Carolyn Webster-Stratton) 교수가 주장하는 이 피라미드는 놀이로 시작해 칭찬하기→규율 정하기→무시하기→타임아웃(감정 조절하기)의 순서로 쌓여 있다. 이 피라미드의 가운데를 건드려보면 어떻게 될까? 윗부분은 와르르 무너져도 가장 밑바탕에 있는 '놀이'는 무너지지 않을 것이다. 이처럼 놀이를 통한 상호작용이 부모와 아이의 관계에 있어서 가장 중요한 밑바탕이 된다.

건물 공사를 예로 들어보자. 기초공사가 탄탄하면 진행 과정에 문제가 생겨도 비교적 수월하게 보수공사를 진행할 수 있다. 반대로 기초가 탄탄하지 않으면 조그만 균열에도 건물은 쉽게 무너진다. '놀이'를 통

부모가 쌓아야 할 관계의 피라미드

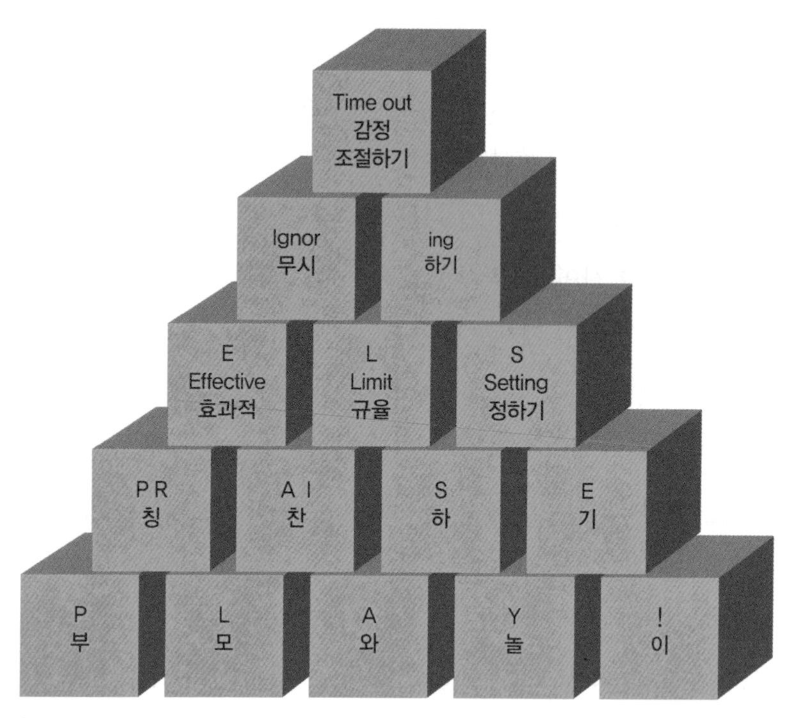

* 출처: The Incredible Years

해 부모와 자녀는 신뢰관계를 쌓으며 상호작용을 하게 되고 신뢰관계가 없을 때보다 아이와의 관계를 쌓기가 수월해진다. 따라서 우선은 부모가 쌓아야 할 피라미드의 가장 기초인 '놀이'를 튼튼히 하도록 하자. 자주 놀아주자. 놀이가 어느 정도 자리를 잡은 뒤에 칭찬하기→규율 정하기→무시하기→감정 조절하기 순서로 피라미드를 쌓으면 된다.

아이와 '놀이' 하는 부모

"어렸을 때 어른과 자주 놀았던 기억이 있는 사람이 있나요?"

약간의 침묵이 흐른다.

"어릴 때 저와 놀아주는 어른들이 없어서 사촌이나 친구들과 놀았던 것 같아요."

"저희 부모님은 두 분 다 일하셨기 때문에 주로 할아버지가 놀아주셨어요."

나 역시 어렸을 때를 돌이켜 생각해보니 다른 이들과 비슷했다. 아빠는 항상 바빠 집에 없었고, 엄마는 늘 집안일을 하고 있었기에 늘 분주했다. 그래도 엄마가 가끔 책을 읽어주거나 소꿉놀이 상대를 해주었던 기억이 희미하게 떠오른다. 아빠와는 기껏해야 1년에 한 번 정도, 휴가 때 물놀이를 가 함께 놀았던 기억이 있다. 나는 주로 할머니와 놀았다. 나와 놀았던 사람들은 주로 형제와 친구, 명절 때 만나는 사촌들이었다. 나는 지금까지 이 상황이 문제가 된다고 생각해본 적이 단 한 번도 없었다. 그나마 나는 이 교육을 함께 받는 부모들에 비해 어른들과 자주 놀았던 편에 속했다.

"여러분의 어린 시절을 생각해보세요. 아무리 또래들하고 오래 놀았어도 부모님과 함께 놀고 싶은 욕구도 항상 있지 않았나요? 아이들의 일은 놀이입니다. 또래와 놀고 나서도 또 어른과도 놀고 싶어하죠. 왜 그런지 아시나요?"

아이들의 놀이는 단순히 '놀이'가 아니기 때문이다. 아이들은 세상에 필요한 모든 것을 '놀이'를 통해서 배운다. 상상력을 키우고 배우고 대인관계와 사회성 등도 모두 놀이를 통해 알게 된다. 이때 부모가 적절하게 개입하는 것이 매우 중요하다. 또래와 놀이를 하는 것도 중요하지만 어른과, 특히 부모와 놀이를 하는 것은 우리가 상상하는 것 이상으로 아이들에게 큰 영향을 미친다.

고집 부리기, 때리기, 길바닥에 엎드리기 등 아이의 돌발 행동을 겪어본 적 없는 부모는 없다. 그런데 부모가 주목해야 할 것은 이런 외형적인 행동이 아니다. 부모는 아이의 행동 너머에 있는 '충족되지 않은 욕구'를 세심하게 들여다봐야 한다. 대부분의 경우 '충족되지 않은 아이의 욕구'는 바로 부모의 무관심에서 비롯된다. 부모에게서 긍정적인 관심을 충분히 받지 못했을 때, 아이들은 다른 방법으로 관심을 끌기 위해 일부러 잘못된 행동을 선택하기도 한다.

그렇다면 아이의 잘못된 행동을 예방하기 위해서는 어떻게 해야 할까? 두말할 필요 없이 충분한 관심을 보이며 아이에게 집중하면 된다. 그리고 그 수단이 바로 놀이인 것이다.

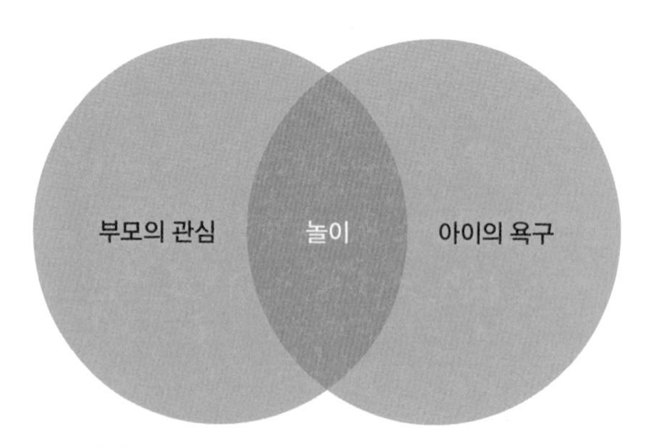

부모의 관심과 아이의 욕구가 겹쳐지는 지점은 '놀이'에 있다.

앞의 그림과 같이 '놀이'라는 도구가 부모의 관심과 아이의 욕구를 연결시켜줄 수 있다. 그렇지만 여기에서 '놀이'가 빠진다면 어떻게 될까?

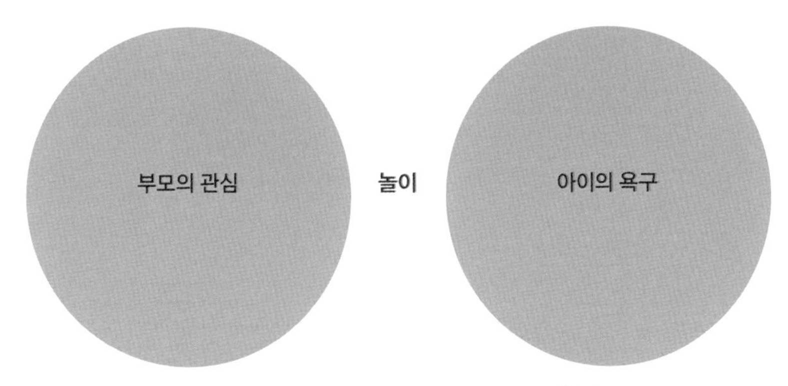

부모의 관심과 아이의 욕구가 각각 따로 존재한다.

아이의 욕구와 부모의 관심을 연결시켜주는 놀이가 교집합으로 있지 않고 따로 있게 되자 '부모의 관심'과 '아이의 욕구'도 연결되지 않고 개별적으로 남아 있다. 사회문화연구소에서 발간한 《사회학 사전》에서도 놀이가 육체의 발달, 기술과 사회적 행위의 습득, 개성을 발전을 위해 유용하다고 정의했다. 놀이를 통해 아이의 욕구에 관심을 가지는 부모가 될 것인가, 아이와의 '놀이' 시간 없이 부모의 관심과 아이의 욕구가 평행선을 달리게 할 것인가. 선택은 부모의 몫이다.

'놀이'를 한다는 것

한때 '잘 노는 아이가 성공한다'는 말이 많은 부모들의 공감을 얻었다. 그런데 아이들과 잘 놀아주는 부모조차도 어느 순간 어떻게 대처해야 할지 몰라 막막해진다고 한다. 여기서 말하는 '놀이'란 아이와 함께 '놀아주기'가 아니다. 말 그대로 '놀이'를 하는 것이다. 아이가 블록 쌓기를 하고 있을 때, 인형 놀이를 하고 있을 때, 어른의 입장에서 놀이에 참견하는 것이 아니라, 아이와 똑같이 함께 놀이를 해야 한다. 무엇보다 부모가 왈가왈부하지 않고 아이가 놀이를 주도하도록 전적으로 주도권을 아이에게 줘야 한다. 다음의 세 가지 상황을 비교해보자. 모두 블록을 가지고 아이가 놀이를 하는 상황에서 벌어지는 일이다.

상황 1

엄마: 우리 민수가 블록을 가지고 재미있게 놀고 있구나! 엄마도 같이 놀자!

아이: 좋아!

엄마: 이건 무슨 글자야?

아이: (블록 쌓기에 집중하느라 대답하지 않는다)

엄마: 이건 무슨 색이지?

아이: (엄마의 질문에 아이는 관심이 없고 블록을 차곡차곡 쌓는다)

엄마: 이건 노란색이지? 여기 써 있는 글자는 A잖아. A라고 해봐!

엄마는 쉴 새 없이 옆에서 떠들고, 아이는 엄마 말을 들은 척도 하지 않는다.

두 번째 상황에서도 역시 아이는 블록을 높이 쌓으며 신나게 놀고 있다. 엄마는 블록이 무너져서 아이가 다치거나 물건이 깨지는 상황이 발생할지도 모른다는 생각에 불안하다.

상황 2

엄마: 너무 높이 쌓은 것 아니니? 그러다 쓰러지면 어떻게 하려고? 이제 이건 그만 하고 다른 걸 하자.

아이: 싫어. 난 계속 높이높이 쌓을 거야. 백 층까지 만들 거야.

엄마: 그만 하라니까! 그러다가 옆에 있는 화분이라도 깨뜨리면 어떻게 하려고!

엄마는 높아지기만 하는 블록이 마음에 들지 않고 말을 듣지 않는 아이도 마음에 들지 않아 결국 소리를 지른다. 아이는 계속 고집을 부리고 이런 상황이 1~2분 정도 지속된다. 결국에는 참다못한 엄마가 블록을 다른 곳에 치워버리고 만다. 아이는 울고불고 난리를 피우며 장난감을 집어던진다. 엄마는 엄마대로 말을 안 들어서 그랬다고 아이에게 화를 낸다.

상황 3

엄마: 와! 블록 쌓기 놀이를 하는구나!

아이: 응. 나 백 층까지 쌓을 거야. 엄마, 나 저기 있는 저 블록 좀 가져다주세요.

엄마: 그래, 여기 파란색 블록. 엄마가 다른 것도 가져다줄게.

아이: 네, 저기 있는 것도 여기 올려놓고 싶어요.

엄마: 좋은 생각이네. 엄마가 저기 있는 동그란 블록도 가져다 줄 테니 네가 지금 만들고 있는 것에 직접 올려보렴.

아이: 와! 정말 높아졌다. 엄마, 우리 이거 같이 무너뜨려보아요!

엄마: 그럴까? 하나, 둘, 셋 하면 무너뜨리기야! 하나, 둘, 셋!

아이와 놀이를 할 때, 어떤 상황이 자신에게 더 익숙한가? 첫 번째 상황에서는 엄마의 질문이 많다. 엄마는 놀이를 학습과 연관시켜 아이에게 하나라도 더 가르쳐주고 싶어한다. 그렇지만 놀이가 공부처럼 느껴지자 아이는 엄마의 말에 호응하지 않는다. 엄마의 이런 질문은 아이가 무언가를 배우도록 도와주는 것이 아니라 오히려 아이의 상상력을 방해하여 아이 스스로 놀이를 통해서 배울 수 있는 기회를 차단한다. 아이가 정해진 답에 대한 대답을 못 하는 경우가 반복된다면 아이는 자신감을 잃을 수도 있다. 아이에게 질문을 한다면 정해진 답을 얻기 위한 질문이 아니라 아이에게 선택권과 주도권을 주는 질문, 즉 상상력을 자극할 수 있는 질문을 해보자.

▷ 이것은 무엇이니? (×)

▶ 어떤 모양으로 만들 건지 알려줄래? (○)

▶ 무슨 재료를 이용하여 요리를 하고 싶니? (○)

두 번째 상황에서는 아이의 자율성을 존중하지 않은 채 엄마가 자신의 의견만 내세우고 있다. 엄마가 대안을 주기는 하지만 구체적으로 무엇을 할지 예시를 주지 않았고, 아이가 엄마 말을 듣지 않자 엄마 마음대로 놀이를 망쳐버린다. 아이는 더욱 화가 나 엄마를 원망하게 된다. 놀이를 하는 동안 아이의 요구가 적절하지 않다면 대안을 제시하되, 다음과 같이 구체적으로 제시를 해주는 것이 좋다.

▷ 다른 장난감을 가지고 놀아라. (×)

▶ 블록 쌓기 말고 이제 클레이로 토끼를 만드는 것은 어떨까? (○)

앞의 두 가지 상황처럼 부모들은 아이와 놀이를 한다고 하면서도 실제로는 가르치려고 할 때가 많다. 나도 이전에는 아이가 같이 놀자고 할 때마다 아이들에게 눈높이를 맞춰 노는 것이 아니라 감시자처럼 바라보면서 놀아주는 척했다.

마지막 상황에서는 엄마가 아이의 보조자 역할을 맡으며 아이와 놀이를 하고 있다. 아이를 가르치려 하거나 명령하는 대신, 아이의 이야기를 있는 그대로 들어주며 아이의 활동에 적극적으로 도움을 준다. 엄마는 놀이를 하면서 아이에게 질문을 하지 않는다. 질문 대신 정확한 문장으로 상황을 묘사하고 아이에게 설명을 해준다. 아이가 '저거, 이거' 하며 뭉뚱그려 가리킨 것을 엄마는 다시 '파란색 블록, 동그란 블록'처럼 구체적으로 사물을 묘사한 뒤 아이가 하고자 하는 바에 적극적으로 동참한다.

아직 표현이 서투른 아이들에게는 '이것은 무엇이니?'와 같은 질문보다 '이것은 노란색 별 모양 블록이구나'와 같이 하나하나 구체적으로 설명을 해주는 것이 도움이 된다. 또한 아이가 '무너뜨려보아요'라고 요구할 때, '하나, 둘, 셋 외치고 나서 무너뜨리기야'와 같이 엄마가 한 발 더 나아가면 아이는 그 순간만큼은 매우 즐거운 놀이를 경험하게 된다. 이 경우, 아이는 '놀이'를 하는 동안에도 엄마에게 통제를 받는다는 생각 대신 돌봄을 받는다는 느낌을 갖게 되며 엄마에 대한 신뢰를 쌓게 된다. 사업가는 일을 할 때 그 일이 돈이 되느냐 안 되느냐가 가장 중요하다. 아이들에게는 놀이를 할 때 재미가 있느냐 없느냐가 가장 중요하다.

'놀이'의 마무리

놀이는 어떻게 마무리해야 할까. 앞의 두 번째와 세 번째 상황을 다시 비교해보자. 두 번째 상황에서는 아이와 엄마가 1~2분간 대립하다가 블록이 무너지면서 아이의 기분도 같이 나빠지는 바람에 상황이 좋지 않게 마무리된다. 세 번째 상황에서는 엄마가 아이를 도와주는데 그리 오랜 시간이 걸리지 않았다. 조금 더 길었다고 해도 5분을 넘기지 않는다. 그렇지만 엄마의 긍정적인 지원 덕분에 놀이는 아주 기분 좋게 마무리되었다.

두 상황은 시간 차이가 거의 없거나, 있더라도 길어야 2~3분 정도의 차이만 난다. 그 짧은 순간의 차이가 큰 결과를 만든다. 한쪽에서는 서로 언짢은 상태로 놀이가 끝나고 다른 쪽에서는 둘 모두에게 만족스러운 경험을 제공하며 끝난다. 이와 같이 1~2분의 차이로도 결과의 차이가 전혀 달라진다.

잔소리를 하거나 참견을 해서 아이가 놀이를 더 빨리 끝내거나 말을 잘 듣는다면 좋겠지만, 그렇게 끝나는 경우는 거의 없다. 반대로 느긋하게 기다려준다고 해서 아이가 하루 종일 그 일에만 매달리는 것도 아니다.

기분이 좋지 않은 상태로 놀이를 끝낸 아이는 화를 내거나 짜증을 부리게 되고, 그런 아이를 달래기 위해 엄마는 또 시간과 에너지를 소비해야 한다. 반대로 조금 더딘 듯했지만 기분 좋게 놀이를 끝낸 아이는 만족감과 성취감을 지닌 채 관심을 다른 곳으로 옮기고, 엄마는 아이를 달래는데 시간과 에너지를 소비하지 않아도 된다. 감정→행동→사고 사이클을 여기에도 다시 적용해서 생각해볼 수 있다.

아이와 놀이를 하는 시간은 어느 정도가 적당할까

부모와 아이가 놀이를 하는 시간이 많다면 가장 이상적이겠지만, 바쁜 부모들은 일부러 아이와 '놀이'를 하기 위해서 시간을 내기가 생각보다 쉽지 않다. 그렇지만 사실 '놀이'를 하는 데에는 오랜 시간이 걸리지 않는다. 하루 30분씩, 규칙적으로 한다면 피라미드의 가장 아랫부분인 놀이 부분이 탄탄하게 형성된다.

아무리 바쁜 워킹맘도, 늦게 들어오는 아빠도 하루 30분씩만 매일매일 진하게 아이와 놀이를 해보자. 시간보다도 밀도가 중요하다. 워킹맘도 얼마든지 전업주부 엄마만큼 효과적인 피라미드를 만들 수 있다. 워킹맘이라고 아이에게 늘 미안해할 필요는 없다. 오히려 30분간 아이에게 '집중'하는 것이 하루 종일 아이와 있으면서 신경전을 벌이는 것보다 효과적일 수도 있다.

모든 아이들은 부모와 함께하는 '놀이'에 늘 고프다. 부모와 놀면 놀수록 더 '놀이'를 하고 싶어할 것이다. 그래서 처음에는 부모가 아이와 놀이를 하면 시간이 예상보다 길어질 수 있지만, 처음 놀이를 할 때 시간을 30분으로 정하고 정해진 시간이 지나면 아이가 울고 떼를 써도 끝내도록 한다. 대신 꾸준함이 필요하다. 매일매일 정해진 시간에 같이 놀이를 한다면, 아이는 오늘이 아니어도 내일 또 엄마 아빠와 함께 놀이를 할 수 있다는 것을 알게 된다. 아이는 차츰 규칙적으로 돌아오는 놀이 시간을 기다리게 될 것이다.

아이들에게 놀이가 중요한 이유

아이에게 '놀이'라는 개념이 왜 중요할까. 아이들에게 놀이는 책상에 앉아 하는 공부보다 더욱 큰 영향을 미친다는 여러 연구 결과가 있다. 알버트 아인슈타인도 놀이야말로 가장 훌륭한 형태의 연구라고 했다. 미국 워싱턴대학교의 캐롤린 웹스터-스트래턴 교수 팀은 놀이가 아이들에게 주는 영향력을 다음과 같이 정의했다.

첫째, 놀이는 아이의 신체적 발달을 도와준다. 아이가 달리거나 뛰거나 소리 지르거나 울고 웃는 것 모두 신체적 발달에 긍정적인 영향을 미친다.

둘째, 놀이는 아이와 부모 모두에게 배움의 현장이 되어준다. 아이들은 놀이를 통해 자아를 알게 되고, 자신이 무엇을 할 수 있는지 깨달으며, 주위 환경에 어떻게 반응해야 하는지 등을 배운다. 아이들은 놀이를 통해 새로운 것을 발견하고 탐색하며, 상상력을 펼치고 문제 해결 능력을 기르고 새로운 아이디어를 시험해보기도 한다. 이러한 경험을 통해 아이들은 자신을 둘러싼 상황을 스스로 어떻게 통제해야 하는지 점진적으로 배운다. 즉, 놀이를 통해 자신감을 얻게 되고 경쟁심도 기르게 된다. 놀이는 아이들이 한계에 부딪혔을 때, 자신이 경험한 것을 토대로 그 한계를 긍정적으로 뛰어넘을 수 있는 능력을 길러준다. 놀이는 실패하고 실수하는 자유를 주고, 한계가 어디까지인지 스스로 배울 수 있도록 도와준다. 현실 세계와 달리 놀이를 할 때만큼은 실수나 실패가 얼마든지 허용된다. 아이들이 놀이를 할 때, 부모나 선생에게 '이것 좀 보세요' 또는 '제가 한 것 보셨어요?'라는 질문을 하는 것은 매우 긍정적인 현상이다.

셋째, 놀이는 감정을 표현하는 수단이다. 아이들은 대부분 약자의 위치에 있어 분노나 의지 등과 같은 감정을 표현할 수 있는 정당한 기회가 많지 않다. 아이들은 놀이를 통해 두려움, 분노, 초조한 감정을 감소시키기도 하며 즐거움, 통제 및 성취감 같은 긍정적인 감정을 느끼기도 한다. 아이들은 현실과 상상을 놀랍도록 잘 구분한다. 그리고 상상을 통해 현실에서는 할 수 없는 것들을 마음껏 경험하고 싶어한다. 남자아이들의 경우, 놀이를 하면서 총으로 악당을 쏘거나 반대로 악당 역할을 맡기도 한다. 이러한 현상은 현실에서는 표현하기 어려운 감정을 놀이를 통해서 발산하는 것이므로 긍정적인 행동이다. 놀이를 통해 공격적인 행동을 나타내는 아이는 오히려 자아가 건강한 아이이다. 아이의 공격적인 행동에 놀라 부모가 이런 행동을 금지시킨다면 아이들은 감정을 해소시킬 구멍을 찾기 위해 부모 몰래 이런 놀이를 하게 된다. 다양한 감정을 느끼고 싶은 욕구는 성장하면서 생기는 자연스러운 현상이다. 현실이나 상상 속에서 다양한 감정을 느껴보며 하나의 온전한 인격체로 성장하기 때문이다. 부정적인 감정도 모두 한 사람이 성장하며 느껴야 하는 것이므로 아이들은 본능적으로 상상 속에서 이러한 감정을 느끼려고 하는 것이다. 그러므로 놀이를 할 때에는 아이에게 반드시 착한 공주, 정의의 사자 등 정해진 역할만 맡으라고 강요하지 말아야 한다. 놀이를 통해서 악당이나 마녀와 같은 역할을 맡아보지 않는다면, 아이는 감정을 해소하기 위해 다른 방법을 선택할 것이고, 그것을 들키지 않기 위해 부모에게 거짓말을 시작하게 된다.

넷째, 놀이를 통해 아이들은 서로의 생각, 욕구, 만족, 문제, 감정 등을 '공유'하게 된다. 또한 어른은 아이들의 놀이를 보고 듣거나 놀이를 하고 있는 아이와 이야기함으로써 아이가 느끼는 기쁨, 희망, 분노, 두려움 등의 상태에 대해 알 수 있다.

다섯째, 놀이는 아이들이 엄마, 아빠, 이모, 선생, 의사 등의 다양한 역할을 맡아볼 수 있는 수단이기도 하다. 역할극과 같은 놀이를 통해 아이들은 무엇이든 될 수 있다. 아이들은 놀이를 통해 세상을 다른 시각에서 바라보는 힘을 키운다. 이런 경험은 아이들이 자기중심적으로 행동하는 것을 방지해주기도 한다.

여섯째, 격려를 받으며 놀이를 할 경우 아이들의 창의성이 자라난다. 아이들은 놀이를 통해 불가능하고 터무니없는 것을 경험하기도 하며, 자신만의 생각과 아이디어의 가치를 깨닫고 자신감을 키우게 된다. 장난감, 상자, 블록, 가구 몇 점만으로도 아이들은 집이나 성을 만들고 요새를 쌓으며 한 공간 안이 우주, 또는 정글이 되기도 한다. 인형은 엄마나 아이가 되기도 하고 때로는 공룡이나 괴물이 되기도 한다.

마지막으로 놀이는 기본적인 사회성을 길러준다. 아이들은 놀이를 통해 협동심과 배려하는 태도를 배우고 타인의 감정을 느끼고 반응하는 법을 배운다.

아이들의 놀이는 절대로 하찮은 것이 아니다. 놀이는 아이의 모든 영역에 걸쳐 발전하고 성장하는 기회가 된다. 그렇지만 아이들이 경쟁력을 갖추고 창의력을 기르고 자신감을 얻기까지는 연습이 필요하다. 따라서 어른들이 아이들과의 놀이 활동에 적극적으로 참여하는 것이 무엇보다 중요하다. 또한 놀이 도중 끊임없는 관심과 격려를 통해 아이들이 다양한 놀이 경험을 할 수 있도록 도와주어야 한다.

부모의 노력에 따라 아이의 생활 습관이 바뀌기도 하고 성격을 형성하는데 영향을 주기도 하며 더 나아가서는 인생을 바꾸기도 한다. 그런데 그 노력은 아주 많은 것을 필요로 하지 않는다. 가장 기본적인 것부터 충실하게 지키면 된다. 가장 기본적인 것은 바로 '아이와 함께하는 놀이'이다.

어려서의 놀이 경험은 성인이 되어서까지도 영향을 미친다. 어른들은 기억하지 못하지만, 어려서 했던 놀이가 지금의 성격과 사회성, 학습능력 등을 형성했으며 어떤 경우는 어려서의 놀이 경험이 지금 현재의 직업으로까지 연결되기도 한다. 예를 들어 종이 인형을 가지고 노는 것을 좋아했던 아이가 어른이 되어 패션디자이너가 되어 있기도 하고, 블록 놀이를 좋아하던 아이는 건축가가, 컴퓨터게임을 좋아하던 아이는 프로그래머가, 축구를 좋아하던 아이는 축구선수가, 책을 끼고 살던 아이는 소설가가, 그림 그리는 것을 좋아하던 아이는 웹툰 작가가 되어 있기도 하다. 어려서의 놀이가 성인이 되어서까지도 많은 영역, 특히 직업과도 관련이 있다는 것은 흥미롭다.

부모들은 아이들에게 규칙적으로 '놀이' 시간을 허용하는 대신 규칙적인 '공부' 습관을 먼저 길들이기 원한다. 하지만 '놀이'가 얼마나 중요한지 알게 되었다면 이제는 놀이 시간도 규칙적으로 정해서 그 시간만큼은 아이와 함께 충분히 여유를 가지고 다양한 놀이를 해보도록 하자. 스마트폰이나 텔레비전, 게임기 대신 아이들이 놀이에 빠져보도록 해주는 것은 어떨까? 놀이가 아이의 인생을 바꿀 수 있을지도 모른다.

아이와 제대로 '놀이'를 하고 있는 게 맞을까요

나도 가능하면 아이들과 놀이 시간을 많이 가지려고 노력하지만 여전히 쉽지 않다. 텔레비전 앞에 아이들을 한참 동안 방치하기도 한다. 몸은 편안하지만 마음 한구석에선 죄책감을 느끼기도 한다. 아이들과 놀이를 하는 것은 여간 피곤한 일이 아니라는 걸 나 역시 잘 안다. 체력이 엄청나게 소모되고 꾸준한 상상력도 필요하다. 그러나 그중에서도 특히 힘들었던 것은 매일 똑같은 놀이를 해야 한다는 점이다.

첫째 현우는 갓난아기 때부터 자동차를 매우 좋아했다. 남자아이들이라면 공룡이나 로봇 등도 좋아할 법한데 현우의 우선순위는 항상 자동차 종류의 장난감이었다. 아이는 매일 나와 자동차 놀이를 하고 싶어했다. 그런데 나는 아이와 매번 같은 놀이를 하려니 너무 힘들었다. 어느 날 강사에게 이에 대해 질문했다.

"아이가 매일 자동차를 가지고 놀자고 하는데, 저는 매일 똑같은 놀이를 하다 보니 재미가 없어서 함께 놀아주는 것이 힘들어요. 놀이가 다양하면 조금 덜 힘들겠는데 말이죠. 우리 아이는 항상 같은 놀이만 하고 싶어해요. 이럴 땐 어떻게 하면 되나요?"

그런데 강사의 답은 너무나도 간단했다. "매일 똑같은 놀이를 하자고 하면 매일 똑같은 놀이를 해주면 되죠. 숨바꼭질을 열 번 해서 열 번 다 재미있어하면, 부모는 열 번 숨바꼭질을 해줘야 합니다. 엄마에겐 지겨울 수도 있지만, 아이는 지겹지 않기 때문에 계속 하는 것이니까요. 아이에게는 똑같은 놀이도 매일 새로운 놀이가 될 수 있어요. 같은 놀이를 반복하며 아이들은 상상력을 펼치죠. 부모와 정서적 유대 관계도 더욱 강해진답니다. 그리고 그런 시간은 오래가지 않아요. 기껏해야 몇 년이에요. 아이들이 조금 더 자라고 십 대가 되면, 부모가 같이 놀자고 해도 아이들이 같이 놀아주겠어요?"

강사의 솔직한 답변에 모두들 한바탕 웃었지만, 한편으로는 씁쓸하기도 했다. 지금은 나에게만 매달리는 아이들이 시간이 지나면 더 이상 나를 찾지 않을 것이라는 사실을 강사가 너무나도 직설적으로 말해버렸기에. 그래서 결심했다. 같은 놀이를 반복하는 것이 쉽지 않지만 노력하기로 했다. 그 당시에는 아이들을 텔레비전에 방치하거나 아이들끼리만 놀게 놔두던 내가, 아이들과 조금씩 놀아주는 시간을 갖는다는 것 자체가 엄청난 변화였다. 아이들은 엄마가 함께 놀이를 한다는 것이 마냥 즐거울 뿐이다.

요즘은 두 아들과 함께 자동차 놀이도 하고 스타워즈 놀이, 전쟁놀이도 한다. 어려서 인형놀이만 하던 나로서는 도저히 상상할 수 없는 지금이지만 아이들이 엄마와 아빠가 자신들의 놀이 영역에 끼어들면 아이들이 매우 즐거워하기에 이 나이에 악당 역할도 맡아본다. 승자는 항상 정해져 있지만.

방법이 아니라 질이 중요하다

"그럼 어떤 놀이를 해야 할까요?"

이런 질문을 하는 부모들이 의외로 많다. 놀이의 종류는 수도 없이 많다. 우리 세대가 어렸을 때 즐겨 했던 놀이부터 최신 장난감까지 아이템은 차고 넘친다. 아예 요즘에는 다양한 놀이를 알려주는 책이나 인터넷 사이트, 스마트폰 애플리케이션도 있다. 원하는 만큼 놀이 방법을 손쉽게 구할 수 있다. 하루에 한 가지씩만 따라 해도 아이가 성인이 될 때까지 매일매일 다른 종류의 놀이를 즐길 수도 있다.

문제는 어떤 놀이를 하느냐가 아닌, 어떻게 놀이를 하느냐이다. 가장 기본적인 규칙은 '아이가 놀이를 주도하는 것'이다. 현실에서는 아이들은 어른의 말에 따라야 하지만, 놀이에서만큼은 아이가 대장이 될 수 있는 유일한 기회이기 때문이다. 아예 장난감을 사용하지 않고 놀이를 하는 방법도 생각해볼 수 있다. 많은 부모들이 '아이와의 놀이'를 생각하면 장난감도 함께 떠올린다. 집집마다 블록, 레고, 클레이, 인형, 자동차, 로봇 등 장난감이 넘쳐난다. 하지만 때로는 넘쳐나는 장난감이 아이의 상상력을 방해하기도 한다. 그 틀 안에서만 생각하도록 생각의 넓이에 한계를 정하기 때문이다.

장난감을 가지고 하는 놀이도 좋지만, 장난감 없이 하는 놀이도 한 번쯤 생각해보자. 재활용품을 이용하여 작품을 만들 수도 있고 숨바꼭질 등 몸으로 하는 게임도 있다. 우리 가족만의 놀이를 한두 가지 정해서 매주 주말 저녁 온 가족이 함께 시간을 보내는 것도 좋은 방법이다. 매주 한 명씩 돌아가며 선생님이 되고 다른 가족은 학생이 되는 역할극, 한 사람씩 돌아가며 한 문장씩 말하면서 새로운 이야기를 만드는 시간, 그림자놀이, 가위바위보를 응용한 놀이 등 도구가 없이도 할 수 있는 놀이는 무궁무진하다. 아이와 즐거운 놀이 시간을 갖고 가족만의 고유한 문화를 만들어가는 것은 아이와 부모 모두에게 잊을 수 없는 소중한 선물이 될 것이다. 이 과정을 통해 아이와의 관계도 더욱 튼튼해진다.

아이와의 놀이를 매우 중요하게 생각하는 어느 지인 분은 내게 이렇게 말했다. "가족은 학창 시절의 친구와 같다고 생각하면 돼요. 한 반에 서른 명의 아이들이 있지만, 그 아이들이 모두 나와 친한가요? 그렇지 않죠. 나와 특별히 더 친한 아이들이 한두 명 정도 있잖아요. 그 친구와는 왜 더 친할까요? 공유할 만한 정서적 유대감이 깊어서 그런 거잖아요. 그 유대 관계는 놀이를 하기 때문에 생기는 거예요. 매일 함께 놀이를 하거나, 이야기를 하는 아이와는 가장 친한 친구가 될 수 있지만, 같은 교실에서 공부하더라도 함께 놀지 않는 아이와는 친해지기가 쉽지 않지요. 가족도 마찬가지예요. 집이라는 공간에서 생활하며 부모와 아이가 함께 놀이를 한다면 가장 친한 친구가 될 수 있지만 함께 살더라도 공유하는 놀이나 정서적 유대가 낮다면 물리적으로만 같이 살고 있을 뿐, 친한 관계는 될 수 없어요. 마치 같은 반에서 함께 공부하지만 친해지지 않는 아이처럼요."

TIP
아이와 놀이를 할 때 지켜주세요

≫ 아이가 놀이를 주도하도록 하고 아이의 관심 분야에 집중한다.

≫ 아이의 수준에 맞춘다.

≫ 기대 수준을 낮추고, 아이에게 충분하게 시간을 준다.

≫ 아이와 경쟁하지 않는다.

≫ 아이의 생각과 상상력을 칭찬하고 격려하며 절대로 평가하지 않는다.

≫ 역할극 놀이에 함께 참여하며, 아이와 함께 이야기를 만들어간다.

≫ 놀이에 집중하고 훌륭한 관객이 되어준다.

≫ 질문을 하는 대신 상황을 언어로 설명하며 표현해준다.
(예. "이건 무슨 색이야?"라고 묻는 대신 "병아리처럼 귀여운 노란색 상자구나"라고 구체적으로 설명해준다)

≫ 도와주고 싶은 욕구를 최대한 자제하고 아이가 스스로 문제를 해결할 수 있도록 격려해준다.

≫ 아이의 놀이에 관심을 가지고 응대한다.

≫ 아이 혼자서 놀 때에는 무관심하게 놔두지 않고 더욱 칭찬해준다.

≫ 많이 웃고 함께 즐긴다!

≫ 부모와 아이가 놀이를 할 때의 장점에 대해 생각해보기.

≫ 매일 아이와 함께 놀이를 하기.

≫ 놀이 서약서 작성하기.

"나는 매일 우리 아이와 ____________시에 ____________분 동안 함께 놀 것을 약속합니다."

슈어스타트 칠드런센터

SSCC라고 표기하는 영국의 슈어스타트 칠드런센터는 영국의 아동법(The Children's Act 2004)에 근거해 2004년부터 영국 전역에 설치된 영유아 가족을 위한 공공기관이다. 영국 총선에서 노동당이 집권한 1997년 10월, 영국 재무부는 통합지출보고서(Comprehensive Spending Review) 안에 8세 미만의 어린이를 위한 서비스를 각 부서별로 검토하여 보고서로 제출할 것을 요구했다. 어린아이들과 사회적 소외 계층을 위해 지역사회 차원에서 제공되어야 하는 정책과 서비스를 파악하여 필요한 것들을 제공하기 위함이었다.

이 슈어스타트 칠드런센터를 점진적으로 보급하기 위해 제1차 단계 기간인 2004년부터 2006년에는 소득 하위 20퍼센트가 거주하는 취약 지역부터 센터를 보급하였는데 기존의 보육원 등을 칠드런센터로 전환시키는 작업을 먼저 시작했다. 제1차 기간의 두드러진 특징은 슈어스타트 칠드런센터에 당위성을 부여하고 브랜딩을 제고하며 인지도를 높이는 데 중점을 두었다.

제2차 기간은 2006년부터 2008년으로, 이 시기 동안 소득 수준 하위 30퍼센트 지역까지 슈어스타트 칠드런센터가 설립되었고, 제3차 단계인 2008년부터 2010년 사이에는 중상위층 거주 지역에 센터를 보급했다. 시간이 지날수록 센터 수가 폭발적으로 증가하여 지금은 영국의 거의 모든 지역에 설립되었다. 영국 정부는 약속한 대로 2010년까지 전국에 3,500개의 센터를 보급한다는 목표를 달성했다. 슈어스

타트 칠드런센터의 원활한 운영을 위해 영국의 교육부(Department for Education, DfE)에서는 정기적으로 운영 지침(Sure Start Children's Centres Statutory Guidance)을 발간하고 있다. 2013년에 발간한 운영 지침에 명시된 센터의 역할은 아래와 같다.

▷ 영유아 돌봄 및 교육 제공

▷ 부모에게 양육 정보 및 상담 서비스 제공

▷ 가족 지원 서비스 제공

▷ 가족 단위 활동 운영

▷ 양육자와 아동에 대한 지원

▷ 아동과 그 가족의 건강 지원

▷ 고용지원센터(Jobcentre Plus)와의 연계 지원

2013년 아동 인구조사 포칠드런 센서스(4Children Census)에 따르면 73퍼센트의 센터에서 이용자 수가 증가했으며 전국적으로 100만 가구가 슈어스타트 칠드런센터에서 지원을 받고 있다. 이용자들은 평균 주 1~2회 센터를 방문하고 최소 1곳 이상의 센터를 이용한다고 응답했다. 한국에는 이와 유사한 역할을 하는 기관으로 각 시군구별 단위로 있는 건강가정지원센터와 육아종합지원센터 등의 기관이 있다.

* 출처: Foundation Years – Sure Start Children's Centres, Fifth Report of Session 2013~14;
Evaluation of Children's Centres in England

영국의 방문간호사

Health Visitor

영국의 국민건강보험 소속으로 각 가정에 직접 방문해 파견 업무를 담당하는 방문간호사는 1907년 제정된 출생신고법(Notification of Births Acts 1907)과 1918년 제정된 출산 및 아동복지법(Maternity and Child Welfare Act 1918)을 근거로 한다.

방문간호사는 각 지역의 가정을 방문해 부모의 양육 태도를 점검하고, 가족의 가정환경 및 위생상태를 확인하고, 영유아들의 발달과정상 필요한 지원 등을 파악한다. 이에 필요한 조언 및 상담을 제공하는 것까지 포함한다. 방문간호사는 주로 신생아부터 만 5세의 자녀가 있는 가정을 방문하고 특히 신생아 시기와 자녀의 나이가 만 2세가 되었을 때에는 의무적으로 방문해 가정환경을 점검한다. 그 외에도 다양한 연령층에 걸쳐 필요한 것들을 지원하고 제공한다. 필요한 경우 국가에서 제공하는 다양한 혜택을 받을 수 있도록 도와준다. 이때, 주로 해당 가정과 지역의 슈어스타트 칠드런센터를 연결해주는 업무를 한다.

방문간호사들은 가정 방문 업무 외에도 금연 캠페인, 예방접종 등과 같은 건강 증진 계획도 돕는다. 방문간호사가 되기 위해서는 간호사와 같은 관련 직종에서의 경력이 반드시 있어야 하며, 경력 이후 대학원 등에서 관련 학과를 졸업해야 한다.

2015년 기준으로 잉글랜드와 웨일스 지역에서 활동하는 방문간호사는 1만 2,292명이었으며, 2011년 기준 방문간호사 한 명이 담당하는

아동 수는 419명으로 파악되었다. 방문간호사는 영국 외에도 몇몇 나라에서도 활발히 활동을 하는 직업군 중 하나인데 그중 대표적인 나라로는 호주와 뉴질랜드 등이 있다.

* 출처: www.healthcareers.nhs.uk;
Health Visitor Implementation Plan 2011~15

아이의 기질에 따라 놀이 방법도 달라야 한다

지난주 복습 사항

수업 시작 전, 강사가 질문을 했다. "지난주 동안 아이와 어떤 놀이를 했나요?"

지난주 내내 나는 먼저 참견하지 않으려 노력했다. 되도록 관객이 되어 아이가 원하는 것을 들어주기로 했다. 당시 두 돌이 막 지난 둘째 아이는 아직 말로 모든 상황을 표현하는 게 쉽지 않았다. 하지만 지금까지 그래왔던 것처럼 아이가 말로 표현하지 않아도 나는 아이와 의사소통을 하고 있었고, 아이가 원하는 것이라면 다 알 수 있었다.

아이와의 정서적인 유대관계에 대해 다시 한 번 생각했다. 나는 아이와 완벽하지 않은 언어로도 충분히 의사소통을 할 수 있었다. 발음이 정확하지 않은 재우의 말을 나는 다 알아듣는다. 그러나 다른 사람은 아이가 무슨 말을 하는지 잘 몰라 나에게 해석을 요구할 때가 많다. 나 역시 다른 아이와 있을 때는 그 아이의 말을 완벽하게 이해하지 못할 때가 많다. 이 시기의 언어는 태어나서부터 지금까지 줄곧 엄마와 함께 보낸 시간과 정서적 교류를 통해 만들어진, 둘만이 이해할 수 있는 영역인 것 같다.

다음은 내가 이날 나눈 내용이다.

"여느 날처럼 남편은 출근했고, 첫째 아이는 학교에 갔습니다. 집에는 저와 재우만 있었어요. 저는 오전 내내 집안일을 하느라 정신이 없었습니다. 그동안 재우는 마룻바닥에 장난감을 펼쳐놓고 혼자 이것저것 가지고 놀았어요. 보통 이런 경우, 저는 언제 재우가 제게 매달릴지 몰라 내심 두려웠고 아이가 되도록 혼자 오래 놀도록 놔두었죠. 집 안을 조심조심 다니며 '제발 날 아는 척하지 말아다오'라고 속으로 말하며 아이를 피하고는 했습니다. 그러나 지난주 수업 이후 저는 집안일을 하다가도 재우에게 다가가 아이의 놀이를 관심 있게 쳐다보았어요. 제 행동이 평소와 다른 걸 알게 된 아이는 흠칫 놀라더라고요. 몇 분 정도 지나자 재우가 먼저 저에게 이것저것 설명을 해주기 시작했습니다. 그런 재우의 모습을 유심히 관찰한 제가 더욱 놀랐어요. 재우가 설명을 하는데, 제가 생각했던 것 이상으로 말을 너무 잘하는 거죠. 이 아이의 어휘가 이렇게 뛰어난 것을 저는 왜 몰랐던 걸까요? 저에게 재우는 항상 매달리며 칭얼거리는 아이로만 인식되어 있었나 봅니다. 이날 저도 아이를 재발견하게 되었어요."

헬렌도 나와 유사한 경험을 이야기했다. "평소 같으면 아이가 무엇인가를 하자고 할 때, 저도 이런저런 핑계를 대며 안 하려고 했죠. 지난주 수업에서 놀이의 중요성을 배운 이후, 아이가 원하는 대로 같이 놀아주려고 다가갔어요. 그런데 평소와 다른 제 모습을 보고 아이가 놀라더라고요. '엄마가 왜 저러지?' 하는 눈빛으로 저를 쳐다보는 거예요. 잔소리나 공격적인 말을 하려고 하는 것이 아니라는 것을 알게 되자 아이도 곧 경계를 풀고 저희는 기분 좋게 놀이를 했어요. 아이가 즐거워하니 저도 매우 좋았답니다."

선생님 코멘트

"아이에게 먼저 다가가서 말을 걸고 함께 시간을 보낸 것만으로도 많은 발전을 이뤘네요. 아이와 부모 모두에게 매우 긍정적인 현상입니다. 그런데 놀이를 할 때, 또는 아이를 다룰 때 부모는 아이의 기질에 대해서 알아야 합니다. 그리고 그 기질에 맞게 아이에게 접근하는 것도 중요합니다."

아이의 기질 알아보기

아이와 함께 놀이를 할 때 아이의 기질을 파악해야 아이에 맞게 효과적으로 접근하고 반응할 수 있다. 기질이란 한 사람이 환경에 반응하는 기본적인 행동 방식을 말한다. 1950년대 알렉산더 토머스(Alexander Thomas), 스텔라 체스(Stella Chess), 허버트 버치(Herbert G. Birch) 등의 연구자들은 출생 시기부터 정해져 있는 아홉 가지의 기질을 구분하였는데 이는 인간의 발달에 영향을 준다고 판단했다. 이들은 환경이 유형을 어느 정도 변화시킬 수는 있지만, 한 사람의 근본적인 유형은 타고난 것이기에 기질은 환경이나 아이들이 양육되는 방법에 따라 크게 좌우되지 않는다고 봤다.

다음은 토머스에 의해 제시된 아홉 가지 기질의 세부 항목이다. 이 항목들은 아이들이 주어진 환경에 어떻게 반응하는지를 묘사한 것이다. 어떤 아이는 하나의 강한 성향을 보일 수도, 또 어떤 아이는 대부분에 걸쳐 중간 정도의 성향을 보일 수도 있다. 나의 아이는 어떤 성향인지 한번 점검해보자.

각 항목별 좌우에는 정반대의 행동이 묘사되어 있다. 아이의 평소 모습이 왼쪽 행동에 가까울수록 1, 오른쪽 행동에 가까울수록 5를 선택하면 된다. 왼쪽에 있다고 나쁜 것이 아니니 솔직하게 답해보자.

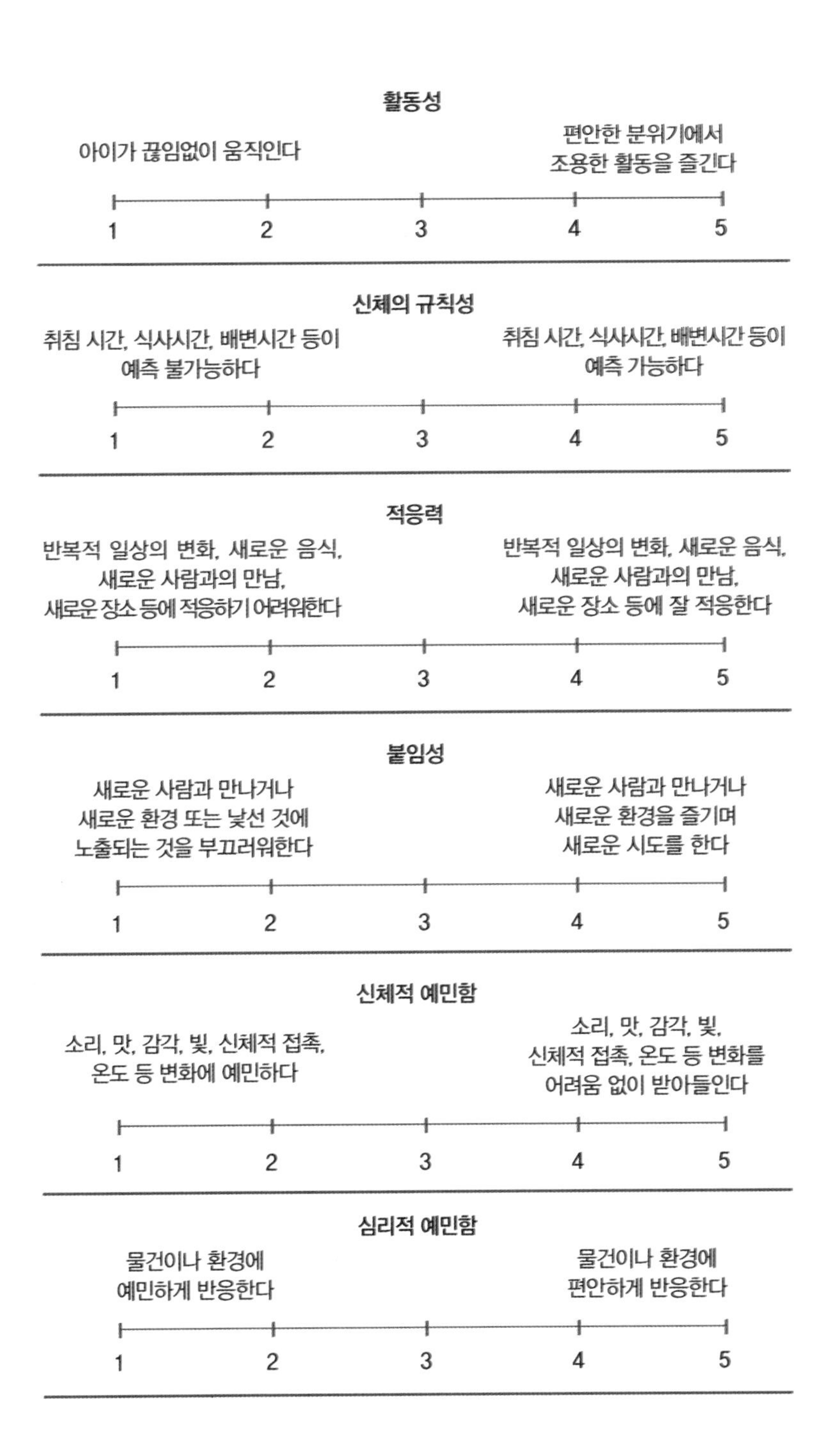

활동성
아이가 끊임없이 움직인다
편안한 분위기에서
조용한 활동을 즐긴다
1
2
3
4
5
신체의 규칙성
취침 시간, 식사시간, 배변시간 등이
예측 불가능하다
취침 시간, 식사시간, 배변시간 등이
예측 가능하다
1
2
3
4
5
적응력
반복적 일상의 변화, 새로운 음식,
새로운 사람과의 만남,
새로운 장소 등에 적응하기 어려워한다
반복적 일상의 변화, 새로운 음식,
새로운 사람과의 만남,
새로운 장소 등에 잘 적응한다
1
2
3
4
5
붙임성
새로운 사람과 만나거나
새로운 환경 또는 낯선 것에
노출되는 것을 부끄러워한다
새로운 사람과 만나거나
새로운 환경을 즐기며
새로운 시도를 한다
1
2
3
4
5
신체적 예민함
소리, 맛, 감각, 빛, 신체적 접촉,
온도 등 변화에 예민하다
소리, 맛, 감각, 빛,
신체적 접촉, 온도 등 변화를
어려움 없이 받아들인다
1
2
3
4
5
심리적 예민함
물건이나 환경에
예민하게 반응한다
물건이나 환경에
편안하게 반응한다
1
2
3
4
5

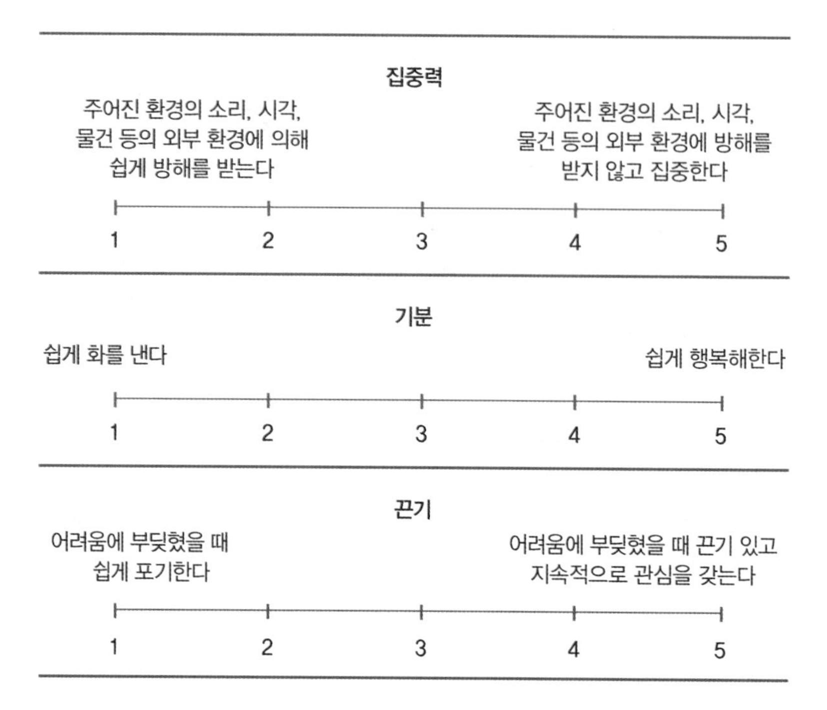

• **융통성 있고 모범적인 아이(선택지에서 4, 5가 6개 이상)**

아이가 규칙적이고 적응력이 좋으며 긍정적이고 침착하고 평균 수준의 활동 능력이 있다. 주로 모범적인 아이이다. 약 40퍼센트의 아이가 이 경우에 해당한다.

• **느린 기질의 아이(선택지에서 2, 3이 6개 이상)**

새로운 환경에 적응하는 데 시간이 걸리고 쉽게 포기하기도 하지만, 평균 수준의 활동 능력과 집중력을 가지고 있다. 느리지만 예민하기도 하다. 약 15퍼센트의 아이가 이 경우에 해당한다.

• **어려운 기질의 아이(선택지에서 1, 2가 6개 이상)**

활동 능력이 매우 뛰어나고 예측 불가능하며, 심리적으로 예민하고 새로운 환경에 적응하는 것을 어려워한다. 다루기 어려운 기질의 아이이다. 약 10퍼센트의 아이가 이 경우에 해당한다.

약 35퍼센트의 아이는 세 가지 항목에 복합적으로 걸쳐 있다.

기질에 따라 다르게 다가가기

"어떤 기질인지 안 다음에는 아이를 어떻게 대해야 할까요?"

"다루기 어려운 기질의 아이인 것 같은데 제가 노력하면 모범적인 아이로 바꿀 수 있을까요?"

결론부터 말하자면 부모는 아이의 기질을 바꿀 수 없다. 그러나 아이의 고유한 기질에 따라 부모가 아이에게 접근하는 방식이나 반응하는 방법을 바꿀 수는 있다. 아이에게 맞는 양육 방법을 시도하는 것은 매우 중요하다. 이는 아이의 성격과 행동 양식을 부모가 관찰하고 이해하고 있어야만 가능한 일이다. 아이의 기질에 따라 부모의 기대치, 격려하는 방법, 교육 방법 등을 조율하고 바꿔야 한다.

유의해야 할 점도 있다. 아이를 다루기 쉬운 아이, 수줍음이 많은 아이, 까다로운 아이 등으로 쉽게 단정 지어서는 안 된다. 아이의 성격을 한 가지로 단정 지으면 아이의 자존감에 영향을 줄 수도 있고 아이 스스로 행동반경을 확장시키지 못하는 원인이 될 수도 있다.

아이의 기질을 알고 있으면 우리 아이가 행복한 아이인지 까다로운 아이, 부모와 긴장 관계에 있는 아이인지 알 수 있고 이를 바탕으로 아이와 부모 사이의 차이를 이해할 수 있다. 아이의 기질을 알고 있는 부모는 아이에게 최선의 것이 무엇인지 알기 쉬우므로 아이와의 관계를 점진적으로 향상시킬 수 있다. 아이가 본인의 타고난 기질에 어떻게 반응해야 하는지, 그러한 기질을 바탕으로 자존감을 어떻게 높이는지, 그리고 이를 바탕으로 스스로를 이해할 수 있도록 부모가 도와주어야 한다.

다만 기질을 평가하되 절대 타인 앞에서 아이를 평가해서는 안 된다. "우리 아이는 굉장히 모범적이에요." "우리 아이는 좀 느려요." "우리 아이는 좀 예민하고 까칠해요." "우리 아이는 키우기가 좀 힘든 아이에요." 이런 말로 아이의 성격을 단정 지어서는 안 된다. 그 외에도 "우리 아이는 겁이 좀 많아요"라든가 "우리 아이는 새로운 것을 싫어해요." "우리 아이는 통제가 안 돼요." "우리 아이는 부끄러움을 많이 타요." 이런 식으로 아이의 기질이나 성향을 말로 표현하는 것은 삼가야 한다.

부모가 아이에 대해서 이렇게 설명하는 이유는 상대방에게 이해를 바라기 때문이다. 그러나 부모가 타인 앞에서 아이를 평가해버리면 아이는 스스로가 그런 사람이라고 단정 짓고 그 틀 안에 자신을 가둘 수도 있다. 한 가지 예를 들어보자. 아이들은 조금씩 겁을 먹을 수도 있다. 아니, 겁 없는 아이는 없다. 그러나 무서워서 놀이기구를 타기 싫다는 아이의 태도를 본 부모가 다른 어른에게 "우리 아이는 겁이 많아서 이런 놀이기구는 안 타려고 해요"라고 말해버린다면, 아이는 스스로를 "나는 겁이 많은 아이구나. 그래서 나는 절대로 놀이기구는 못 탈 거야"라고 받아들이게 된다. 이제부터라도 겁이 많은 아이에게 겁이 많다는 이야기는 가급적 삼가자. 꾸준히 극복할 수 있도록 격려하되, 강요하지는 말자. 아이가 싫다고 하면 지금 당장 그 상황을 극복하지 않아도 괜찮다. 가볍게 넘기자. 기회는 또 온다.

아이를 틀 안에 가두지 않으며 격려하는 대화는 어떤 식으로 이뤄질까. 다음의 예시를 비교해보자.

상황 1. 아이가 혼자서 화장실에 가기 무섭다고 한다.

민재 아빠: 넌 왜 이렇게 겁이 많니?

찬영 아빠: 누구나 다 조금씩 겁이 나지. 아빠도 어렸을 때는 겁이 많았는걸. 그렇지만 용기를 내 무서운 것도 해보려고 하니 점점 더 용기가 생겼어. 그래서 어렸을 때는 무서워서 못 했던 것을 지금은 다 할 수 있게 되었어. 너도 지금은 무섭겠지만 조금씩 용기를 내서 해보면 나중엔 아빠처럼 다 할 수 있게 될 거야. 우리 조금씩 같이 노력해볼까? 힘들면 아빠가 도와줄게.

상황 2. 수족관에 놀러간 아이가 가만히 있지 못하고 부산스럽게 움직인다.

민재 아빠: 넌 왜 이렇게 산만하니?

찬영 아빠: 궁금한 게 참 많은가 보구나. 한꺼번에 다 알 수는 없으니까 하나씩 차근차근 알아볼까?

어떤 아이의 마음이 더 편할까? 몇 년 뒤, 민재와 찬영이의 모습은 어떻게 바뀌어 있을까? '겁이 많다', '산만하다' 또는 '까칠하다', '소심하다'등과 같은 부정적인 말로 아이를 가두지 않기를 바란다. 부모에게는 부정적으로 보이는 모습이라 할지라도 이제부터 바꾸어 생각해서 긍정적인 언어로 표현해주는 연습을 하도록 하자. 그렇다면 같은 기질, 같은 성향을 가지고 태어난 아이라고 해도 아이의 성격이 바뀌어 있을 것이다.

부정적 표현	긍정적 표현
넌 왜 이렇게 겁이 많니?	매우 조심스럽구나.
넌 왜 이렇게 산만하니?	호기심이 많구나.
넌 왜 이렇게 까칠하니?	원하는 것이 무엇인지 정확하게 알고 있구나.
넌 왜 이렇게 소심하니?	신중하게 생각하고 있구나.
넌 왜 이렇게 고집이 세니?	네 의견이 매우 뚜렷하구나.
넌 왜 이렇게 느리니?	넌 정말 여유가 많구나.

모범적인 아이는 다루기 수월할까

아이의 기질에 따라 부모의 양육 태도는 자연스럽게 바뀌게 된다. 대부분의 사람들은 모범적인 아이를 둔 부모가 아이를 더 수월하게 키울 것이라고 생각한다. 그러나 다루기 쉽거나 모범적인 아이가 무조건 좋은 것만은 아니다. 오히려 이런 아이를 둔 부모는 민감하거나 어려운 기질의 아이를 둔 부모보다 아이와 함께하는 시간이 적거나 아이에게 비교적 관심을 적게 둘 수도 있다. 이런 아이는 개인적인 욕구를 쉽게 표현하지 않을 수도 있다. 모범적이거나 얌전한 아이라면 부모는 아이가 어떨 때 좌절하는지, 언제 상처를 받는지, 또는 무엇을 가장 좋아하는지 알아내는 데 더 많은 노력을 기울여야 한다. 또한 부모는 아이의 생각이나 느낌을 정확히 판단하도록 노력해야 한다. 그렇지 않을 경우, 아이는 가족 안에서 투명인간처럼 남아 있거나 방치될 가능성도 있다. 또한 이러한 아이들에게는 선택할 수 있는 예시를 몇 가지 제시하고 그 중 선택하도록 하는 방법을 사용하면 매우 효과적이다.

반대로 융통성이 없거나, 과잉행동을 하거나 집중력이 떨어지거나 예측 불가능하거나 쉽게 긴장하는 어려운 기질의 아이들은 필요 이상의 관심을 받기도 한다. 그리고 대부분의 경우 이 관심은 긍정적인 관심이 아니라 부정적인 관심이다. 이러한 기질의 아이들은 부모가 끊임없이 감시해야 하는 상황에 놓이므로 부모를 쉽게 지치게 만든다. 따라서 과잉행동을 하는 아이들에게는 예측 가능하며 규칙적인 일상생활이 꼭 필요하다. 또한 변화를 준비하는데 조금 더 많은 도움을 주어야 하고 에너지를 해소할 수 있는 무엇인가가 필요하다.

부정적인 성향을 지닌 아이라면 긍정적인 반응을 드러낼 수 있도록 자주 격려해주어야 한다. 집중력이 부족한 아이라면 지시사항을 짧고 명료하게 전달해주자. 아이가 쉽게 이해하고 잘 따를 수 있도록 해야 한다. 산만한 기질의 아이에게는 경쟁을 삼가고 자주 휴식 시간을 주

자. 또한 아이에게 창피를 주거나 화를 내지 않고, 주어진 일이 무엇인지 자주 상기시키도록 해야 한다.

아이들에게는 칭찬을 자주 해야 하며 주어진 목표를 하나씩 성취할 때마다, 그리고 각 단계마다 격려를 해야 한다. 집중력이 낮은 아이를 키우는 부모는 더 많은 노력이 필요하기 때문에 부모 또한 적절히 휴식을 취하고 재충전을 할 수 있도록 신체적 도움과 심리적 도움을 두루 받아야 한다. 집중력이 낮은 아이에게는 일관적이고 반복적인 생활이 도움이 된다. 아이가 새로운 경험을 하게 되는 상황이라면 확실하게 지침을 주고 범위를 정해 그 테두리 안에서 새로운 모험을 하도록 허락하는 것이 좋다.

적응하는 데 느리거나 예민한 성격의 아이는 새로운 환경을 만나면 부정적으로 반응할 가능성이 높다. 이런 아이들에게도 새로운 활동을 할 때 격려해주는 상황을 정기적으로 만드는 것도 좋다. 또한 어린이집이나 유치원, 초등학교 입학 등 새로운 환경을 겪을 때마다 아이에게 낯선 사람들과 적응할 시간을 충분히 주어야 한다. 앞으로 맞이하게 될 새로운 환경에 대해서 부모와 아이가 최대한 많은 대화를 나누는 것이 좋고, 새로운 환경이나 활동을 시작하기 바로 전 앞으로 바뀔 상황에 대해 미리 상기시켜주는 것이 좋다. 또한 하나의 활동을 끝내고 다음 활동으로 넘어갈 때에도 마무리할 시간을 충분히 주어야 한다. 활동을 마무리하는 데 다른 아이들보다 더 많은 시간이 소요될 수 있다는 것을 부모가 이해해야 한다. 느리게 반응하거나 반항하는 것을 비판하지 않도록 한다. 처음에는 변화를 최소한으로 하는 것도 도움이 된다.

이런 아이들에게는 부모가 인내하며 아이의 속도에 맞추어 공감해주는 것이 중요하다. 그럴 때 비로소 아이들은 부모에게서 안정감을 느낀다. 부모가 아이들의 세밀한 감정을 파악하고 그에 맞는 적절한 반응을 보인다면 그것만으로도 아이는 천군만마를 얻은 것처럼 느낄 것이다.

나는 아이와 맞는 기질을 지녔는가

부모 스스로도 자신이 어떤 기질을 지녔는지 알아야 한다. 아이와 마찬가지로 부모도 부모만의 기질이 있다. 부모가 자신의 기질을 잘 파악하고 아이의 기질과 어떻게 상호작용해야 하는지 아는 것은 중요하다. 부모와 자녀의 기질은 매우 유사할 수도 있고 매우 다를 수도 있다. 유사한 기질도, 다른 기질도 부모와 자녀 사이에는 마찰을 일으킬 수 있다. 아이에게 했던 기질 테스트를 부모 스스로도 테스트해보자.

아이와 부모의 기질, 특히 까다로운 기질과 느린 기질의 경우 특히 궁합을 맞추기가 쉽지 않을 수도 있다. 서로 다른 기질을 조화롭게 다듬어가며 아이와 부모가 하나의 '좋은 팀'이 될 수 있도록 노력해보자. 아이와 부모의 기질이 조화를 이루기 위해서는 부모의 요구사항과 기대치를 아이의 기질, 능력, 성격에 맞추어야 한다. 또한 아이의 기질을 바꾸는 것이 목표여서는 안 된다. 다시 한 번 말하지만 아이의 기질은 바꿀 수 없기 때문이다.

부모가 아이의 기질을 어떻게 컨트롤하는가에 따라 결과는 천차만별이다. 같은 재료를 가지고 여러 가지 다른 음식을 만들 수 있듯, 부모가 어떻게 양육하는지에 따라 아이는 전혀 다른 성격의 사람으로 자랄 수 있다.

TIP
아이의 기질을 다루는 방법

≫ 아이의 기질은 부모의 잘못이 아니다. 기질은 생물학적으로 타고난 것일 뿐 부모에게서 배우는 것이 아니기 때문이다. 아이는 의도적으로 어려운 기질을 갖춘 게 아니고 일부러 짜증스럽게 행동하는 것도 아니다. 아이의 기질로 아이나 부모 스스로를 원망해서는 안 된다.

≫ 아이의 기질을 형제자매나 다른 아이들과 비교하지 말아야 한다. 모든 사람은 각각 다른 기질과 성향을 가지고 태어나는데 이를 비교하는 것은 매우 불공평한 처사다. 또한 비교는 아이에게도 부정적인 영향을 준다.

≫ 아이의 타고난 기질을 바꾸려 해서는 안 된다. 바꿀 수도 없다. 기질 그대로를 존중해주되, 긍정적으로 발전시킬 수 있도록 부모가 꾸준히 격려해야 한다.

≫ 부모가 스스로의 기질과 행동을 돌이켜보고 그에 따라 대하는 방법을 바꾸도록 한다. 부모의 모습을 아이가 보고 배운다.

≫ 아이와 함께하는 활동을 계획할 때, 아이의 적응력, 활동성, 민감성, 신체리듬, 집중력 등을 고려하여 계획을 짠다.

≫ 아이와의 갈등 상황에서는 현재의 문제점만을 이야기한다. 앞으로 어떻게 될 것인지, 과거에는 어떤 잘못을 했는지 등은 언급하지 않는다.

≫ 부모가 아이에게 가지고 있는 기대치와 방향성 등을 다시 생각해본다. 과연 이것이 현실적인지, 아이에게 적절한 것인지 꾸준히 확인할 필요가 있다.

≫ 아이가 화를 낼 때, 이것이 일시적인 것인지 아닌지 파악해보자. 아이가 화를 내는 원인을 먼저 파악하면 그에 대한 대응도 할 수 있다.

≫ 아이가 자존감을 높일 수 있도록 기질에 맞게 도와준다. 아이 스스로의 장점과 단점을 공평하고 객관적으로 알고 이에 대처할 수 있도록 도와주는 것도 자존감을 높이는 방법이다.

≫ 아이의 기질을 파악하고 놀이를 할 때 아이의 기질을 고려해서 접근하기.

≫ 서약서에 있는 대로 아이와 매일 꾸준히 놀아주기.

취침 시간에 엄격한 영국 부모들

한국 아이들은 보통 몇 시에 잘까? 초록우산어린이재단의 조사에 따르면 서울 강남의 한 초등학교 6학년생의 평균 취침 시간은 오전 2시 30분이며 기상 시간은 오전 7시라고 한다. 일반적으로 초등학교 고학년 아이들의 평균 수면시간은 6시간 43분으로, 대한수면연구학회에서 제시한 어린이 권장 취침 시간인 9~10시간에 비해 2시간 이상 부족하다. 이는 학교 정규교육 외에 학원, 학습지, 과외 등 지나친 학업에 대한 부담 때문이다. '공부를 위해 OO까지 해봤다'는 질문에, 아이들은 '3시간밖에 안 자기', '학원에서 하루 보내기', '지하철에서 공부하기', '카페인 음료 마시기' 등을 답했으며 이는 고등학생과도 구별하기 어려운 고된 경험이다.

영국 아이들의 삶은 어떨까. 영국 초등학생의 평균 취침 시간은 저녁 7시 30분이고, 아무리 늦어도 저녁 8시를 전후로는 대부분 잠자리에 든다. 부모들은 아이들의 취침 시간에 관해서만큼은 절대로 관대하지 않다. 나의 아이들 역시 보통 한국 아이들이 그렇듯이 보통 9~10시는 되어서야 잠자리에 들기 시작했고 이러한 버릇은 영국에 가서도 변함없이 유지되었다. 그런데 다른 영국 엄마들에게 우리 아이들이 어제 11시까지 노느라 잠을 잘 못 자서 너무 피곤하다고 했더니 경악을 금치 못했다. 어떻게 아이들이 그렇게 늦게까지 안 잘 수가 있냐며.

또 한 번은 현우를 데리러 학교에 갔는데 선생님이 나를 불렀다. "어제 아이가 몇 시에 잤나요?"라고 물어왔다. 최대한 일찍 잔 것이라고

알려주려고 9시에 잤다고 했더니 너무 늦게 잤다는 답이 왔다. 그래서인지 오늘 현우가 피곤해했다며, 더 일찍 재우라고 조언한다. 그래서 다른 집 아이들은 몇 시에 자는지 물어보았더니 십중팔구 7시 30분엔 잔다는 것이다. 딱 한 아이만 8시에 잤다고 했는데, 그 아이의 엄마는 다른 집 아이들보다 자신의 아이가 취침 시간이 조금 늦다고 걱정을 하는 것이었다. 한국에서는 7시 30분은 아이들이 뛰노는 대낮이 아닌가?

영국의 부모와 교사들은 아이들의 적절한 취침 시간이 양질의 음식을 섭취하는 것과 적당한 운동을 하는 것과 함께 가장 중요하다고 생각한다. 영어, 수학과 같은 공부는 그다음의 관심사이다. 잠을 잘 자지 않는 아이들, 일찍 잠자리에 들지 않는 아이들, 수면 시간이 부족한 아이들에게는 문제가 있다고 생각한다.

영국의 국민건강서비스 NHS에서 발표한 바로는 수면이 부족한 아이들은 집중력이 부족하고 쉽게 짜증을 내며 아침 시간에 힘들어한다. 반대로 충분하게 잔 아이는 일찍 일어나 기분 좋게 하루를 시작하며 하루 종일 좋은 기분을 유지할 수 있어서 짜증을 덜 내고 집중력이 높다고 한다. 뿐만 아니라 잠이 부족한 아이들은 비만이 될 확률이 높은데 그 이유는 당분이 높은 음식으로 부족한 수면을 대체하려 들어 좋지 않은 음식을 많이 섭취하기 때문이라고 한다. 이는 아이의 평생에 걸친 건강상태와 학습능력 등과도 관련이 있다. 이러한 이유로 NHS에서는 연령별로 권장 취침 시간을 발표했는데 이는 다음과 같다.

만 2~3**세** 6:00 ~ 7:30p.m.

만 4~5**세** 7:00 ~ 8:00p.m.

만 6~7**세** 7:15 ~ 8:15p.m.

만 8~9**세** 7:30 ~ 8:30p.m.

만 10~11**세** 8:00 ~ 9:00p.m.

영국의 부모들은 이러한 권장 취침 시간을 매우 잘 지킨다. 영국의 부모들이 아이들을 일찍 재우는 이유는 아이들의 신체적 발달을 위한 것도 있지만 또 하나의 이유가 있다. 아이들이 잠들고 나면 비로소 부모들이 하고 싶은 취미생활을 할 수 있기 때문이다. 영국에서는 엄마나 아빠 중 한 명은 집에서 아이를 돌보고 다른 한 명이 취미생활과 같은 사회 활동을 교대로 하곤 한다. 특히 전업주부인 엄마의 경우 하루 종일 가사와 육아에 시달리다가 혼자만의 시간을 갖게 되는 이 꿀맛 같은 시간을 '미 타임(me time)'이라고 부른다.

아이들을 재우고 난 다음 부모는 공원에서 조깅을 하기도 하고, 피트니스 센터에서 운동을 하기도 하며 지역 도서관에서 열리는 독서 모임에 참여하기도 한다. 때로는 지인들과 외출해서 식사를 하거나 티타임을 갖기도 한다. 현우가 다녔던 학교에서도 학부모들이 가끔 모였는데, 아이들이 학교에 가 있는 낮 시간에 모이는 것이 아니라 아이들을 재운 다음 남편이 집에 있는 시간인 저녁 8시 30분 이후에 만나 나는

문화적 충격을 받았다. 부모가 된 이후 8시 30분에 밖에서 가족이 아닌 다른 누군가와 시간을 보낸다는 것이 좀처럼 쉽지 않았었는데, 영국에서는 너무나도 자연스러운 일이었다. 이렇게 저녁 시간에 모인 엄마들은 함께 맛있는 음식을 먹기도 하고 볼링장에 가기도 하며 아이들 이야기, 남편 이야기, 직장 이야기 등 시시콜콜한 이야기를 나눈다. 영국과 같이 자녀의 취침 시간에 엄격한 나라로는 네덜란드, 프랑스, 덴마크 등이 있다.

아이에게 필요한 사회성 코칭과 감정 코칭

지난주 복습 사항

"테오는 나이에 비해 본인의 의사를 잘 표현하지 못해 스스로 답답해하죠. 그 때문에 무척 공격적인 성향을 보입니다. 다루기 힘든 기질의 아이입니다. 그렇지만 저는 지난주 수업에서 배운대로 기질에 맞추어 아이를 대하려고 노력했습니다. 테오와 함께 외출하는 경우 어떤 장소에서 누구를 만날 것인지 미리 이야기를 해줬습니다. 놀이를 할 때에도 어떤 놀이를 누구랑 할지 말해줬습니다. 놀이를 할 때는 문장형으로 길게 말하는 대신 테오가 엄마의 말을 따라할 수 있도록 짧은 단어를 말하며 아이와의 대화를 유도했어요.

'공룡 인형을 가지고 놀자'라고 말하는 대신 '공룡, 놀자!'로 말하는 거죠. '자 이제 장난감을 정리하자'라고 말하는 대신 '정리!'라고 말했습니다. 꼭 필요한 부분만 강조해서 말을 했습니다. 아이의 눈을 바라보고 매우 천천히, 또박또박 말을 건넸어요. 그러자 아이도 제 얼굴을 보더니 따라서 말하려고 노력하더라고요. 무엇보다 제가 아이에게 집중하자 아이가 평소와 다르게 신경질적으로 행동하지 않고 즐겁게 잘 따라줬습니다. 그것만으로도 많은 발전이 있었던 것 같아요."

아이가 언어 발달이 느려서 표현을 잘 못한다고 걱정하는 네 살짜리 아들을 둔 나타샤의 이야기였다.

선생님 코멘트

"민감하거나 까다로운 기질을 지닌 아이일수록 부모가 더욱 아이의 성향을 존중해주고 아이의 기분을 세심하게 고려해야 합니다. 항상 주위의 상황을 아이에게 설명해주고 아이가 그 상황을 충분히 받아들일 수 있도록 시간을 여유롭게 주세요. 그렇다고 매번 길게 이야기하라는 뜻은 아닙니다. 짧고 간결하게 해도 돼요. 아이가 알아들을 수 있을 정도로 말하되 말의 의도가 아이에게 잘 전달되는 것이 중요합니다. 모범적인 아이는 크게 신경 쓰지 않아도 알아서 잘하는 경우가 많아요. 그렇다고 그냥 지나치면 안 됩니다. 모범적인 아이가 모범적인 행동을 하면 더욱 칭찬해주세요. 어떠한 성향이든 아이의 자존감이 높아질 수 있도록 부모가 아이의 성향을 고려하여 접근하세요."

사회성 코칭과 감정 코칭

"아이들이 어떤 삶을 살기를 원하나요? 공부를 잘하고 많은 돈을 버는 것? 그렇지만 행복하지 못하다면 어떨까요? 사회성이 좋은 아이, 감정 조절을 잘 하는 아이로 키우는 것도 중요하지 않을까요?"

이날의 주제는 사회성 코칭과 감정 코칭이었다. 감정 코칭은 한국에서도 몇 년 전부터 화제가 된 육아법이다. 그런데 사회성 코칭이란 말은 아직 많은 사람들에게 익숙하지 않다. 아이가 올바른 사회 구성원으로서 긍정적인 생각을 가지고 살아가기를 원한다면 이제는 감정 코칭에만 집중할 것이 아니라 사회성 코칭에도 신경을 써야 한다. 유치원생의 사회성이 성인이 되어서 어떤 영향을 미치는지에 대한 연구를 진행한 사례가 있다. 이 연구를 실시한 데이먼 존스(Damon Jones) 박사 팀은 1990년대 유치원생들을 대상으로 선생님이 아이의 사회성을 "매우 좋음 / 좋음 / 보통 / 좋지 않음 / 나쁨"으로 평가를 한 후 이 아이들이 25세가 되었을 때 살펴본 결과, 사회성이 좋은 아이들은 학창 시절도 성공적으로 보냈으며 다른 사람을 배려하거나 양보하는 아이들은 다른 아이들을 괴롭히거나 문제 행동을 보이는 아이들보다 학력이 높았고 안정적인 직장에 소속되었다는 것을 밝혔다. 존스 박사는 사회성은 습득이 가능하지만 습득을 하지 않을 수도 있다고 설명한다. 즉, 사회성은 배우는 것이며 사회성을 배운 아이들과 그렇지 않은 아이들은 다른 삶을 살게 된다. 사회성을 배우는 것은 공부를 잘하는 것과 같이 머리가 좋아야 하거나 어느 한 가지 뛰어난 능력이 필요한 것이 아니다. 누구나 다 노력하면 올바른 사회성을 습득할 수 있다. 아이들의 경우, 대부분 사회성을 부모에게서 배운다. 부모가 다른 사람을 배려하고 사회적 규범을 잘 지키며 감정 조절을 하는 모습을 보인다면 자녀도 부모의 모습을 닮게 된다. 부모가 할 일은 자녀에게 사회성 코칭을 하여 올바른 사회성을 기르도록 도와주는 것이다. 코칭은 훈육이나 가르침과 달리 상대방이 어떤 행동을 하게끔 발판을 마련해주거나 긍정적으로 행동하게끔 방향을 유도해주는 것이다. 이때 언어적 접근이 매우 중요하다. 따라서 부모가 사용하는 말을 미리 연습하는 게 큰 도움이 된다.

"사이좋게 놀던 아이들이 사소한 일로 싸우는 것은 매우 흔한 일입이다. 이런 상황에서 부모는 어떻게 반응해야 할까요?" 강사가 질문했다. 많은 부모들이 이런 상황에서 가장 흔히 하는 말은 이런 형태일 것이다. "친구에게 장난감 좀 빌려줘. 왜 넌 항상 네 욕심만 부리니?" 이렇게 말하면 아이가 친구에게 장난감을 순순히 양보할까? 오히려 "왜 나만 맨날 양보해야 해?"라고 반발하기 십상이다. 이런 경우 타협하는 것은 거의 불가능하다. 이럴 때일수록 아이는 자신의 감정이 무시되었다고 느낄 뿐 아니라 자신만 계속 양보를 해야 하는 것 같아 화를 내게 된다. 그리고 그럴수록 아이는 장난감을 더더욱 빌려주고 싶지 않을 것이다. 이런 상황이라면 두 아이 중 하나가 울음을 터뜨리거나 둘 다 울음을 터뜨릴 것이다. 부모 역시 기분이 좋지 않은 상황이 된다는 것은 불 보듯 뻔하다. 모두가 행복하게 마무리하도록 도와주기가 쉽지 않다.

이제는 이렇게 말해보는 것은 어떨까? "네가 장난감을 가지고 재미있게 놀고 있는데 친구도 이걸 가지고 놀고 싶다고 했구나. 잘 놀고 있었는데 기분이 안 좋았겠다. 그렇지만 이 장난감은 원래 네 것이니까 친구가 가지고 놀아도 집에 갈 땐 네게 돌려줄 것 같은데 잠깐 가지고 놀게 해주는 것은 어떨까? 그동안 너는 다른 장난감을 가지고 놀아볼까? 아니면 친구의 장난감과 바꿔서 놀자고 해볼까?"

부모가 아이의 감정을 충분히 설명한 다음 장난감을 빌려주도록 유도하는 방법이다. 대부분 부모는 아이에게 원하는 것을 강요하기 십상이다. 그렇지만 먼저 아이의 감정을 알아주고 그것을 말로 표현하면 그 다음 단계로 넘어가는 것은 훨씬 수월해진다. 물론 싫다고 고집을 부리는 아이도 있겠지만 감정을 먼저 읽어주고 상황을 말로 설명하면 아이의 기분은 한결 나아질 것이다.

또 부모는 다른 대안을 제시할 수도 있다. 그러다 보면 빌려주기 싫다고 고집을 부리던 아이가 어느새 장난감을 친구에게 빌려주거나 서로 바꿔서 놀고 있는 상황을 목격하게 될 것이다. 이처럼 아이가 바람직한 모습을 보였을 때, 그냥 넘기지 말고 아낌없이 칭찬해야 한다. "네가 가장 아끼는 장난감을 친구에게 빌려주다니, 양보를 잘하는구나!" 이런 식으로 칭찬과 격려를 들은 아이는 같은 상황에 부딪히면 부모의 이 말을 기억해낼 가능성이 높다. 그리고 같은 상황에서 어떤 식으로 행동해야 하는지 스스로 판단하게 된다.

왜 아이에게 계속 말로 설명해야 하나요

아이가 긍정적인 행동을 할 수 있도록 부모가 유도해주는 것은 중요하다. 칭찬은 아이의 사회성을 길러주는 강력한 원동력이 된다. 사회성은 오랫동안 좋은 대인관계를 유지할 수 있는 첫 번째 단계이다. 부모라면 자신의 아이가 사회성이 좋기를 바랄 것이다. 그렇다면 아이와 함께 놀 때나 아이가 다른 친구와 놀고 있을 때 격려하는 말을 해보자. 부모도 이런 표현을 자연스럽게 사용할 수 있도록 연습을 해야 한다. 사회성을 기르는 데 도움이 되는 말은 다음과 같다.

▶ 다른 사람들을 도와줄 줄 아는 아이구나.

▶ 친구와 함께 나누어 쓸 줄 아는 아이구나.

▶ 친구와 함께 사이좋게 노는 방법을 아는 아이구나.

▶ 매우 침착하고 예의 바른 아이구나.

▶ 친구가 하는 말을 잘 들을 줄 아는 아이구나.

(경청할 때, 또는 친구 의견에 동의할 때)

▶ 차례를 기다릴 줄 아는 아이구나.

▶ 궁금한 것에 대해 질문을 잘하는 아이구나.

▶ (장난감을) 다른 친구와 바꿔 가지고 노는 모습이 멋지구나.

▶ 잘 기다릴 줄 아는 아이구나.

▶ 네 의견을 잘 이야기할 줄 아는 아이구나.

▶ 친구에게 칭찬을 잘하는 아이구나.

▶ 친구들에게 친절하게 대할 줄 아는 아이구나.

(신체적 접촉, 공격적이지 않은 행동)

▶ 친구의 장난감을 가지고 놀고 싶을 때, 빌려줄 수 있는지 물어본 것은 참 잘한 일이란다.

▶ 어려운 문제도 포기하지 않고 잘 해결하는구나.

▶ 다른 사람을 잘 배려하는 아이구나.

▶ 잘못을 저질렀을 때 사과도 잘하는 아이구나.

▶ 아주 용기 있는 아이구나.

▶ 인내심이 있는 아이구나.

▶ 고마워할 줄 아는 아이구나.

위와 같은 말들을 자주 사용하기 위해서는 꾸준히 연습하고, 의식적으로 자주 말하려고 노력해야 한다. 이 연습이 어느 정도 된 다음에는 아래와 같이 조금 더 구체적으로 묘사해보는 연습을 해볼 수 있다.

▶ 친구와 함께 블록을 나눠 가지고 놀고 네 차례가 될 때까지 친구를 기다려주다니, 인내를 잘 하는 구나.

▶ 너희 둘이 함께 이 어려운 일을 서로 도와가며 하다니 멋지구나. 최고의 팀인걸!

▶ 친구의 부탁을 들어주고 의견도 잘 들어주었구나. 배려심이 깊구나.

▶ 친구에게 아주 정중히 잘 부탁했구나. 그랬더니 친구가 네 부탁을 들어주었지?

▶ 친구가 블록 쌓는 것을 잘 도와주었구나.

▶ 이렇게 어려운 퍼즐을 맞추다니, 열심히 노력하는 모습이 매우 자랑스럽구나.

▶ 네 친구가 만든 것 좀 보렴. 친구에게 잘했다고 칭찬해주자.

(친구를 칭찬했을 경우, 그 칭찬에 대해서도 칭찬해준다)

▶ 실수로 그랬구나. 친구에게 미안하다고 말할 수 있지?

아무리 작은 행동이라 하더라도 아이의 긍정적인 태도를 보면 격려를 해주는 것이 좋다. 그러나 무조건 "잘했구나" 또는 "착하다"처럼 목적이 없는 칭찬이나 격려는 그것을 받아들이는 아이에게도 큰 의미가 없다. 이제부터라도 아이가 한 작은 행동 하나하나를 구체적으로 설명해보자. 그 행동이 왜 좋은 일인지, 그것을 해서 아이가 보인 행동이 어떻게 좋은 것인지를 말로 표현하면 아이 스스로도 자신이 지금 왜 격려나 칭찬을 받고 있는지 이해한다.

처음에는 이런 표현을 하는 것이 무척 낯설 수밖에 없다. 이제까지 이렇게 말해본 적이 적기 때문이다. 하지만 조금씩 연습하다 보면 그리 어려운 일이 아님을 알게 된다. 나도 의식적으로 아이들에게 칭찬을 해주려고 노력한다. 그냥 지나칠 때도 종종 있지만 최대한 놓치지 않으려고 의식적으로 노력한다.

특히 아이들이 허락을 구하는 질문을 했을 때 "엄마에게 먼저 물어봐줘서 고마워"라고 표현한다. 물어보지 않고도 할 수 있는 사소한 일인데도 먼저 엄마의 의견을 물어봐주는 것이 나에게는 참으로 고맙게 느껴지기 때문이다. 아이가 나의 의견을 존중해준다는 느낌을 받고, 나 또한 그것을 당연하게 받아들이지 않고 아이에게 고맙다는 표현을 한다. 그 외에도 "기다려주는 게 쉽지 않았는데 기다려줘서 고마워"라고도 자주 말한다. "엄마가 부탁하기 전에 먼저 해줘서 고마워"와 같은 말은 이제 일상이 됐다. 엄마가 명령하는 존재가 아닌, 아이들을 하나의 인격체로 존중하기 위해 노력했다는 것을 알아줄 날이 있을 것이라고 믿는다.

가트만의 일곱 가지 감정 크레파스

감정을 표현하는 것을 왜 도와주어야 하는 걸까. 〈인사이드 아웃〉이라는 애니메이션이 있다. 이 영화에서는 사람이 살면서 느끼는 다섯 가지 기본 감정인 기쁨, 슬픔, 버럭, 까칠, 소심을 각각의 캐릭터로 만들었다. 라일라라는 아이는 자신의 내면에서 이 감정들이 어떻게 충돌하고 조절하는지를 보여주면서 성장한다. 영화처럼 대부분 사람들은 기쁨과 같이 긍정적인 감정만을 강조한다. 슬픔이나 화가 나는 감정, 또는 내성적인 성격과 같은 모습은 부적절하다고 판단한다. 그렇지만 부정적인 감정을 느끼는 것도 매우 자연스러운 현상이다. 특히 긍정적인 감정과 부정적인 감정이 조화를 이루며 그 가운데 성장하는 것이 중요하다. '슬픔'이 부정적인 감정이라고 해서 이 감정을 표현하지 않거나 무시한다고 '슬픔'이 해결되는 것이 아니다. '슬픔'을 표현하고 그것을 어떻게 해결하는지가 더욱 중요하다. 부정적인 감정을 다른 감정과 함께 조화롭게 잘 해결했을 때 한층 더 성숙해지지만, 해결이 되지 않았을 경우 이런 감정은 또 다른 문제를 만드는 원인이 되기도 한다.

이와 같이 감정은 사람에게 매우 중요하다. 풍부하게 감정을 표현할 줄 아는 사람, 어려서부터 감정을 표현하는 연습이 잘되어 있는 사람, 그리고 이런 과정을 통해 감정을 잘 조절할 줄 아는 사람이 되는 것이 중요하다. 이러한 연습을 유아기 때부터 할 수 있다면 성숙한 인격체로 자라는 데 큰 도움이 될 것이다.

"어떻게 하면 유아기 때부터 감정을 표현하고 조절하는 연습을 할 수 있을까요?" 많은 부모들이 궁금해 하는 내용 중 하나다. 이때 부모의 언어 표현이 중요하다. 아이가 느끼는 감정을 부모가 말로 표현하면 아이는 감정 표현을 더 발전시킬 수 있다. 아이가 감정 언어를 습득하고 나면 스스로 느끼는 바를 말로 표현할 수 있기 때문에 스스로의 감정을 조금 더 잘 조절할 수 있게 된다. 아이에게 감정을 살려주고 표현할 수 있는 언어들을 연습하고 아이와 있을 때 적용해보자. 누구나 다 알고 있는 매우 쉬운 표현이지만 아이에게 직접 말하는 부모는 사실상 그리 많지 않다는 사실을 알면 놀랄 것이다. 이 중에서 우리가 하루 종일 아이에게 표현하는 단어는 몇 개쯤 될까?

이와 같이 감정을 표현하는 말을 아이와 대화할 때 최대한으로 활용해보자. 아래 조금 더 구체적인 예시를 살펴보자.

행복하다	기쁘다	참을성이 있다	궁금하다
실망하다	슬프다	재미있다	화나다
침착하다	도움이 된다	질투하다	분하다
자랑스럽다	걱정이 된다	용서하다	흥미 있다
신난다	자신감이 있다	돌봐주다	당황스럽다

- ▶ 아까 벌어진 일 때문에 속상했지? 화가 났을 텐데도 화내지 않고 잘 참았구나. 게다가 포기하지 않고 또 다시 도전해보려 하다니, 나는 네가 자랑스럽다.
- ▶ 네가 그린 꽃 그림을 보니 엄마(아빠) 마음속에서 행복이 마구마구 피어나는걸.
- ▶ 이 이야기를 읽을 때 너는 아주 자신감 있어 보이는구나. 마치 네가 이 이야기의 주인공이 된 것 같아.
- ▶ 참을성이 많구나. 두 번이나 망가졌는데도 그때마다 매번 고치려 하다니. 네가 참을성이 많다는 사실은 앞으로 살면서도 큰 도움이 될 것이란다.
- ▶ 친구와 함께 이 놀이를 하는 것이 그렇게 즐겁니? 네 친구도 너와 함께 노는 것이 정말 재미있는 것 같구나.
- ▶ 호기심이 많구나. 이걸 어떻게 사용하는지 계속 연구하다니. 새로운 아이디어가 기발한걸.
- ▶ 친구가 실수했다는 것을 알고 용서해주다니, 아주 멋진 아이인걸.
- ▶ 네가 이 문제를 스스로 해결해서 매우 자랑스럽다.
- ▶ 블록이 무너질 줄 알고 조마조마했는데 너는 매우 조심스러웠고 침착했어.

취학 전 어린아이의 경우, 아이가 지금 느끼고 있는 감정이 무엇인지 묻는 대신 그 감정을 부모가 언어로 직접 표현해주는 게 좋다. 이 시기의 아이들은 아직 본인의 감정을 적절하게 표현하기 어려워하고 어떻게 말해야 하는지 잘 모르기 때문이다. 부모가 먼저 그 감정에 대해서 설명해주자. 부모가 자주 감정 표현을 사용할수록 아이의 감정 언어도 풍부해진다. 주의해야 할 점도 있다. 아이의 감정을 언어로 표현할 때, 부정적인 감정보다는 긍정적인 감정을 강조해야 한다. 또한 아이가 스스로의 감정을 표현할 수 있는 단어를 알 수 있도록 도와주는 것이 목표이지만, 매 순간 아이가 어떻게 느껴야 하는지 교과서처럼 가르쳐주는 것이 목표가 되어서는 안 된다.

아래는 인간의 보편적 기본 감정이다. 왼쪽은 인간이 태아 때부터 느낄 수 있는 가장 기본적인 일곱 가지 감정이고 오른쪽 칸은 그 일곱 가지를 다시 세부적으로 나눈 52개 표현이다. 우리 모두 이 단어들을 머릿속으로는 알고 있지만 실제 표현하기는 쉽지 않다. 그럼에도 아이에게 최대한 다양한 표현을 사용해서 감정을 설명해주는 게 중요하다. 감정 코칭의 대가인 존 가트만(John Gottman) 박사는 표 안에 소개된 감정 표현을 설명하며 우리가 일곱 가지 색깔의 크레파스만 사용하면 일곱 가지 색깔밖에 모르지만 52색 크레파스를 사용하면 52개의 색깔을 다 알 수 있다고 이야기한다. 어떤 표현은 그 사용 빈도수가 높고 어떤

기쁨	반가움 명랑함 행복함 고마움 유대감 사랑스러움 황홀함 쾌활함 만족 극치의 기쁨 감사함
슬픔	절망적 불행 우울 후회스러움 실망스러움 미안함 비통함 기분이 처지고 가라앉음
놀람	흥미로움 기대감 몰두함 열심 재미있음 흥분 관심
화남	분노 불쾌함 짜증 불만 격노 좌절 열 받음 시기심
경멸	무례함 비판적 씁쓸함 거부감
혐오	증오 싫어함 구역질 기피하고 싶음
공포	불안함 두려움 예민함 경악 걱정스러움 겁남 무서움 소심함 불편함 혼란스러움

표현은 빈도수가 낮을 수는 있지만 최대한 다양하게 사용하도록 노력하는 것이 좋다.

지금 느끼는 감정을 언어로 표현하면 언어와 논리를 담당한 좌뇌가 움직이게 되고 그것만으로도 진정 효과가 나타난다. 감정을 표현하는 행동이나 언어가 신경계에 진정 효과를 가져오기 때문에 마음을 힘들게 하는 사건이 생기더라도 표현을 하지 않을 때보다 빨리 회복할 수 있다.

감정 표현과 사회성 표현을 연습하기

감정 표현을 키우고 사회성을 기를 수 있도록 부모가 유도하는 방법을 여러 가지 상황에서 연습해볼 수 있다. 상황은 크게 세 단계로 나눌 수 있다. 부모와 아이가 놀이를 할 때, 또래 아이끼리 놀이를 할 때(어린아이일수록 또래 집단에서도 혼자 노는 현상이 나타날 수 있다), 한 아이가 다른 아이에게 먼저 놀이를 하자고 제안할 때의 상황이다.

상황1. 부모와 아이가 놀이를 할 때

부모와 아이가 놀이를 할 때, 부모는 아이와 일대일로 마주 앉아 놀며 사회성과 감정 언어를 알려줄 수 있다. 아이는 자신의 롤모델인 부모가 구체적인 언어로 표현할 때 많은 것을 배운다. 이는 아이가 사회성을 인지하고 배우는 계기가 된다.

부모의 목표	사회성·교우 관계 형성	부모가 사용해야 하는 언어
부모가 먼저 롤모델 되어주기	나눠 쓰기 도움을 요청하기 기다리기 의견 제시하기 칭찬하기 감정에 따른 행동	"지금부터 엄마(아빠)도 네 친구 할래. 장난감 자동차 가지고 놀까?." "내가 아랫부분을 잡아줄 테니 네가 윗부분에 블록을 더 올려보겠니?" "네가 그것을 다 끝낼 때까지 엄마는 기다릴게." "우리 같이 만들어도 될까?" "이것을 혼자서 조립하는 방법을 알다니, 여러 방법으로 생각해보았구나." "아빠랑 같이 나눠쓰자. 그럼 아빠는 정말 기분이 좋을 거야." "이것을 어떻게 해야 할지 모르겠는데 도와줄 수 있니?" "네가 엄마(아빠)에게 가르쳐주니까 한결 수월하구나."
부모가 상황을 유도하기	혼자 말하기 도움을 요청하기	"여기 블록 한 조각이 비는데 어디 있을까?" "이걸 어떻게 조립해야 할지 모르겠네." "다른 조각을 찾고 있는데 도와줄 수 있겠니?" "네 장난감 하나를 나에게 빌려줄 수 있겠니?"

부모가 반응 보이기	아이가 부모를 도와주거나 물건을 나누어줄 때 칭찬하기	"장난감을 빌려줘서 정말 고마워. 넌 양보(배려)할 줄 아는 멋진 아이구나(도움이 된 것에 대한 칭찬)." "나 혼자서도 나머지 조각을 찾을 수 있어(끈기를 보여주기)."
	아이가 부모를 도와주지 않거나 물건을 나누어주지 않을 때의 바람직한 반응 보이기	"네가 놀이를 다 끝낼 때까지 기다릴게(기다리는 모습 보여주기)." "네가 자동차를 빌려주고 싶지 않다는 것 알아. 그렇지만 내 차례가 될 때까지 기다릴 거야 (침착하게 원하는 바를 말하기)."
다른 사람 입장에서 생각하기	놀이에 개입할 때 친구같이 대해줄 때 화난 감정을 다스릴 때	"같이 놀아도 될까?" "재미있어 보인다. 나도 같이 해도 되니?" "난 너랑 친구하고 싶어. 같이 놀고 싶은데." "나는 친절한 사람과 놀이를 하고 싶어. 네가 기분이 좋지 않다면 같이 놀이를 할 다른 사람을 찾아봐야겠어."

상황 2. 또래 아이끼리 놀 때

연령이 낮을수록 아이들은 같이 놀기보다는 옆에 앉아서도 각자 노는 경우가 많다. 다른 아이와 함께 놀려고 하지 않거나, 다른 아이가 옆에 있다는 사실조차 인식하지 못하는 경우도 있다. 이러한 경우, 부모가 다른 친구와 함께 놀이를 하거나 친구가 하고 있는 활동에 참여할 수 있도록 유도하며 사회성을 길러줄 수 있다. 아직 사회성이 길러지지 않은 연령의 아이에게 상호작용을 하도록 언어로 유도를 해주거나 부모가 사회적 행동의 롤모델이 되어준다면 아이도 자연스럽게 사회성을 훈련하게 된다. 아이가 부모의 부탁을 그대로 들어주고 부모가 다른 사람에게 하라고 한 말을 바탕으로 본인의 의사를 정중하게 표시한다면 그 태도와 노력을 칭찬해주어야 한다. 그러나 아이가 반응을 하지 않는다면 의식적으로 감정→행동→사고 사이클을 적용하여 화를 내거나 다그치지 않고 계속해서 현재 상황에 대해 자세히, 친절하게 설명해주어 아이가 상황을 이해하도록 도와주는 것만으로도 큰 도움이 된다.

부모의 목표	사회성·교우 관계 형성	부모가 사용해야 하는 언어
부모가 코치하기	원하는 것 물어보기 도움을 요청하기 기다려달라고 요청하기	"네가 원하는 것이 무엇인지 친구에게 직접 이야기해볼래?" "'크레파스 빌려줄 수 있어?'라고 말할 수 있지?" "친구에게 도와달라고 말해 보겠니?" "네가 이 장난감을 가지고 계속 놀고 싶다면, 친구에게 아직은 빌려줄 수 없다고 말해줄래?"
부모가 유도하기	다른 친구의 존재를 인식하기 다른 친구와 놀이를 먼저 시도하기 아이를 칭찬하기	"와, 친구가 정말 커다란 집을 만들고 있구나!" "너희 둘 다 똑같이 초록색 색연필을 쓰고 있네." "친구가 작은 블록을 찾고 있구나. 같이 찾아볼까?" "너는 장난감 자동차가 여러 개 있는데 친구는 하나도 없구나. 친구가 자동차가 없어서 기분이 좋지 않은 것 같아. 친구에게 하나 빌려줄 수 있겠니?" "친구가 만든 집이 정말 멋지다고 말해볼까?"

부모가 칭찬하기	함께 놀기	"친구와 같이 노는 거야. 그럼 친구도 정말 기분 좋을걸?" "친구에게 이 장난감을 어떻게 작동시키는지 알려줄 수 있어? 네가 도와준다면 친구도 좋아할 거야."
다른 사람 입장에서 보여주기	나누어주거나 도와주기	"친구가 만든 집 봤지? 정말 멋지지 않니?" "빨간 색연필을 찾고 있는데, 너희 중 날 도와줄 사람 있니?" "네가 집 만드는 것 나도 도와주고 싶구나." "친구에게 기차 좀 빌려달라고 말할 수 있겠니?"

상황 3. 다른 아이와 함께 놀이를 하도록 유도를 할 때

아이들은 같은 공간에서도 각자 놀다가 또 시간이 지나면서 점차 다른 아이들과 섞여서 상호작용하며 함께 놀게 된다. 아이들은 다른 아이에게 관심을 보이며 친구 관계를 발전시킨다. 아이의 기질에 따라 아이가 충동적일 수도, 집중력이 강할 수도, 사회성이 높을 수도 있다. 부모는 아이들이 또래와 놀고 있을 때 사회성을 발달시킬 수 있도록 대화로 방향을 유도해줄 수 있다. 코칭을 통해 아이의 사회성에 대해 관심을 가지고 격려해 긍정적인 환경을 마련해주도록 한다.

	사회성·교우 관계 형성	부모가 사용해야 하는 언어
사회성과 교우관계 능력	예의 바르고 침착하게 부탁하기 친구를 도와주기 물건을 나눠 쓰거나 교환하기 함께 놀도록 제안하기	"네가 원하는 바를 친구에게 아주 예의 바르게 말했구나. 잘했어. 그래서 친구가 너에게 장난감을 빌려줬구나. 너희는 정말 사이좋은 친구인 것 같구나." "친구가 장난감 찾는 것을 도와주었구나. 함께 찾고 도와주니 멋진 팀 같은데!" "친구와 함께 네 장난감을 가지고 놀다니 너는 정말 멋진 아이구나. 그래서 친구도 너에게 장난감을 빌려주었구나." "네가 친구에게 같이 놀자고 먼저 말하니 친구가 좋아하는 것 보았지?"
격려해주기	다른 사람의 의견에 동의하거나 스스로의 의견을 제시하기	"친구를 칭찬해주다니, 너는 정말 좋은 친구구나." "친구의 의견을 들어주다니, 다른 사람도 존중할 줄 아는구나."
자기 통제 능력	다른 사람의 의견을 듣기 인내하며 기다리기 차례를 기다리기 침착하게 있기 문제 해결하기	"친구의 부탁을 잘 들어주었네. 너는 매우 좋은 친구야." "네가 그 장난감을 가지고 놀아도 되는지 먼저 물어보고 기다렸구나. 네가 얼마나 잘 기다릴 줄 아는지 엄마도 알게 되었어." "차례를 잘 기다리는구나. 좋은 친구들은 서로 차례를 기다릴 줄 알지." "친구들이 너와 함께 놀아주지 않아서 많이 속상했지? 그렇지만 너는 화내지 않고 잘 기다려주었구나. 그러니까 다른 친구와 와서 함께 놀 수 있게 되었지 않니." "너희 둘 다 아까는 저걸 만들지 못했는데 함께 만드니 훌륭하게 완성했네. 둘이 같이 하니 둘 다 멋진 해결사가 됐구나."

공감하기	행동하고 느끼기 사과하고 용서하기	"친구들과 함께 장난감을 가지고 놀았구나. 너는 정말 좋은 친구고 너의 행동 덕분에 친구도 기분이 좋아졌네." "친구가 만들기를 하는데 잘 안 된다고 속상해할 때 네가 가서 도와줘서 이렇게 멋진 작품을 만들 수 있었구나. 친구의 기분이 어떤지 먼저 생각해보고 도와준 것은 정말 잘한 일이란다." "너희 둘 다 이 퍼즐이 잘 맞춰지지 않아 속상했구나. 그렇지만 화내지 않고 침착하게 다시 시도 해본 것은 정말 잘한 일이야. 그러니 이렇게 잘 완성되었지? 아주 훌륭한 팀이었어." "친구에게 같이 놀자고 먼저 말하기 부끄러웠지? 그렇지만 용감하게 같이 놀자고 먼저 말하니 좋구나. 친구도 네가 같이 놀자고 말해줘서 더 좋아하는 것 같은데?" "이번에는 네가 잘못한 것 같구나. 미안하다고 친구에게 말할 수 있지?" "친구가 잘못해서 미안하대. 네가 이해해 줄 수 있을까?"

아래는 사회성 코칭을 구체적으로 도와줄 수 있는 50개 표현이다. 해당 상황에서 적절한 언어를 사용해 아이들에게 표현해보자.

1. 차례 기다리기
2. 다른 사람을 칭찬하기
3. 잘한 것 축하해주기
4. 다른 사람을 도와주기
5. 다른 사람의 성향을 존중하기
6. 나눠 쓰기
7. 도움을 요청하기
8. 게임에서 지는 것도 용납하기
9. 허락받기
10. 의견과 생각을 분명하게 말하기
11. 말할 때 크게 또는 작게(상황에 맞게 적절하 게) 말하기
12. 사과하기
13. 함께 참여하고 협력하기
14. 다른 사람의 말이 끝날 때까지 기다렸다 말하기
15. 좋은 친구가 되어주기
16. 주어진 일에 집중하기
17. 친절한 행동하기(구체적으로)
18. 적절한 명칭 사용하기(친구의 이름 불러주기, '이것'이라고 지칭하기보다는 '종이'라고 구체적으로 말하기 등)
19. 다른 사람 격려해주기
20. 인내하기
21. 감사하기
22. (다른 사람과의) 차이를 존중해주기, 다른 사람의 의견 받아들이기
23. 잘 들어주기
24. 갈등을 해결하기
25. 지시를 잘 따르기
26. 주어진 것을 잘 이해하고 다시 설명하기
27. 놀이 집단 또는 친구와 사이좋게 지내기
28. 정직하게 행동하기
29. 공손하고 예의바르게 거절하기
30. 도전하기
31. 책임감 있게 행동하기
32. 안 된다고 하면 받아들이기
33. 예상했던 것과 다른 결과가 나와도 받아들이기
34. 또래 친구들의 압력(괴롭힘 등) 극복하기
35. 생각을 말하기
36. 눈 마주치기
37. 절제하기
38. 타협하고 의견 조절하기
39. 창의성을 발휘하기
40. 협력하고 협동하기
41. 예의 바르게 행동하기
42. 말하기 전에 생각하기
43. 용서하는 것 배우기
44. 어려운 것 극복하기
45. 융통성 있는 생각을 바탕으로 행동하기
46. 규율과 규칙 따르기
47. 스스로의 감정 표현하기
48. 다른 사람의 기분 생각하기
49. 다른 사람의 입장에서 생각하기
50. 내 행동이 다른 사람에게 어떤 영향을 주는지 생각하기

어떤 것은 비교적 쉽게 할 수 있지만 어떤 것은 매우 어렵다. 그렇지만 이 중 반 정도만 사용해도 꽤나 성공적인 사회성 코칭이 된다.

자연주의 육아 전문가 페기 오마라(Peggy O'Mara)는 "부모가 아이에게 하는 말은 곧 아이의 잠재의식 속으로 들어가 그들의 내면의 목소리가 된다(The way we talk to our children becomes their inner voice)"고 말한다. 그 내면의 목소리는 아이의 일평생을 따라다니며 아이의 생각과 행동과 삶을 지배하게 된다. 아이가 어떤 목소리를 듣기를 원하는가? 매사에 부정적이고 절망적이며 낮은 자존감의 언어인가, 아니면 긍정적이고 희망적이고 자존감을 높이는 언어인가. 부모라면 틀림없이 후자를 선택하기 원할 것이다. 그렇다면 부모의 역할은 정해져 있는 것 아닐까?

TIP
아이가 스스로를 통제하는 능력을 기르도록 도와주는 법

≫ 아이의 감정과 요구를 이해하려고 노력한다.

≫ 아이가 느끼는 감정을 부모가 말로 표현한다.
(아이 스스로 말로 잘 표현하지 못하는 연령에서는 감정에 대한 질문을 하는 것보다 감정을 설명해주는 것이 도움이 된다)

≫ 부정적인 감정보다 긍정적인 감정을 표현할 때 더 많이 격려한다.

≫ 차분하게 행동할 때, 실패했던 일에 다시 도전할 때, 차례를 기다릴 때, 좋은 어휘를 사용할 때 등 아이가 스스로를 통제하는 경우를 보면 적극적으로 칭찬해준다.

≫ 실패하거나 좌절했을 때는 응원해준다. 결과와 상관없이 부모는 항상 아이 편이라는 것을 확신시켜준다.

≫ 아이에게 필요한 것이 무엇인지 파악한 다음, 이를 표현할 만한 단어를 아이에게 알려주며 예시를 들어준다.
(예. 저 인형을 빌려달라고 말할 수 있겠니?)

≫ 아이 스스로 감정을 통제하는 방법을 배우도록 한다.
(예. 화가 났을 때 심호흡을 하며 감정을 다스리는 법을 알려주기)

≫ 감정을 표현하는 언어를 사용하는 법을 보여준다.
[예. 놀이동산 그림을 이렇게 멋지게 그리다니, 엄마(아빠)는 네가 정말 자랑스럽구나. 엄마(아빠)는 너와 함께 레고를 조립하며 노는 것이 정말 재미있구나]

TO DO LIST
이번 주에는 이것을 하자!

≫ 아이와 아이의 형제자매 또는 다른 친구와 함께 놀며 사회성 코칭 및 감정 코칭 연습하기.

≫ 놀이 이외의 시간과 장소에서 사회성 코칭 및 감정 코칭을 연습하기.
(예. 마트, 놀이터, 식사 시간, 목욕 시간)

영국의 공교육 I

교과과정

영국에서 살면서 놀랐던 것 중 하나는 아이들의 취학 연령이었다. 한국에서는 만 7세가 되어야 초등학교에 입학하지만 영국에서는 만 4세가 지나면 입학이 가능하다. 영국에서는 만 2세까지는 사설 어린이집(nursery)에 아이들을 맡길 수 있기는 하지만 일부 취약 계층에게 보육 서비스가 지원되는 것 외에는 보육료가 비싼 편이다. 종일반을 이용할 경우 주당 평균 222파운드(약 33만 원)를 내야 한다. 1개월 보육료가 약 130만 원 가까이 된다. OECD 국가 중에서도 비싼 편이다. 지금까지는 만 3세가 지나야 주당 15시간 무료 보육을 어린이집에서 제공하고 초과 시간만큼만 비용을 지불했다. 따라서 대부분의 영국 엄마들은 아이가 15시간 무료 보육을 받을 수 있는 만 3세가 되기 전까지는 대부분 전업주부로 활동하며 아이를 돌보는 경우가 많다. 2017년 9월부터는 만 3세부터 받는 무료 보육 시간이 주당 15시간에서 30시간으로 확대되는데 이는 여성들의 일자리 참여를 늘리고 맞벌이 부부를 지원하기 위한 국가 방침이다.

한국의 유치원과 어린이집이 누리과정을 실행하며 아이들의 학교 입학을 준비시키는 것처럼 영국의 어린이집에서도 언어영역, 수리영역,

음악과 미술 영역 등을 가르치며 학교 연계 활동을 한다. 그러나 이 시기에는 아이들이 책상에 앉아서 공부하는 것보다 야외활동 및 탐색활동을 통해 아이들 스스로 배울 수 있도록 한다. 재우가 만 3세 이후 다녔던 어린이집은 큰아이가 다니는 학교에서 운영하던 곳이었는데, 고학년 아이들과 활동 공간을 분리시켜 아이들만의 놀이터를 별도로 마련해두었다.

그 놀이터는 한국의 놀이터에 흔히 있는 시소와 그네와 미끄럼틀처럼 놀이기구 몇 개 있는 따분한 놀이터가 아니었다. 작은 동산이 있고 그 동산 위에 타이어로 만든 동굴, 나무에 달린 그네, 꽃밭, 작은 연못, 모래 놀이터, 분필 놀이터 등이 구비되어 있어 아이들의 상상력을 자극시키기에 충분한 환경을 제공해주었다. 아이들은 어린이집에 등원하자마자 그날 점심 메뉴를 보고 무엇을 먹을지 골라 선생님에게 알려준 후 바로 놀이터에 나가서 신나게 노는데 햇빛이 반짝반짝 빛나는 날이면 햇살 아래에서 자연 속 놀이터를 벗 삼아 놀이를 하며 호기심 가득히 뛰노는 아이들이 더욱 반짝반짝 빛나 보였다.

영국 아이들은 만 4세가 지난 후면 그해 9월부터 학교 정규과정에 입학한다. 영국 학교는 보통 9월에 시작해서 이듬해 7월까지가 한 학년으로 구성된 학제인데 입학 연령은 출생년도의 9월 전후로 나뉜다. 즉, 2010년 7월생인 현우는 9월 이전에 만 4세가 되어서 2014년 9월에 입학했지만, 2010년 10월생이었던 현우의 친구는 9월 이후 태어났기 때

문에 1년을 더 기다린 후 2015년 9월에 입학했다.

만 4세의 교과과정은 리셉션(reception)이라는 과정으로 불리는데 미국에서 프리스쿨(preschool)이라고도 하는 과정과 유사하다. 만 5세가 지나야 본격적인 1학년(Year 1)이 시작되지만 리셉션 과정도 영국 교육부에서 지정하고 학교에서 제공하는 정규 교과과정이다. 이 시기에는 어린이집보다 조금 더 심화 과정의 언어영역, 수리영역, 미술과 음악 영역 등을 골고루 다루며 본격적으로 수업을 듣게 된다.

리셉션 1년 내내 아이들이 알파벳 파닉스(Phonics) 과정을 익히며 읽기를 배우고 수학 개념을 어느 정도 파악하는 등 천천히 기초를 쌓고 나서 1학년에 올라간다. 알파벳 파닉스는 일주일에 한 개씩만 배운다. 욕심내지 않고, 조바심 내지 않고 아이들의 수준에 맞게 느리게 가르치는 과정이 참으로 마음에 들었다.

학교 입학 준비를 위한 학습 코칭과 인내 코칭

지난주 복습 사항

유난히 고집 센 둘째 재우를 다루는 것은 너무 어려운 일이었다. 재우는 상황이 조금만 마음에 안 들어도 길바닥에 엎드려서 난리를 피우거나 신발을 벗어던지며 울었다. 이런 일은 일상이었다. 평소에는 한없이 사랑스러운 아이였는데.

첫째 현우 때는 돌이 지나자마자 복직해야 했다. 그래서 낮 시간에 아이는 주로 어린이집에서 생활했다. 아이가 나와 함께하는 시간은 나의 출근 전 시간과 퇴근 후 3시간 정도였다. 퇴근 후 저녁 7~8시쯤 부랴부랴 아이를 어린이집에서 데리고 와 밥을 먹이고 씻기면 재우기 전까지 대략 그 정도 시간을 함께 보낼 수 있었다. 어쩌면 첫째 아이에게도 재우와 같은 모습이 있었을지 모르지만 워낙 함께하는 시간이 짧다 보니 아이의 다른 모습을 못 봤을 수도 있었다.

영국으로 이사하면서 전업주부로 살게 되자 나는 둘째 재우와 하루 종일 집에 있었다. 아이가 만 3세 이상이 되어야 영국 정부가 제공하는 보육 기관에 보낼 수 있었기 때문이다. 재우가 만 3세가 되기 전까지는 24시간 함께하며 그 아이의 모든 모습을 보았다. 당시 재우는 언어로 자신의 감정을 제대로 표현할 수 없었기에 아이가 느끼는 감정을 내가 이해하는 데 한계가 있었다. 그래서 생각해낸 것이 가상인물이었다. 그 인물이 우리 둘 사이의 완충제가 되어주었다.

어느 날, 설거지를 하는 내 곁에 재우가 다가왔다. 아이의 손엔 펭귄 인형이 들려 있었다. 나는 이때다 싶어 재우에게 질문했다. "재우야, 지금 펭귄 기분이 어떻다고 하니? 기분이 좋대? 배고프대?"

다른 때는 본 척도 않고 설거지만 하던 엄마가 말을 걸어주는 게 좋았나 보다. 재우는 아주 기분 좋은 목소리로, "기분 좋아"라고 말했다. 그 뒤로 나는 재우의 감정이 궁금할 때마다 펭귄을 통해 자주 물어봤다. "재우야, 펭귄이 심심하대?"라고 물으면 재우는 자신이 심심할 땐 심심하다고 말하고, 재미있으면 재미있다고 답했다. 본인의 감정을 펭귄에게 이입시켜 재우도 감정을 알려주기 시작했다.

"펭귄한테 정리 좀 하자고 할까?" 같은 지시문도 간접적으로 사용해보았는데 재우는 이것이 놀이라고 생각했는지 쉽게 청소를 도왔다. 아이는 펭귄을 통해서 이야기를 하는 방법을 매우 즐거워했다.

우리는 이 펭귄에게 이름을 붙여주기로 했다.

"재우야, 펭귄 이름이 뭐야?"

"동생."

"동생은 재우보다 어린 아가를 부를 때 쓰는 단어야. 우리는 펭귄의 이름을 지어주자."

하지만 재우는 이름을 '동생'이라고 하고 싶어했다. 나는 한 번 더 '동생'은 이름이 아니라 호칭이라고 설명했지만 아이는 '펭귄의 이름은 동생'이라는 답만 했다. 그래서 펭귄의 이름은 결국 '동생'이 되었다.

선생님 코멘트

"타인을 통해 감정을 묻는 방법은 아이에게 매우 신선했던 것 같아요. 직접적으로 감정을 표현하지 않고 제3의 인물을 통해 감정을 표현하는 것은 화가 나거나 기분이 좋지 않을 때 강도를 약화시키는 역할도 할 수 있답니다."

학습 코칭에 대해 얼마나 아는가

대부분의 아이들은 일정 나이가 되면 학교에 입학해 정규 교육을 받게 된다. 나라마다 교과과정이 다르기는 하지만, 궁극적인 배움의 목표는 비슷하다. 바른 사회인으로 자라나는 것이다. 학습 코칭과 인내 코칭도 학습지나 교과과정의 선행학습이 아니라 '놀이'의 과정을 통해서 자연스럽게 배울 수 있다.

그러므로 부모는 아이들의 '놀이'를 쉽게 간과해서는 안 되며 아이들이 '놀이'를 통해서 더 많은 것을 배울 수 있도록 코칭해줘야 한다. 놀이를 하는 동안 아이는 부모와 의사소통을 하며 배움의 기회를 얻는다. 아이와 부모의 관계형성 외에도 학습 코칭을 비롯한 사회성 코칭, 인내 코칭 감정 코칭 등이 모두 놀이를 통해 가능하다.

학습 코칭은 아이를 책상에 앉혀놓고 책을 읽히고 글씨를 배우게 하는 것이 아니다. 놀이를 하는 동안에도 언어영역, 수리영역 등을 아이가 충분히 다룰 수 있고 이때 더불어 창의력도 기를 수 있다. 부모가 아이의 놀이를 지켜보며 구체적으로 설명해주면 아이가 자연스럽게 학습을 하며 배운다. 다음 상황을 비교해보자. 아이가 장난감 자동차를 가지고 노는 와중에 일어난 일이다.

상황 1

아이: 부릉부릉!

아빠: 시끄러워. 조용히 못 해?

상황 2

아이: 부릉부릉!

아빠: 그거 재미있어 보이는구나!

상황 3

아이: 부릉부릉!

아빠: 와 재미있는 자동차 놀이를 하고 있구나. 빨간색 자동차가 파란색 자동차보다 더 빨리 가고 있네!

첫 번째 상황을 만든 부모는 빵 점짜리 부모다. 아이가 놀이를 즐길 수 없게 타박하고 있다. 비난은 아이의 자존감을 꺾는다. 게다가 이 부모는 아이의 인격을 존중하고 있지 않다.

두 번째 상황에 속한 부모는 아이에게 관심을 보이고는 있다. 그러나 거기에서 멈출 뿐이다. "그거 재미있어 보이는구나!"라고 관심을 표현하긴 했지만, 아이의 다음 반응이 없다면 어떻게 될까? 더 이상 대화가 진행되지 않고 끊기기 십상이다. 또한 정확한 명사를 사용하는 대신 "그거"라는 대명사를 사용한 것도 아이의 학습에는 크게 도움이 되지 않는다.

세 번째는 아이가 놀이를 하는 동안 자연스럽게 학습을 할 수 있도록 도와주는 부모다. 대명사를 사용하는 대신 '자동차'라는 정확한 명칭을 말했고 "재미있는 놀이를 하는구나"라고 현재 모습을 말로 설명했다. 더 나아가 "빨간색 자동차와 파란색 자동차"라는 묘사를 통해 아이에게 색깔을 인지시켜 주었으며 "빨리 가고 있네"는 표현을 통해 형용사와 동사를 사용했다. "더 빨리"라는 표현에는 비교문이 들어가 있고 순서와 속도에 대한 개념도 담겨 있었다. 짧은 두 문장이지만 여기에는 이미 많은 것이 포함되어 있다. 이런 짧은 문장들을 많이 말하고 거듭 설명해준다면 아이는 부모와 놀이를 통해 학습에 필요한 개념을 자연스럽게 이해하게 된다. 열 가지 다른 놀이를 할 때마다 아이의 상황을 한 문장씩으로만 제대로 표현해주면 아이는 열 가지 다른 개념에 대해 듣게 된다. 더 나아가 아이는 스스로 이야기를 전개시킬 수도 있고 질문을 할 수도 있다. 다음의 표를 참고해 아이가 놀 때 상황을 구체적으로 '묘사'할 수 있도록 하자.

물체·동작	예시
색깔	"빨간색 자동차와 노란색 트럭이 있구나."
수	"공룡 한 마리, 두 마리, 세 마리가 나란히 서 있네."
모양	"동그란 블록이 네모난 블록 위에 올라가 있구나."
명사	"이 기차는 진짜 기찻길보다도 더 긴 것 같아!"
크기	"작은 공을 오른쪽 구멍에 넣고 있구나."
위치	"파란색 블록이 노란색 네모난 블록 옆에 있고 보라색 세모 블록은 기다랗고 빨간색 직사각형 블록 위에 있구나."

행동	예시
부모의 지시 따르기	"아빠가 하라는 대로 잘했구나. 아빠 말을 경청해줘서 고마워."
경청하기	
독립심 키우기	"아무도 가르쳐주지 않았는데 혼자서 다 했구나."
탐구심 기르기	"우리 집에 동그라미 모양의 물건은 몇 개가 있을까?"

독일의 목사이자 교육자였던 칼 비테(Karl Witte)는 자신의 아들이 갓 난아기였던 때부터 집 안의 모든 사물과 일어나는 모든 일에 대해서 세심하게 설명했다. 그는 올바른 언어를 사용하는 것이 아이의 학습에도 도움이 된다고 생각하여 아이 앞에서는 '이것' '저것'과 같은 대명사를 사용하지 않았다고 한다. 이처럼 아이가 노는 상황을 내레이터가 된 것처럼 자세하게 묘사하자. 그러면 아이는 곁에서 부모가 하는 설명을 들을 뿐만 아니라 스스로 동화 속 주인공이 된 듯한 기분으로 더욱 상상의 나래를 펼칠 것이다.

학습 코칭은 언제부터 시작하면 좋을까

학습 코칭은 아이가 태어나자마자 바로 시작할 수 있다. 학습 코칭은 아이를 책상 앞에 앉혀놓고 교과서나 문제집을 풀게 하는 것이 아니다. 학습 코칭은 부모가 주위의 모든 것에 대해서 아이에게 묘사를 하고 알려주는 것이다. 엄마가 갓 태어난 신생아에게 울음소리가 어땠는지, 손과 발이 얼마나 작고 예쁜지 등을 이야기하는 것도 학습 코칭의 일부라고 할 수 있다. 아이들은 들으면서 배운다. 많이 들은 아이가 많은 것을 안다. 가능한 많은 동사와 형용사를 사용해 아이에게 이야기를 건네자.

다만 열의에 가득 찬 나머지 아이의 기질이나 수준을 고려하지 않고 부모의 속도대로 진행하는 것은 바람직하지 않다. 아이에게 모든 것을 묘사해주며 자연스럽게 학습으로 연결시키자는 취지는 좋지만 무엇보다 중요한 것은 아이에게 맞추어주는 것이다. 놀이를 하며 학습을 도와줄 때 부모가 해야 할 행동과 하지 말아야 할 행동으로는 다음과 같은 것들이 있다. 학습 코칭을 할 때, 이런 오류를 범하지는 않는지 한번 돌이켜보도자.

하지 말아야 할 일

▷ 아이 대신 장난감을 만들어주는 것.

▷ 아이를 이기려고 하는 것.

▷ 아이의 수준보다 높은 것을 시도하라고 유도하는 것.

▷ 아이가 원하는 방향대로 하지 않고 아이의 의견을 무시하는 것.

▷ 아이 수준에 맞지 않는 장난감을 주는 것.

▷ 아이의 놀이를 평가하거나 수정하려고 하는 것.

▷ 아이가 끝까지 완성하도록 강요하는 것.

(놀이는 과정이 중요하고 완성은 중요하지 않다)

▷ 아이의 부탁을 거절하는 것.

▷ 놀이를 하는 동안 아이에게 너무 많은 질문을 하거나 지시를 하는 것.

▷ 놀이를 하는 대신 가르치려고 하는 것.

(묘사와 가르침은 다르다)

해야 할 일

▶ 아이의 생각이나 아이가 상상하는 내용에 대해 구체적으로 칭찬하기.

- ▶ 이유를 묻는 질문보다는 그 행동을 자세하게 묘사하기.
- ▶ 아이의 노력에 대해서 격려하기.
- ▶ 아이가 원하는 것이 무엇인지 물어보고 가능하다면 그대로 해주기.
- ▶ 문제를 해결해주는 대신 문제를 해결할 수 있도록 도움을 주기.
- ▶ 아이가 하지 말아야 할 일이 있다면 그 일에 대해서 정확하고 구체적으로, 그리고 기분 좋게 이야기하고 대안을 제시하기.

  (예. 책상 위에 색칠하면 안 되니까 책상 위에 종이를 깔고 그 종이에 그림을 그리자)
- ▶ 아이가 짜증을 내거나 투정을 부리거나 부정적인 말을 할 때 반응하지 않기.
- ▶ 아이가 하나의 놀이를 멈추고 다른 놀이를 시도할 때 격려하기.

  (조용한 놀이에서 활동적인 놀이로, 활동적인 놀이에서 조용한 놀이로 바꾸어 놀 수 있도록 유도하기)
- ▶ 아이가 상상력을 동원할 수 있는 재료를 준비하기.
- ▶ 아이와 역할극 놀이를 하기.
- ▶ 아이가 새롭게 알아가는 것들에 대해서 함께 관심을 보이기.
- ▶ 지저분한 놀이도 어느 정도까지는 허용하기.
- ▶ 아이의 놀이 활동에 함께 참여하되 아이가 주도하도록 하기.

학습 코칭에 가장 도움이 되는 것

누구나 다 아는 식상한 이야기이지만, 학습 코칭에 가장 도움이 되는 것은 다름 아닌 책이다. 물론 놀이 활동, 미술 활동, 음악 활동, 신체 활동 등 여러 다양한 활동도 학습 코칭에 도움이 된다. 그렇지만 책이 왜 가장 도움이 될까? 태어나는 순간부터 책을 접하는 것은 요즘 한국 아기들뿐만 아니라 다른 나라 아기들도 마찬가지다. 그러나 아이에게 무작정 책을 읽어주는 것만으로는 학습 코칭의 효과를 볼 수는 없다. 이미 한국에서도 훌륭한 독서지도 프로그램이 많이 도입되어 있고 한국의 독서지도 방법과 마찬가지로 영국의 학교에서 주로 추천하는 동화책 읽는 방법은 주로 아래와 같다.

동화책 읽는 방법

1단계 책의 표지와 제목을 보고 아이와 함께 책의 내용을 상상해서 이야기해보기.

2단계 그림을 먼저 훑어보며 아이와 함께 그림의 내용에 대해서 이야기해보기.

3단계 부모가 책을 읽어주기.

(등장인물별로 목소리를 변화시켜 연기하듯 읽어주기)

4단계 이야기가 끝난 다음 아이에게 다시 책의 이야기를 말하기.

5단계 책 내용에 대해 간단한 질문하기.

("네/아니오"로 대답할 수 있는 질문 대신 "거북이는 기어가면서 무슨 생각을 했을까?"와 같은 열린 질문을 하기)

6단계 책을 읽은 후 아이가 느낀 점을 들어주기.

7단계 아이가 글자를 배우는 시기라면 단어를 책 안에서 찾도록 유도하기.

(예. "모자"라는 단어를 찾기, 또는 "ㄱ"이 들어간 단어 찾기 등)

한국의 높은 교육열은 아기부터 학생, 성인에 이르기까지 모든 연령대에 걸쳐 있다. 아이들을 대상으로 한 교육 시장은 그 규모나 내용 면에서는 놀라울 정도인데, 그중에서도 학습지 시장이 매우 활성화되어 있다. 그렇지만 과연 갓 돌이 지난 아이에게 학습지를 풀게 하거나 방문 교사와 학습을 하는 것이 얼마나 효과적인지는 생각해볼 문제이다.

나는 아이에게 글자를 일찍 가르치지 않기로 다짐했다. 글자를 일찍 배운 아이들은 책을 볼 때 그림이 아닌 글자를 보기 때문에 더 넓은 상상력을 펼칠 수 없다는 말이 설득력 있게 다가왔기 때문이다. 그래서 그림을 보며 상상력을 펼치기를 바라는 마음으로 직접 책을 읽어주었다. 실제로 나는 지금도 아이들에게 매일 밤 자기 전에 책을 읽어준다. 아마 조금 더 크면 이렇게 책을 읽어줄 기회도 없을 것이라는 생각에 읽어줄 수 있을 때 마음껏 읽어주려고 한다. 덕분에 우리 아이들은 자기 전 항상 최소 2~3권 이상의 책을 나와 함께 읽고 자며, 읽고 난 후에는 책과 관련하여 이런저런 이야기를 나눈다. 아이와 하루에 한 권씩만 책을 보아도 1년이면 365권의 책을 보게 된다는 것을 생각하면 하루에 한 권 책 읽기가 얼마나 중요한지 알 수 있다.

첫 아이의 한글 학습은 일곱 살쯤에야 서서히 시작했는데 당시 우리 가족은 영국에 살았기 때문에 방문 학습은 고사하고 한글 학습지를 사용할 수도 없었다. 그래도 한글을 깨치는 데는 문제가 없었다. 큰 아이는 책을 읽어가며 한글을 모두 습득했다. 나는 앞에 적힌 방법대로 책을 읽어줬고 마지막 단계에서 집중적으로 한글을 학습할 수 있도록 도와주었다.

처음에는 '야호' '쉬' '두근두근'과 같이 의성어나 의태어를 찾게 했고 이후 '나무', '바다', '개미', '고양이' 등 명사를 알려주었으며 그 다음에는 '먹고 있어요', '잠자리에 들어요'와 같은 동사를 알려주었다. 아이는 처음에 단어를 찾는 데 시간이 좀 걸렸지만 얼마 지나지 않아 글자를 찾는 속도가 점점 빨라졌고 동시에 조금씩 더 긴 문장을 읽을 줄 알게 되었다. 읽을 수도 있고 글자의 모양이 익숙해지자 스스로 글자를 흉내 내어 쓰기 시작했다. 단어를 찾는 것을 아이는 공부라고 생각하지 않고 놀이라고 생각했고, 승부욕에 불타올라 더욱 열심히 단어를 찾았다. 그러면서 동시에 아이가 활용할 수 있는 어휘도 더욱 풍부해졌다.

단어를 공부하는 것에서 멈추지 않고 책을 읽은 뒤에는 책 안의 내용을 실천해보기도 했다. 샌드위치나 핫케이크가 나온 책을 읽은 다음에는 함께 샌드위치나 핫케이크를 만들었고 종이인형 이야기가 나온 책을 읽은 다음에는 종이인형을 만들었다. 펭귄 이야기를 읽은 뒤에는 펭귄을, 애벌레가 나온 책을 보고 난 뒤에는 애벌레를 그리거나 접거나 만들어보았다. 구름 이야기가 나온 책을 보고 난 뒤에는 화장 솜을 뜯어 종이 위에 구름처럼 여러 모양으로 붙여보았다. 이와 같이 책과 관련된 활동을 통해 아이는 더 많은 것을 체험하고 활동을 하며 배울 수 있다. 물론 활동을 하는 동안 아이와 함께 대화하는 것도 매우 중요하다.

현우는 일곱 살부터 집에 있는 동화책만을 활용하여 한글 학습을 시작했는데, 이제는 또래 아이들과 큰 차이가 나지 않는다. 재우도 일곱 살 전까지는 글자를 가르칠 생각이 없다. 대신 아이와 더 많은 이야기를 주고받을 것이다. 아무리 사소한 것이라도 말이다. 나에게는 사소하게 들릴 수도 있지만 아이에게는 매우 중요한 것일 수도 있다는 강사의 말을 늘 새겼다.

아이를 책상 앞에 앉혀놓고 학습지 선생님을 마주보고 학습지를 풀게 하는 것보다 부모와 놀며 많이 대화하고 안 해본 것을 시도하는 것, 밖에서 마음껏 뛰어노는 것, 그리고 책을 통해 상상력을 펼치며 적절한 시기가 되면 글자와 친숙해지는 것 등을 통해서 아이가 더 많은 것을 배운다는 것을 잊지 말아야 한다. 부모가 시켰기 때문에 앉아서 배우는 것은 그때뿐이지만 오감을 통해서 배우는 것은 아이의 잠재의식 어딘가에 자리를 잡게 된다. 그리고 스스로 호기심을 가지고 탐구할 때에 비로소 아이는 배움에 재미를 더한다.

부모의 행동에 따라 아이가 배움을 즐거워할 수도, 배움을 싫어할 수도 있다. 무조건 공부하라는 말을 하는 대신, '오늘은 ㅇㅇ놀이를 해볼까?'라는 질문으로 시작해보는 건 어떨까. 아이와 즐겁게 활동하고 아이의 행동을 다양한 방법으로 묘사해보자.

인내 코칭은 왜 필요한가

4세 아이들에게 실시한 유명한 실험이 있다. 언제든지 마시멜로를 간식으로 먹을 수 있지만 선생님이 돌아올 때까지 먹지 않고 기다리면 이후에 하나 더 먹을 수 있다는 조건을 걸고 아이들을 지켜본 실험이다. 미국 스탠퍼드대학교의 심리학자 월터 미셸(Walter Mischel) 팀의 '마시멜로 효과' 이야기다. 이 실험이 유명해진 이유는 이전에 없었던 실험 방법도 한몫했지만 그 결과가 매우 강력했기 때문이다.

15년에 거친 추적 연구를 통해 밝혀진 바에 의하면 이 실험에 참여했던 아이들 중 마시멜로를 먹지 않고 선생님을 끝까지 기다린 아이들이 그렇지 않았던 아이들에 비해 미국 대학수학능력시험(SAT)에서 더 높은 점수를 받았고, 친구나 선생님들에게 인기 있는 경우가 많았으며 사회성이나 대인관계가 좋았던 것으로 나타났다. 또한 마약 남용 등의 문제를 일으킬 가능성도 더 낮은 것으로 추정되었다. 이 연구는 인내가 단순히 '인내'하는 능력만을 보여주는 것이 아니라, 인내할 줄 아는 아이들이 그렇지 않은 아이들에 비해 정서적, 사회적, 지능적으로도 안정되었다는 것을 단편적으로나마 검증했다. 그만큼 인내는 인격적인 면에서뿐만 아니라 여러 부분에 걸쳐 매우 중요하다.

인내 코칭은 아이가 어려움에 부딪혔을 때에도 좌절하지 않고 다시 일어설 수 있는 힘을 길러준다. 누구나 살아가면서 어려운 시기를 극복하고 지나가야 한다. 어려움을 극복하기 위해서는 내면에 단단한 힘이 필요한데 이런 힘은 하루아침에 만들어지는 것이 아니다. 어려서부터 크고 작은 실패를 경험하며 내공이 쌓여서 이루어지는 것이다. 그런 내면의 힘을 기르는 과정에서 가장 중요한 것이 '인내'다. 인내하는 훈련이 되어 있는 아이들은 크면서 어려움을 겪어도 비교적 평탄하게 극복할 수 있다. 어른들에게도 인내가 필요한 경우는 얼마든지 있다. 화장실에서 줄 서서 자기 차례를 기다리기, 시험 결과를 기다리기, 또는 타인의 이야기를 공감하며 들어주기 등 여러 크고 작은 상황들이 수시로 발생한다. 그러나 아이들에게 인내가 필요한 경우는 그리 복잡하지 않다. 아이들은 주로 놀이 상황 또는 음식 앞에서 인내를 필요로 한다. 그렇다면 인내 코칭은 어떻게 할까. 다음의 사례를 살펴보자.

상황 1

민철: 로봇 팔이 자꾸 떨어져요! 이것 좀 끼워주세요.

엄마: 네가 함부로 갖고 노니까 그렇지! 그만 좀 칭얼대!

상황 2

예진: 저기 아이스크림 있어요! 아이스크림 먹고 싶어요. 사주세요.

엄마: 한겨울에 무슨 아이스크림을 사달라고 하니? 안 돼!

아이들에게 인내가 필요한 경우는 주로 위의 상황과 같이 놀이를 할 때 뜻대로 되지 않거나 먹고 싶은 것을 못 먹을 때이다. 많은 부모들이 아이의 요청에 면박을 주거나 야단을 치는 경우가 많다. 이러한 부모의 반응은 인내 코칭에 도움이 되지 않는다.

상황 3

민철: 로봇 팔이 자꾸 떨어져요! 이것 좀 끼워주세요.

엄마: 로봇 팔이 자꾸 떨어져서 재미있게 놀고 싶었을 텐데 제대로 못 놀았겠구나. 그래도 화내지 않고 엄마에게 도움을 요청하다니 고마워. 자 이제 엄마가 고쳐보도록 노력해볼게!

상황 4

예진: 저기 아이스크림 있어요! 아이스크림 먹고 싶어요. 사주세요.

엄마: 지금은 추워서 아이스크림을 먹으면 감기에 걸릴지도 몰라. 엄마도 아이스크림이 먹고 싶다. 우리 조금 더 날이 따뜻해지면 같이 아이스크림 사먹자.

앞의 상황과 뒤의 상황은 어떻게 다른가? 앞의 두 상황에 속한 부모는 아이가 하고 싶어하는 행동을 무조건 못 하게 하는 반면, 뒤쪽 상황에 처한 부모는 아이의 기분을 이해하며 아이가 요구하는 것에 대한 대안을 마련해준다. 민철이의 엄마는 아이가 화가 났음에도 인내하는 것에 칭찬을 해주고 있고, 예진이의 엄마는 아이스크림이 먹고 싶은 상황에서 왜 지금은 안 되는지 이유를 이야기해주고 언제 먹을 수 있는지 구체적으로 설명해주고 있다. 이유를 말해주면 아이도 어느 정도 합리적으로 받아들이며, 존중받았다고 느낀다. 부모가 보기에는 별것 아닌 것 같은 이러한 상황에서 아이들은 인내를 연습한다. 부모는 아이가 부탁하는 내용을 대수롭게 여기지 말고 지혜롭게 대처할 수 있도록 인내해야 한다.

그러나 인내는 아이에게도 어렵고 성인인 부모에게도 어렵다. 어른들도 아이들이 느릿느릿 행동하거나 아이들의 행동에 화가 나면 폭발하기 일쑤다. 아이들이 사탕 하나 더 달라고 격하게 조르는 상황에서 부모가 인내하기 어려워하는 것은 매우 당연하다. 그렇지만 감정 코칭, 사회성 코칭, 학습 코칭과 마찬가지로 인내 코칭 역시 학습을 통해서 훈련하면 점차 익숙해지게 되어 있다. 물론 처음부터 바로 인내하기란 아이도, 어른도 쉽지 않다. 아이와 함께 부모도 조금씩 인내를 연습하다 보면 불가능한 것도 아니라는 것을 알게 될 것이다.

인내 연습하기

"아이가 인내와는 거리가 먼 것 같아요. 어떻게 하면 될까요?"

"우리 아이는 너무 쉽게 화를 내요."

"우리 아이는 무엇이든 끈기 있게 하는 것을 못 보았어요."

"우리 아이는 집중력이 부족해요."

"우리 아이는 너무 쉽게 포기해요."

이런 식으로 답답함을 호소하는 부모들이 많다. 인내도 기질과 마찬가지로 선천적으로 타고난다. 어떤 아이는 집중력이 강하고 화를 잘 안 내는 반면, 어떤 아이는 쉽게 화를 내고 집중하는 걸 어려워한다. 또 어떤 아이는 너무 쉽게 포기한다. 아이의 인내심은 성향뿐 아니라 그동안의 경험에 의해서 학습된 부분도 상당 부분 차지한다. 집중 못 하는 환경, 쉽게 포기하게 만드는 환경 등에 노출된 경우가 그렇다.

반대로 아무리 집중력이 높거나 참을성이 강한 아이라고 하더라도 인내심이 떨어지는 경우도 많다. 아이가 자꾸 보채는 것이 잘못된 것은 아니다. 아이들은 어른보다 인내심이 적고 집중력도 떨어질 뿐 아니라 감정을 조절하기가 쉽지 않다. 이런 태도는 아이들에게 매우 자연스러운 일이다. 모든 아이들이 겪는 과정일 뿐이다.

쉽게 포기하거나 화를 자주 내거나 충동적인 성향이 강한 아이일수록 인내 코칭을 적용해보자. 아이가 인내하고 있는 모습이 조금이라도 보이면 부모는 그 부분을 더욱 강조해서 칭찬해야 한다.

"화가 많이 났을 텐데 화를 조금밖에 안 내고 있구나."

"어제보다 1분 더 오래 집중했네!"

"쉽지 않은 놀이인데도 금방 포기하지 않고 침착하게 살펴보고 열심히 노력했구나."

이처럼 인내가 필요한 상황에서 "넌 왜 그것밖에 못 하니?"라는 말을 들은 아이보다 위와 같은 말을 들은 아이는 스스로도 인내하는 힘이 있다는 것을 어느 순간 알게 된다. 다만 아이들에게 처음부터 인내를 기대하는 것은 무리일 수 있다. 다른 코칭과 마찬가지로 인내 코칭을 할 때에도 그 상황을 적절한 문장으로 묘사해서 표현해준다면 어느 순간부터 아이는 인내해야 하는 상황을 조금씩 자연스럽게 받아들이게 된다.

인내가 필요한 부분	예시
성실함(열심히 하는 것) 집중하기 인내하기 다시 도전하기 문제 해결하기 생각하는 연습하기	"그 조각이 어디에 들어맞는지 곰곰이 생각하며 퍼즐을 열심히 맞추고 있구나." "이 많은 조각들이 어떻게 맞추어지는지 보려고 열심히 노력하고 있구나." "쉽게 포기하지 않고 침착하게 다시 시도해보고 있구나." "잘 안 맞추어지는데도 열심히 생각하며 배(장난감)를 만들기 위해 곰곰이 생각하고 있구나."

부모의 말을 통해 아이들은 누구나 어려움을 겪는다는 것을 알게 해준다. 또한 원하는 것을 성취하기 위해서는 인내가 필요하다는 것도 알게 된다. 아이는 어려움을 겪을 때마다 응원해주는 부모가 뒤에 있다는 것을 인지하면 더 인내하고 어려움을 극복할 수 있다.

마시멜로 실험, 그 뒷이야기

다시 마시멜로 실험 이야기로 돌아가보자. 마시멜로 실험은 1960년대 스탠퍼드대학교에서 아이들의 자기 통제를 실험하기 위해 진행한 연구다. 이 놀라운 연구 결과는 다른 여러 상황에서 이와 유사한 실험을 진행하는 동기가 되었다. 최근에는 미국의 펜실베이니아대학교와 노트르담대학교에서 공동으로 연구를 진행하며 마시멜로 대신 디지털 환경을 제공하여 디지털 환경에서도 게임을 선택하는 아이와 그렇지 않는 아이를 비교하기도 했다.

가장 흥미로운 연구 중 하나로는 마시멜로 실험을 독일의 아이들과 카메룬의 아이들에게 진행하여 비교한 최근의 사례가 있다. 마시멜로 실험의 조건은 똑같았다. 선생님이 돌아올 때까지 마시멜로를 먹지 않고 기다리는 아이에게는 마시멜로를 하나 더 주는 조건이었다. 그런데 결과는 매우 상반되었다. 독일 아이들에 비해 카메룬 아이들은 2배 이상의 시간을 인내하며 기다렸다. 기다리는 아이들의 숫자도 독일 아이들은 30퍼센트에 지나지 않았던 것에 비해 카메룬 아이들은 70퍼센트가 주어진 임무(기다리는 것)를 수행하는 데 성공했다. 더 놀라웠던 것은 기다리는 시간 동안 두 나라 아이들의 태도였다. 독일 아이들은 기다리는 시간 동안 감정의 변화를 보이며 칭얼거리거나 가만히 앉아 있지 못하거나 손가락으로 숫자를 세는 등 부정적인 태도를 보이면서 겨우겨우 임무를 완수할 수 있었다. 반대로 카메룬 아이들은 그 자리에 조용히 앉아서 큰 어려움 없이 임무를 수행하였다. 그 이유는 무엇일까?

이 실험을 진행한 독일 오스나브뤼크대학교의 베티나 램(Bettina Lamm) 박사는 그 비결을 카메룬 부모의 양육 태도에서 비롯된 것이라고 설명한다. 카메룬 아이들은 아주 어릴 때부터 감정을 통제하는 법을 배운다. 부모들은 아이들에게 끊임없이 스스로의 감정을 통제하는 방법을 가르치며 울지 않고 기다리게 한다. 이러한 훈련은 신생아 때부터 시작한다. 신생아 때에는 아이가 울기 전에 수유를 하고 졸려 하기 전에 재우는 등 선제 대응을 하여 아이가 부정적인 감정을 적게 느끼도록 한다. 아이들이 신호를 보낸 다음에야 행동을 취하는 것과는 아이의 정서에 주는 영향에 큰 차이가 있다.

이러한 양육 태도는 아이가 자라면서도 계속된다. 요구사항을 말하기 전에 스스로의 감정을 통제하는 법을 배우도록 가르치며 떼를 쓰거나 고집 부리지 않고 부모의 권위에 순종하고 존중하도록 단호하게 가르친다. 그 결과, 아이들은 원하는 것을 얻지 못했을 때 포기하는 법을 배우며 환경에 쉽게 적응하는 통제력을 기르게 된다. 얼핏 보면 부모의 권위에 순종하고 존중하도록 가르치는 점은 한국의 유교적 가치와도 비슷하지만 과연 한국 아이들도 카메룬 아이들처럼 주어진 상황에서 칭얼대지 않고 끝까지 침착하게 인내할 수 있을까?

램 교수는 카메룬 아이들이 인내할 수 있었던 가장 큰 비결은 부모에 대한 신뢰가 있기 때문이라고 설명한다. 이 마시멜로 실험의 결과는 단순히 아이들의 인내심과 통제력만을 측정하지 않았다. 의도하지 않은 결과였지만 아이들이 주어진 상황에서 얼마나 신뢰감을 갖는지를 동시에 측정할 수 있게 되었다. 즉, 주어진 시간이 지난 뒤에 선생님이 실제로 마시멜로를 가져다준다는 사실을 아이들이 얼마나 신뢰하는지를 알 수 있었던 것이다. 선생님이 실제로 마시멜로를 가져다준다는 것을 신뢰하는 아이들은 그렇지 않았던 아이들보다 쉽게 자기 통제를 할 수 있었고 인내할 만한 가치가 있다고 여기게 되어 임무 수행이 비교적 수월했다. 아이들이 기다린 뒤에도 선생님이 약속한 대로 마시멜로를 가지고 오지 않을 것이라고 예상되는 경우, 기다리는 것이 훨씬 어려워지며 보상에 대한 기대가 낮은 만큼 기다릴 만한 가치가 없다고 생각하여 앞에 있는 마시멜로를 바로 먹기로 결정했다.

아이들은 어떻게 선생님이나 부모를 신뢰할까? 바로 축적된 과거의 경험이다. 램 교수는 이를 '통계적 산출물'이라고도 설명한다. 과거에도 약속을 자주 지켰다면 더욱 신뢰하지만, 약속을 한 뒤에도 지켜지지 않은 경우가 많다면 아이들은 선생님이나 부모를 믿기 어려워하며, 이는 아이들의 인내력에도 큰 영향을 준다. 카메룬 부모들은 자녀를 양육할 때 매우 엄격하다. 그렇지만 아이들이 부정적인 감정을 느끼기 전에 미리 선제 대응을 해서 아이들의 마음을 편하게 해주며, 절대로 빈말은 하지 않는다. 한 말은 반드시 지킨다. 그 결과 아이들의 마음에 부모에 대한 강한 신뢰가 생기게 되고, 아이들 스스로도 자기를 통제할 줄 알게 되며 주어진 상황에서 인내했다. 아이가 인내할 수 있기를 원하는가? 그렇다면 아이가 부모를 신뢰할 수 있도록 환경을 만들어 주자.

교육에서 배운 대로 나 역시 아이들이 잘 참아낸 경우를 보면 칭찬을 더 하려 노력한다. "어려웠는데 잘 참고 있구나"라든가 "참기 어려웠을 텐데도 인내심이 강하네!" 등의 말을 아이들에게 종종 해준다. 내가 특히 인내를 강조해서 그런지는 모르겠지만, 재우는 가끔 "엄마, 나 지금 텔레비전 보고 싶은데 인내하고 있어"라고 말해 웃음을 터뜨리게 만들기도 한다.

매일 이렇게 좋은 모습만 있는 건 아니다. 빨리 준비해서 나가야 하는데 준비는커녕 다른 짓을 하거나 놀이에 몰두해 있으면 나 역시 화를 내기도 한다. 그러고 나서 다시 후회한다. '아까 화내지 말고 조금 더 인내할걸.' 인내는 끊임없는 훈련이 필요한 것임에는 틀림없다.

잘 참는 건 정말 어려운 일이다. 무엇보다 부모가 아이의 롤모델이 되어야 한다. 길이 막혀도 차분하게 기다리는 모습, 차례가 될 때까지 줄을 서는 모습, 다른 사람을 도와주는 모습, 긍정적인 격려를 많이 하는 모습, 교통질서 및 준법정신을 잘 지키는 모습을 부모가 먼저 보여준다면 아이는 자연스럽게 부모의 모습을 따라 익히게 된다.

아이는 부모의 거울이다. 《내가 정말 알아야 할 모든 것은 유치원에서 배웠다》의 저자로 유명한 로버트 풀검(Robert Fulghum)은 "아이가 부모 말을 안 듣는다고 걱정하지 마십시오. 아이가 항상 부모를 주시하고 있다는 것을 걱정하십시오(Don't worry that children never listen to you; worry that they are always watching you)"라고 했다. 참으로 무서운 말이 아닐 수 없다.

TIP
생각하는 힘을 기르는 학습 코칭

≫ 아이의 놀이 활동에 관심을 집중하고 아이의 놀이를 존중해준다.

≫ 아이가 말을 할 때는 경청하고, 아이가 말하고 싶어하지 않을 때에는 강제로 시키지 않는다.

≫ 아이가 하는 행동이나 주변의 상황을 구체적으로 묘사해 아이가 자연스럽게 학습하도록 도와준다.

≫ 아이가 활동을 끝냈을 때뿐만 아니라 완성하지 못했거나 실패했을 때에도 아이의 노력을 칭찬해준다.

≫ 아이와 함께 놀이를 하거나 대화를 할 때, 아이가 주도하는 대로 따라준다.

≫ 아이와 규칙적으로 함께하는 시간을 보낸다.

≫ 아이와 책을 자주 읽고 부모 스스로도 독서하는 모습을 아이 앞에서 많이 보여준다.

≫ 책을 읽어줄 때에는 열린 질문을 한다.

≫ 아이가 책을 읽을 때, 잘못 읽는 부분을 부모가 먼저 고쳐주지 않는다.
(여러 번 같은 책을 읽다 보면 잘못 읽었던 부분을 스스로 고쳐 읽게 된다)

≫ 아이가 책을 스스로 읽는 것을 힘들어하면 도움이 필요한지 물어보고 도와 달라고 할 때에만 도와준다.

≫ 아이가 힘들어해도 도와주지 않아도 된다고 답하면 스스로 할 수 있도록 지켜본다.

≫ 책을 읽은 후에는 아이가 책의 줄거리를 다시 이야기하도록 도와준다.

≫ 아이 스스로 이야기를 만들어 자신만의 책을 만들도록 도와준다.

≫ 아이가 아직 글을 쓰지 못한다면 그림을 그려 책을 만들어보거나 부모가 이야기를 받아쓴다.

TIP 2
내면의 힘을 길러주는 인내 코칭

≫ 아이의 인내심에 대한 기대치를 낮춘다.

≫ 인내하는 모습을 보이면 그 노력에 대해 칭찬해준다.

≫ 인내할 수 있도록 함께 도와준다.
(예. 인내하며 노래 부르기, 숫자 세기 등)

≫ 부모가 먼저 인내하는 모습을 보여준다.

TO DO LIST
이번 주에는 이것을 하자!

≫ 아이와 함께 물건의 색깔, 모양, 크기, 수 등에 대해 자세하게 묘사하며 놀기.

≫ 아이의 참을성(인내), 집중력, 도전 등에 대해서도 구체적으로 묘사하고 긍정적인 행동을 보면 칭찬하기.

≫ 아이와 함께 책 읽기. 특히 책을 읽을 때 글을 보지 않고 그림만 보며 아이와 함께 이야기를 만들어보기.

영국의 공교육 II

주제별 수업

영국 학교는 보통 가을 학기, 봄 학기, 여름 학기의 3학기로 나뉜다. 학기마다 주제 하나를 선택하고 그 주제로 다양한 교과목을 접목시켜 수업을 진행한다. 영어, 수학, 과학 등으로 교과목이 나뉘어져 있는 것이 아니라 하나의 주제를 한 학기 동안 다루며 그 주제 속에서 언어를 배우고 수학을 접하고 과학 실험을 하며 관련 주제로 음악과 미술 활동을 한다. 한국도 최근 프로젝트 수업과 유사한 STEM 과정으로 교과 과정을 바꿔 진행하고 있다.

1학년의 사전 교과과정인 리셉션에 현우가 있을 때, 그 해의 가을 학기는 '나와 가족, 공동체'를 주제로 수업을 진행했다. 초상화를 그리기도 하고 가족을 소개하는 시간을 갖기도 하고, 다른 나라의 문화와 사회 등에 대해서 배우기도 했다. 인도의 디왈리 축제(Diwali, 힌두 달력 여덟 번째 달 초승달이 뜨는 날을 중심으로 5일 동안 집과 사원 등에 등불을 밝히고 힌두교의 신들에게 감사의 기도를 올리는 인도의 전통 축제) 기간에는 학교에서 인도인 학생들과 함께 디왈리 축제를 축하하기도 하고, 흔히 음력 설(Lunar New Year 또는 Chinese New Year)이라고 불리는 구정 기간에는 그 해의 띠에 대해 이야기를 나누며 동양 문화를 배우기도 했다.

겨울 학기 주제는 '북극'이었다. 학교 공지문에 우유 곽을 모아 보내주면 아이들과 함께 커다란 이글루를 만들겠다고 쓰여 있었다. 학부모

들이 너도나도 우유 곽을 넉넉하게 보내주었고, 겨울 학기 3개월 동안 리셉션 교실의 한 공간에 아이들이 들락날락하는 커다란 이글루가 만들어졌다. 아이들과 선생님, 부모들이 협력해서 만든 멋진 협동 작품이었다. 또한 아이들은 이 기간 동안 북극에 대해서 공부하며 에스키모의 생활에 대해 알게 되고 북극에 사는 북극곰, 북극 여우 등의 동물에 대해서도 배웠다. 또 지구온난화와 이에 관련한 주제도 다루었다.

봄 학기가 되자 숲을 주제로 공부하기 시작했다. 기존에도 정기적으로 가던 '숲 학교'뿐 아니라 다양한 숲으로 견학을 가고 〈빨간 모자〉 뮤지컬을 단체로 관람하며 아이들이 현실의 숲과는 다른 연극 무대 위에서 연출되는 숲도 보았다. 이 뮤지컬을 관람하러 갈 때에는 나도 학부모 자원봉사로 참여했다. 교사들과 자원봉사로 참여하는 다른 학부모들과 함께 아이들을 인솔해서 뮤지컬을 보러 갔는데 내용을 보고 내심 놀라지 않을 수 없었다.

뮤지컬은 어린이들 용으로 만들어진 내용이 절대 아니었다. 제목은 〈빨간 모자〉였지만, 동화 속의 귀여운 '빨간 모자'가 나오는 것이 아니다. 분위기도 음산했고 무대 장치는 현란했으며 두 명의 배우가 여러 역할을 맡으며 진행하는 무언극이라 관람하는데 더 많은 집중력과 해석을 요구했다. 어른인 나에게도 무겁게 다가오는 그 뮤지컬을 아직 만 5세의 아이들에게 관람을 시켜주어 놀랐다. 한국의 학교나 유치원에서 어린이들이 단체로 뮤지컬 관람을 했다면 어린이 뮤지컬을 선택했

을 것이다.

그런데 나의 이런 생각이 무안할 정도로 아이들은 모두 숨을 죽이고 90분짜리 뮤지컬을 끝까지 관람했다. 어쩌면 어린이 뮤지컬이 아니어도, 어린이를 위해 만들어진 무대장치가 아니어도, 어린이를 위해 편곡된 노래가 아니어도, 예술에 대한 아이들의 이해도는 어른들의 이해도를 뛰어넘는지도 모르겠다. 고전 미술과 음악을 아이들이 어른들보다 더 깊이 이해하고 심취하기도 하는 것처럼. 성인용과 어린이용을 따로 구별하지 않고 어린이들에게도 뮤지컬을 각본 그대로 노출시킨다는 것이 나에게는 신선한 경험이었다.

뮤지컬이 끝난 후 배역을 나누어 맡았던 두 명의 배우가 단체 관람을 온 학생들을 위해 특별히 질의응답 시간을 가졌다. 아이들의 질문은 "무대에서 숲은 어떤 재료로 만들었어요?" 등과 같이 단순한 것이었지만, 아이들은 매우 진지했고, 아무리 간단한 질문이라 할지라도 성실히 답하는 배우들의 자세는 더욱 진지했다. 모든 질문마다 "아주 좋은 질문이에요"라는 답을 반드시 해주고, 매우 자세하게 쉬운 언어로 설명을 해주었다. 만 5세 아이들의 진지한 토론 현장이자 생생한 배움의 현장이었다. 뮤지컬이라는 매체를 활용하여 아이들이 예술을 감상하는 한 가지 방법을 체험하게 하고, 아이들의 생각의 깊이를 키워주며, 그 생각을 표현하도록 훈련을 시키는 듯했다.

아이가 수업을 듣는 교실 바로 옆에는 연못이 있었는데 봄이 되자

알이 부화해 올챙이가 되고, 올챙이가 다시 개구리가 되는 모습을 바로 옆에서 아이들이 수시로 지켜볼 수 있었다. 학교는 살아 있는 자연 배움터다. 날이 좋을 때는 야외에서 지레를 이용해 물건을 옮기는 것과 같은 과학 실험도 직접 해볼 수 있었다. 그 외에도 학기 중간 중간에 있는 여러 행사들, 즉 핼러윈 복장 입기, 크리스마스 학예회, 세계 책의 날, 스포츠 데이 등과 같은 연중행사에도 선생님들은 심혈을 기울인다.

이러한 학교 전체 행사는 모든 학생이 참여한다. 한 반에는 서른 명 이내의 학생들이 있으며 보통 담임 한 명이 학생들을 담당한다. 담임과 함께 진행되는 리셉션 과정에는 보조교사 서너 명이, 1학년부터는 보조교사 한두 명이 한 반을 맡는다. 선생님들은 항상 아이들 주위에 있고 아이들의 안전을 그 무엇보다 최우선으로 생각한다.

몸도 튼튼 마음도 튼튼 식생활 코칭

지난주 복습 사항

한번은 재우가 포스트잇마다 하트를 그려 책상 이곳저곳에 붙여놓았다. 포스트잇을 치울 생각을 하니 골치가 아팠지만, 하트를 그린 재우의 예쁜 마음을 상하게 하고 싶지 않았다. "그만해!"라고 말하는 대신 다른 표현을 썼다.

"와! 하트를 이렇게나 많이 그렸어? 빨간색 하트가 하나, 둘, 파란색 하트가 하나, 주황색 하트가 하나, 둘, 셋, 보라색 하트가 하나, 둘. 다 합해서 8개나 있네! 정말 많이 그렸구나." 지난주 학습 코칭에서 배운 표현을 적극 사용해 색과 개수를 말하며 아이와 대화를 시도했다. "하트를 열심히 그렸구나. 그리는 동안 재미있었겠네. 재우 마음에 사랑이 가득한가 보다!" 감정 코칭을 이용한 대화법을 사용하였다.

"이제 하나씩 엄마에게 이 포스트잇을 건네주면 어떨까? 재우가 엄마를 얼마나 사랑하는지 더 잘 알 수 있을 것 같아"라고 말했다. 이 말을 들은 아이는 아주 즐겁게 포스트잇을 정리했다. 마지막까지 아이가 인내심을 가지고 스스로 정리하는 것을 본 후에는 이렇게 말해주었다. "포스트잇을 모으기가 쉽지 않았는데 재우랑 엄마랑 같이 하니까 금세 정리되었네. 재미있게 잘 정리해줘서 고마워!"

어린아이가 물건 정리를 하는 모습을 보려면 아이뿐 아니라 어른도 인내가 필요하다. 아이에게 빨리 하라고 다그치고 싶지 않아 내 인내심을 키우며 아이가 즐겁게 정리하도록 유도했다. 비록 짧은 순간이었지만 감정 코칭, 학습 코칭, 인내 코칭을 자연스럽게, 그리고 종합적으로 실천한 셈이다.

선생님 코멘트

"감정 코칭, 사회성 코칭, 학습 코칭, 인내 코칭을 하기 위해서 특별한 상황을 만들어야 하는 것은 아닙니다. 일상생활에서 언제든지 적용할 수 있어야 해요. 무엇보다 부모가 구체적인 언어로 그 상황에 맞는 묘사를 하는 게 중요합니다. 어떠한 상황에서도 조금만 생각해본다면 네 가지 코칭 중 한두 가지, 또는 모두를 골고루 사용할 수 있습니다."

식사 시간을 기다리게 만드는 식생활 코칭

"아이들과 식사 시간을 어떻게 보내시나요?" 강사가 묻는다. 많은 부모들에게 가장 힘든 시간 중 하나는 아이와의 식사 시간일 것이다. 대부분의 부모들은 밥을 안 먹겠다고 떼를 쓰는 아이를 달랜 경험이 있다. 부모가 아이를 쫓아다니며 밥을 먹이는 것은 매우 흔한 일이다. 이 때문에 식사 시간이 끝도 없이 길어지기도 한다. 또한 편식이 심한 아이, 밥은 안 먹고 간식만 먹겠다는 아이, 식탁에 가만히 있지 못하고 몸을 배배 꼬는 아이들 때문에 아이들과 즐거운 식사를 하는 것은 결코 쉬운 일이 아니다.

그러나 가족이 함께하는 식사 시간은 아이들에게 정서적인 안정감을 준다. 또한 올바른 영양섭취를 통해 신체적인 발전을 가져올 뿐만 아니라 사회적 관계를 맺는데 긍정적인 영향을 준다. 식사 시간을 잘 보낸 아이들이 어휘력 향상과 함께 성적도 높다는 연구 결과는 수도 없이 많다. 《가족 식사의 힘》이라는 책을 통해 저자 미리엄 와인스타인(Miriam Weinstein)은 가족과 함께 식사하는 빈도가 높은 아이들일수록 흡연이나 음주, 우울증 등의 비율이 낮아진다고 강조했다. 쉽게 말하면 가족과 함께 식사하면 아이들이 건강하고 행복해진다. 그러므로 식사 시간은 반드시 즐거운 시간이어야 하고 부모들은 아이들이 어려서부터 올바른 식사 습관을 가질 수 있도록 노력해야 한다.

하지만 이는 쉬운 일이 아니다. "어떻게 하면 식사 시간을 즐겁게 만들 수 있을까요?" 이런 질문을 하는 부모들이 의외로 많다. 답은 간단하다. 식사 시간을 기다리게 만들면 된다. 그럼 어떻게 해야 아이들이 식사 시간을 기다리게 만들 수 있을까? 기다린다는 것은 무엇인가 기대되거나 즐거운 것, 기분 좋은 것과 연관이 있을 때 발생한다. 좋지 않은 것, 지겨운 것, 실망스러운 것을 기다리는 사람은 아무도 없을 것이다.

우선 식사 시간을 기다리게 만들려면 아이들을 식사 준비에 참여시키는 것도 좋은 방법이다. 가장 기본적인 메뉴부터 아이들이 고를 수 있다면 식사 시간에 대한 기대가 더 커진다.

재영이 엄마: 말을 잘 들으면 맛있는 것을 줄게.

희선이 엄마: 저녁 먹기 전까지 네가 해야 할 일을 다 끝내면 저녁 메뉴는 네가 먹고 싶은 것으로 준비할게.

재영이 엄마의 대화는 구체적이지 않다. 우선 '말을 잘 들으면'이라는 것은 명확한 지시가 아니다. '맛있는 것'도 애매모호한 표현이다. 엄마는 딸기가 맛있는 음식이라고 생각할 수 있지만 아이에게 맛있는 것은 초콜릿일 수도 있다. 초콜릿을 기대하고 있던 아이에게 딸기를 준다면 아이는 실망할 것이다.

희선이 엄마는 저녁을 먹기 전까지 아이가 구체적으로 무엇을 해야 하는지 알려주었다. 그리고 임무가 완수되면 먹고 싶은 메뉴를 아이 스스로 고르도록 했다. 먹고 싶은 것을 먹을 수 있다는 건 아이에게는 동기부여로 작용한다. 그렇지만 희선이 엄마도 다음에 나오는 시우 엄마처럼 조금 더 구체적으로 바꿀 수 있다.

시우 엄마: 저녁 먹기 전까지 아까 약속한 대로 장난감을 다 치우면 저녁 메뉴는 네가 먹고 싶은 것으로 준비할게. 오늘 있는 재료로는 떡갈비나 불고기, 볶음밥이 가능하겠구나. 이 중에 먹고 싶은 것이 있는지 말해줄래?

시우 엄마는 아이가 메뉴를 선택하도록 돕되, 그 범위를 좁혔다. 아이 엄마는 몇 가지 예시를 주어 아이가 그중 하나를 선택하도록 했다. "아무것이나 먹고 싶은 것을 생각해 봐"라고 말하면 아이는 아이스크림이나 젤리만 먹겠다고 할 수도 있다. 부모가 젤리는 안 된다고 말하면 아이는 "먹고 싶은 것을 말하라고 했으면서 왜 젤리는 안 되냐"고 반문할 것이다. 이 시간이 저녁 시간임을 주지시키기는 어려울 수 있다.

"떡갈비랑 불고기랑 볶음밥이 있는데 이 중에 뭐가 먹고 싶니?"라고 메뉴를 한정해 말해보자. 그날 있는 재료로 가능한 음식을 두세 가지 주고 그중에서 아이가 선택하게끔 하자. 아이는 본인이 결정한 메뉴를 먹는다는 사실이 즐거울 수 있고, 엄마 역시 주어진 것 중 하나를 만들면 되어서 좋다. 식사 시간에 본인이 선택한 메뉴로 먹는다면 아이들은 어느 때보다 기뻐할 것이다.

아이가 식사 메뉴를 고르는 것이 왜 중요할까

식사 메뉴는 아이들이 고를 수 있는 몇 안 되는 기회이기도 하다. 평소에는 선택 권한이 많지 않은 아이들에게 식사 시간이나 옷을 입을 때 등과 같이 사소한 일에 선택권을 준다면 어떨까? 어른들이 보았을 때는 사소한 일처럼 보일 수도 있으나, 본인에게도 선택권이 있다는 것을 아는 것만으로도 자아가 높아지고 만족을 느낄 수 있다. 이렇게 작은 것부터 선택을 하는 연습이 꾸준히 되어 있어야만 성인이 되어서도 올바른 선택을 할 가능성이 높아진다. 식사 시간은 단순히 영양을 공급하는 시간이 아니라, 아이가 앞으로 살아갈 인생을 연습하는 중요한 시간이기도 하다.

"식사 시간인데도 아이가 식탁 앞에 차분히 앉아 먹으려 들질 않아요." 이처럼 밥을 먹기는 하지만 너무 부산스러운 아이들이 있다. 많은 부모들이 숟가락을 들고 아이를 쫓아다니며 어떻게든 밥을 먹이려고 애쓰는 모습을 자주 본다. 엄마 스스로도 너무 정신없고 바쁠 뿐 아니라 아이는 음식을 먹는 즐거움이나 음식에 대한 감사함을 모를 가능성이 높다. 이렇게 해서는 아이가 음식의 고유한 맛을 알기도 어렵고 식사 시간의 소중함도 배울 수 없다.

가장 기본적인 것이지만 식사 시간은 항상 정해진 시간에 규칙적으로 하는 것이 바람직하다. 물론 맞출 수가 없는 날들이 많을 것이다. 그래도 너무 벗어나지 않는 선에서 지키려고 해보자. 적어도 한 주에 한 번으로 시작해서 두세 번으로 늘려나가는 것도 방법이다. 엄마가 스트레스받지 않는 것도 중요하기 때문이다. 식사 시간은 모두에게 즐거워야 한다. 저녁 7시를 식사 시간으로 정했다면 가급적이면 항상 그 시간에 식사해보자. 다만 식사 시간 2시간 전부터 간식은 절대 금물이다. 항상 규칙적인 시간에 식사를 하고 오후에 간식을 먹지 않는다면 아이는 7시가 되면 배가 고파서 먼저 밥을 달라고 할 것이다.

초등학생 정도의 아이를 두었다면 몇 시에 저녁을 먹고 싶은지 물어보는 것도 좋은 방법이다. 아이가 6시 반이라고 하면 6시 반, 7시라고 하면 7시에 차려주고 그때 함께 먹도록 해보자. 본인이 원하는 시간이었기 때문에 본인이 원하는 메뉴를 골라서 먹을 때처럼 조금 더 자발적으로 식사 자리에 올 가능성이 높다.

텔레비전이나 스마트폰은 식사 시간에는 끄자. 식사 시간 내내 텔레비전을 틀어놓거나 아이가 얌전하게 앉아 있게 하기 위해 식탁 앞에 스마트폰을 켜놓는 경우가 있다. 얌전히 앉아 있긴 하겠지만 아이들은 텔레비전이나 스마트폰에 시선을 빼앗겨 음식을 먹는 고마움이나 음식 고유의 맛은 배우지 못하게 된다. 그리고 이는 텔레비전이나 스마트폰이 없으면 식사를 할 수 없게 만드는 방법이다. 아이들이 밥을 먹지 않는다고, 텔레비전 앞에 밥상을 차려주고 텔레비전을 보며 먹으라고 하는 방법은 아이가 앞으로도 평생 식사 시간을 텔레비전에 의지하게 만들게 된다.

나는 아이들이 아주 어렸을 때부터 식사 시간 동안엔 절대로 텔레비전을 켜지 않았다. 지금도 식사 시간이 되면 아이들은 자연스럽게 텔레비전을 끄고 식탁으로 온다. 텔레비전을 끌 때도 내가 끄는 대신 아이들이 직접 끄도록 하고 있다. 엄마가 꺼서 못 본다는 원망을 하는 대신, 본인 스스로의 행동에 책임지는 것을 배우기를 바라기 때문이다.

누구나 다 아는 사실이지만 식사 시간에 텔레비전을 끄면 아이들과 대화할 기회가 더 많아지고 식사에도 집중할 수 있게 된다. 무엇보다 나는 아이들이 식사를 하며 각 음식의 고유한 맛과 모양, 색깔 등을 알기를 원한다. 식사는 단순히 주린 배를 채우기 위한 수단이 아니다. 우리는 인지하지 못할지 모르지만, 식사 시간, 특히 가족이 함께하는 식사 시간에는 예술과 철학과 전통과 즐거움 등이 모두 어우러져 있다. 아이들이 이 모든 것을 직접 느끼며 터득할 수 있었으면 하는 마음이다.

식사 시간과 마찬가지로 아침 시간에도 텔레비전을 켜두어 아이들을 깨우는 집이 많지만 우리 집에서는 아침 시간에는 절대 텔레비전을 틀지 않는다. 어린이 방송조차 틀지 않는다. 나는 아이의 소중한 하루의 시작이 텔레비전 프로그램으로 채워지길 원하지 않는다. 대신 아이들을 깨우기 위해 음악을 틀어준다. 아이의 하루가 무미건조하지 않게 즐겁고 아름다운 음악으로 채워지기를 바라며.

음식을 강요하지 않으면서
음식과 친숙하게 만들어주기

"아이가 편식해서 고민이에요. 어떻게 해야 골고루 먹일 수 있을까요?"

걱정하지 않아도 된다. 편식하지 않는 아이는 없다. 아이의 편식은 스스로의 의견을 보이는 현상이며 지극히 정상적인 일이다. 아이가 모든 음식을 골고루 먹기를 바라는 부모의 욕심이 문제가 될 수 있다. 아이가 편식하는 이유는 단순하다. 입맛에 맞지 않기 때문이다. 아무리 부모가 옆에서 특정한 음식이 몸에 좋다고 백번 설명해도 아이에게는 소용없다.

그런데 아이가 먹지 않는 음식을 매일매일 꾸준히 한 달 동안 차려준 적이 있는가? 만약 아이가 잘 먹지 않는 음식 중 하나를 매일매일 하루도 빠뜨리지 않고 식탁에 올려놓는다면 어떻게 될까? 놀랍게도 아이는 언젠가 먹게 되어 있다. 아이가 그것을 먹기까지 부모의 인내심이 필요할 뿐이다.

재우는 오이를 먹지 않는 아이였다. 이유식에도 오이가 들어 있으면 내뱉기 일쑤였고, 고형식을 먹을 때도 오이는 뱉어버렸다. 나는 재우에게 오이를 먹이려고 몇 번 시도하다가 결국 포기하고 말았다. 그런데 대부분의 영국 보육 시설이나 학교가 그렇듯 재우가 영국에서 다닌 보육원(Nursery)에서는 매일 오전 간식으로 생 야채를 주었다. 당근이나 오이, 셀러리 등이 요일별로 번갈아가며 나온다. 재우는 간식으로 오이가 나와도 먹지 않았다. 그러다 보니 나도 오이가 들어간 반찬은 아예 줄 생각도 하지 않았다. 그런데 보육원에 다니기 시작한 지 몇 주가 지난 어느 날, 아이가 식탁에 놓인 생 오이를 집어먹는 모습을 보았다. 순간 남편도, 나도 너무 놀랐다. 매일매일 본 익숙한 것에 어느새 아이는 거부감이 사라졌고 자연스럽게 손이 가게 되었으며 그 맛을 알게 된 것이다. 지금 아이는 오이를 너무너무 잘 먹는다. 사실 오이를 잘 먹는 재우의 모습이 아직도 신기하기만 할 따름이다.

부모 교육 시간에 강사는 이런 말을 했다. "아이가 그 음식을 먹지 않더라도 매일매일 식탁에 올려놓고, 먹지 않아도 강요하지 말고 안 먹으면 그 상태로 치우세요. 매일 반복하세요. 언젠가는 아이도 자연스럽게 그 음식을 먹을 거예요." 나는 이 말을 솔직히 믿지 않았다. 몇 번 시도했지만 전부 실패했기 때문이다. 그런데 곰곰이 생각해보니 한 번도 제대로 시도를 하지 않았던 쪽에 가깝다는 걸 알게 됐다. 그런데 집이 아닌 보육원에서 이런 환경을 만들어주었고, 어느새 오이를 먹지 않던 아이가 이제는 매우 자연스럽게 먹기 시작했다.

비단 이런 경험은 나만 있는 것이 아니다. 아이들은 편식하는 경향이 있는데, 이 모든 음식을 골고루 먹는 아이는 거의 없다. 이웃집의 카를라도 비슷한 경험을 했다. "처음에 제 아들 베르나드로는 다양한 종류와 다양한 색깔의 음식 중에서 자기가 좋아하는 것만 골라 먹고 나머지는 입에 대지도 않았어요."

그렇지만 카를라는 한 번도 아이의 식습관에 대해 화를 내거나 특정 음식을 먹으라고 강요하지 않았다. "아이가 음식을 먹지 않더라도 매일매일 다섯 가지 색깔의 음식을 아이의 그릇에 담아서 주었어요. 먹지 않으면 먹지 않은 상태로 치우고, 다음 날도 또 다섯 가지 색깔의 음식을 준비했죠. 또 아이가 그 음식 재료와 친숙해지도록 관련된 음식에 대한 동화책을 읽거나, 감자나 과일 등을 이용해 캐릭터를 함께 만들면서 음식으로 다양한 활동을 하곤 했어요."

상당히 오랜 시간이 필요하긴 했지만, 베르나르도도 다섯 가지 컬러 푸드를 섭취해야 한다는 것을 자연스럽게 인지하기 시작했다. 어느 날은 카를라가 베르나르도의 변화된 행동에 대해 자랑스럽게 이야기했다.

"어제 저녁 샐러드를 주었는데 재료가 충분하지 않아 몇 가지 재료를 빼고 주었어요. 그랬더니 베르나르도가 '저는 이 샐러드를 먹을 수 없어요. 이 음식에 다섯 가지 색깔이 골고루 있지 않잖아요'라고 거절하는 것 아니겠어요? 그래서 남편이 부랴부랴 집 앞 마트에 가서 몇 가지 재료를 더 사 와서 다섯 가지 컬러가 골고루 있는 샐러드를 다시 만들어서 함께 먹었답니다."

토마토도 베르나르도가 먹지 않는 음식 중 하나였다. 그런데 카를라는 한 번도 베르나르도에게 "너 토마토가 얼마나 몸에 좋은 건지 아니? 조금만 먹어봐!"라고 말하거나 억지로 먹이려고 하지 않았다. 대신 카를라는 베르나르도에게 이런 말을 했다. "베르나르도는 지금은 아직 세 살이라서 토마토를 안 먹지만 네 살이 되면 토마토를 먹을 거야. 엄마는 다 알아."

카를라는 이렇게 수시로, 그리고 매우 구체적으로 아이에게 이야기해주었다. 처음에 그 모습을 본 나는 "정말로 베르나르도가 네 살이 되면 토마토를 먹을까?"라고 갸우뚱했다. 카를라는 억지로 먹게 하는 것보다 이렇게 수시로 이야기하면 잠재의식 속에 각인되어 언젠가 아이가 토마토를 먹을 날이 있을 것이라고 했다. 카를라가 그럴 때마다 베르나르도는 듣는 둥 마는 둥 했지만, 정말로 네 살 생일이 지나자 "나는 이제 네 살이니까 토마토를 먹을 거예요"라며 베르나르도가 토마토를 먹기 시작했다는 것이다. 그 뒤로는 이 아이가 토마토를 안 먹겠다고 떼를 쓰던 그 아이가 맞나 싶을 정도로 거부감 없이 토마토를 잘 먹는다고 한다. 사실 토마토 외에도 베르나르도가 먹지 않는 음식이 몇 가지 더 있었는데, 카를라는 전혀 조급해하지 않고 1년에 1~2개씩 친숙해지도록 목표를 삼았다.

"이제 베르나르도는 다섯 가지 컬러 푸드를 골고루 먹습니다. 덩달아 편식하는 습관이 조금씩 줄어드는 것 같아 매우 기뻐요. 저도 제가 베르나르도를 잘 키우고 있다는 것을 증명한 것 같아 흐뭇하네요." 카를라가 기분 좋게 자랑한다. 물론 이는 하루아침에 이뤄진 것이 아니라 카를라의 끊임없는 인내와 포기하지 않겠다는 굳은 의지가 필요했다. 그렇지만 쉽지 않은 아이와의 줄다리기 끝에 결국에는 엄마가 승리했다. 소리 한 번 지르지 않고.

편식을 없애는 방법 중 최고는 요리에 참여시키는 것

사람들이 애착을 갖는 물건은 어떤 것인지 생각해보자. 남녀노소를 불문하고 애착을 갖는 것들은 물건의 가치를 떠나 추억이 담긴 물건일 것이다. 어른들이 보기에는 별것 아닌 것 같아 보이는 물건이지만 아이가 절대 버리지 못하게 하는 것들이 한두 가지씩은 꼭 있다. 음식도 마찬가지다. 애착을 갖게 되면 먹게 되어 있다. 이 애착을 길러주는 가장 좋은 방법은 아이를 요리 과정에 참여시키는 것이다. 직접 손으로 만지며 음식을 하게 되므로 애착이 생기게 된다. 보통 엄마가 요리를 하고 밥상을 차리고 난 다음에 아이에게 밥을 먹으라고 부른다. 아이는 노느라 음식에 별 흥미가 없다. 게다가 자기가 좋아하지 않는 가지나 버섯이 반찬으로 올라와 있다. 그러면 아이는 더더욱 먹지 않겠다고 떼를 쓴다. 그 모습을 본 엄마는 아이에게 한 입만 더 먹으라고 어르고 달래다가 폭발하곤 한다.

주 1회, 또는 격주로, 아니면 한 달에 한 번이라도 아이와 함께 요리하는 시간을 가져보자. 다양한 재료를 번갈아가며 사용해 간단한 요리를 온 가족이 모여서 만든다면 가족이 할 수 있는 또 다른 재미있는 놀이가 될 뿐만 아니라, 요리에 사용된 재료를 아이도 오감으로 느끼며 먹게 된다. 주말 점심 정도도 충분히 가능하다.

우리 가족은 정기적으로 아이와 함께 요리를 하는 편이다. 핫케이크, 쿠키, 샌드위치 등 쉬운 요리를 주로 하지만 김치를 담글 때에도 아이들을 참여시킨다. 양념을 버무릴 때 아이들에게 한 번씩 섞을 기회를 주거나 파스타를 할 때 면을 꺼내게 하는 등 간단한 요리 활동에 참여시킨다. 카레를 만들 때에는 야채를 냄비에 넣는 일을 아이에게 하도록 한다. 이처럼 아이와 함께하는 요리 활동은 재료 준비부터 요리를 하는 과정, 그리고 뒷정리에 이르기까지 참으로 번거로운 일이 아닐 수 없다. 그렇지만 요리 과정에 잠깐만 참여해도 아이는 매우 즐거워한다. 김치 양념을 한 번 버무린 것뿐이지만 아이는 그 김치를 스스로 만들었다고 생각한다.

우리는 아이에게 야채를 골고루 먹이기 위해 샌드위치와 샐러드를 주로 이용한다. 샌드위치는 어떤 재료로도 손쉽게 만들 수 있을 뿐만 아니라 아이가 먹지 않는 야채를 조금씩 넣으며 먹어보도록 시도해볼 수도 있기 때문이다. 평소에는 당근을 잘 먹지 않는 현우도 샌드위치에 당근을 넣어서 만들게 하면 그때만큼은 당근도 스스럼없이 먹는다. 자기가 만든 샌드위치이기 때문이다. 야채 섭취를 위해 하루 한 끼 정도는 샐러드를 먹는 편인데, 항상 샐러드가 있으므로 당연히 먹어야 하는 것으로 알고 있다.

요리 활동을 싫어하는 아이는 없다. 요리하자고 말하면 아이들은 매우 즐거워하며 함께 앞치마를 두른다. 요리 활동은 아이들이 재료를 손으로 만지며 음식 및 재료에 대해 배울 뿐만 아니라 이 시간은 가족과 함께하는 놀이 시간이 되기도 하고 대화를 하는 시간이 된다. 또한 요리는 수학의 개념, 미술 감각 등도 익힐 수 있는 더할 나위 없이 좋은 활동이다.

음식 남기는 아이

우리는 어려서부터 음식을 남기지 말고 깨끗하게 먹어야 한다고 배웠다. 그렇지만 먹기 싫은데 누군가가 억지로 다 먹으라고 하면, 그것이 아무리 좋은 음식이라고 한들 즐겁게 먹을 수 있을까? 아이들도 마찬가지다. 먹기 싫은 음식은 아무리 부모가 몸에 좋다며 먹으라고 해도 먹고 싶지 않다. 또 충분히 배가 부르면 더 이상 들어갈 공간이 없어 남기기도 한다. 이럴 때는 억지로 먹이려고 강요하지 말자. 아이의 기분과 의견을 존중하도록 하자. 성인도 본인이 선택한 음식이라고 해도 먹다가 마음에 안 들거나 배가 부르면 남길 수도 있다. 어린아이도 마찬가지이다. 한 끼 조금 덜 먹는다고 아이가 덜 크는 것도 아니다.

물론 항상 음식을 남긴다든지 잘 먹지 않는 등의 나쁜 습관을 들이는 것은 바람직하지 못하므로 되도록 남기지 않을 정도의 적당량의 음식을 주고 끝까지 감사한 마음으로 잘 먹는 습관을 들이는 것은 매우 중요하다. 그렇지만 항상 다 먹도록 강요할 필요는 없다. 음식을 남기는 것보다 식사 시간에도 아이들이 의견이 존중받는다는 느낌을 갖는 것이 중요한 것은 아닐가 생각해볼 문제이다. 다음 사례는 자매 중 한 사람만 편식을 하는 경우다.

상황 1

일곱 살 민희는 가리지 않고 잘 먹는 아이이고 다섯 살 수희는 좋아하는 음식 외에는 안 먹겠다고 고집을 부린다.

엄마: 얘들아, 밥 먹자!

민희: 와! 맛있겠다. 잘 먹겠습니다.

(그리고는 말없이 꾸준히 먹는다)

수희: 또 시금치야. 난 안 먹어!

엄마: 왜 안 먹어? 이게 몸에 얼마나 좋은지 아니! 자 한 입만 먹어보자.

수희: 싫어. 싫단 말이야!

엄마: 아니야. 딱 한 번만 먹어보자. 착하지?

수희: 싫어! 그래도 안 먹어.

엄마: (참다못해) 그럼 먹지 마! 이거 다 안 먹으면 이따 텔레비전 못 볼 줄 알아!

매우 흔한 광경이다. 특히 형제자매가 있는 경우, 한 명은 잘 먹고 한 명은 잘 안 먹는 경우가 다반사다. 이럴 경우, 부모는 잘 안 먹는 아이에게 한 입이라도 더 먹이기 위해서 갖은 노력을 한다. 위의 상황도 마찬가지다. 그렇지만 아무리 어르고 달랜다고 해서 아이가 새삼 음식을 잘 먹을까? 거의 대부분 음식을 먹이기 위해서 거래를 하거나 시도하다 포기하는 경우가 많다. 그렇다면 이제는 방법을 바꿔보는 것은 어떨까? 다음의 상황 역시 위와 같지만 엄마의 반응이 어떻게 다른지 비교해보자.

상황 2

엄마: 얘들아, 밥 먹자!

민희: 와! 맛있겠다. 잘 먹겠습니다.

수희: 또 시금치야. 난 안 먹어!

엄마: 민희는 밥을 정말 잘 먹는구나. 시금치랑 다른 채소도 골고루 잘 먹는구나. 몸도 튼튼해지고 키도 많이 크겠는걸!

첫 번째 상황에서 엄마의 관심은 오로지 반찬을 먹지 않는 수희에게 있었다. 두 번째 상황은 반대다. 반찬을 먹지 않는 수희에게 엄마는 관심조차 주지 않고 잘 먹는 민희만을 계속해서 칭찬했다. 대부분 모범적인 기질의 아이들이 부모의 관심을 덜 받게 되듯이 밥을 잘 먹는 아이들은 부모들이 그냥 지나치곤 한다. 밥을 잘 먹는 것은 당연하게 생각하고 밥을 잘 먹는 것에 대해서 칭찬을 하거나 긍정적인 표현을 하지 않게 된다. "원래 잘하니까 크게 신경 쓰지 않아도 되겠지"라고 내심 생각한다.

그렇지만 잘 먹는 것이야말로 칭찬을 받아야 마땅한 일이고 관심을 받아야 하는 일이다. 그러나 대부분의 경우 부모는 반대로 잘 먹지 않는 아이, 또는 까칠한 아이에게만 관심을 두고 그 아이에게만 대응하게 된다. 그리고 그 관심은 보통 긍정적인 관심이 아니라 부정적인 관심이다. 그럴수록 아이는 그런 투정을 부모의 관심을 끌기 위한 수단으로 사용하게 되고 부모와 아이의 줄다리기는 계속된다.

잘 먹지 않는 아이에게 어떻게든 조금이라도 더 먹여보고 싶은 것이 부모의 마음이지만 잘 먹지 않는 행동은 올바른 행동이 아니다. 그런 행동을 무시해보는 것은 어떨까? 오히려 지금까지 잘하고 있다는 이유로 부모의 관심 밖에 있던 아이에게 더욱 긍정적인 반응을 보인다면 분위기가 어떻게 바뀔지 한 번 생각해볼 일이다. 식사 시간에 잘 먹는다는 이유로 알게 모르게 소외되었던 민희의 자존감을 살려주고 안 먹겠다고 고집을 부리던 수희에게는 본인도 칭찬받고 싶다는 기분, 즉 질투를 유발하며 식사를 하는 동기부여를 주지 않을까? 그럼 어제 각자의 식사 시간이 어땠는지 한 번 생각해보자.

- ▶ 메뉴는 누가 정하는가?
- ▶ 준비는 누가 하는가? 아이들도 식사 준비에 함께 참여하는가?

  (예. 메뉴 고르기, 식탁 차리기, 재료 준비하기 등)
- ▶ 식사는 몇 시에 하는가?
- ▶ 가족이 모두 함께 식사를 하는 시간은 일주일에 몇 회 정도 되는가?
- ▶ 식사 시간에 텔레비전이나 스마트폰을 켜 놓는가?
- ▶ 식사는 항상 정해진 자리에서 하는가?
- ▶ 식사를 하며 가족 간의 대화가 얼마나 오가는가?
- ▶ 아이가 먹지 않는 음식을 억지로 먹게 강요하고 있는가?
- ▶ 아이 스스로 먹지 않고 부모가 먹여주는가?

점검 후 가족이 모두 함께하는 즐거운 식사 시간이 될 수 있도록 노력해보자. 맞벌이 부부나 야근이 많은 아빠 또는 엄마로 인해 매일 가족이 함께하는 식사 시간을 만들기 어렵다면 일주일에 최소 1~2회는 가족이 함께해보자. 잠깐이라도 즐거운 식사 시간을 갖고 아이와 함께 많은 대화를 하며 올바른 것을 가르쳐주는, 소위 '밥상머리 교육'을 실천에 옮긴다면 아이와의 유대관계도 돈독해질 뿐만 아니라 아이의 삶에 또 다른 선물을 안겨줄 것이다.

영국 사람들은 가족이 함께하는 식사 시간을 매우 중요하게 생각한다. 식사 예절도 매우 철저히 가르치며 집 안팎에서 올바른 식사 예절을 지키도록 교육을 시킨다. 한국에서는 초등학생 때부터 학원 스케줄에 맞추어 밥 먹을 여유조차 없이 편의점에서 혼자서 끼니를 때우는 아이도 있다. 한국의 아이들도 가족과 즐거운 대화가 오가는 식사 시간을 충분히 누릴 수 있기를 진심으로 바란다.

TIP
행복한 식사 시간을 만드는 몇 가지 규칙

≫ 아이들이 식사 시간을 예상할 수 있도록 항상 규칙적이어야 한다.

≫ 식사 시간은 항상 편안하고 즐거워야 한다. 식사 시간에는 되도록 훈육이나 명령 등은 삼가야 한다.

≫ 아이가 식사 시간 동안 한자리에 계속 앉아 있을 것이라는 기대는 하지 않는다.

≫ 식사를 끝내고 나면 다음 식사 시간 전까지 되도록이면 간식은 주지 않는다.

≫ 텔레비전을 켜거나 스마트폰 보여주기, 전화 통화를 하는 등 식사 시간을 방해하는 행동은 차단한다.

≫ 아이들이 선택할 수 있는 메뉴를 두세 가지 정도 준비한다.

≫ 새로운 음식을 선보일 때는 한 번에 하나씩, 적은 양으로 준비하고 아이가 좋아하는 음식과 함께 내놓는다.

≫ 아이가 좋아하는 반찬을 매 식사 때마다 적어도 한 가지 이상 차려준다.

≫ 아이의 식사는 어린이용 그릇에 적게 준다.

≫ 당분이 많거나 양념이 강한 음식을 달라는 요구는 거절한다. 버릇이 되면 건강한 음식보다는 자극적인 음식을 찾게 된다.

≫ 아이가 식사 때마다 모든 음식을 좋아할 것이라는 기대는 하지 않는다. 아이가 선택해서 먹는 음식을 존중한다.

≫ 아이가 싫어하는 음식을 억지로 먹게 하면 아이는 더욱 고집을 부린다. 또한 새로운 음식을 먹는 것을 거부하는 계기가 될 수도 있다.

≫ 음식 투정이나 음식을 거부하는 행동은 무시하며 대신 아이가 먹는 음식에

대해서는 칭찬을 한다.

≫ 함께 식사하는 아이 중 잘 먹고 식사 예의가 바른 아이가 있다면 그 아이를 칭찬한다.

≫ 식사 시간을 정해놓고 식사를 하고, 시간이 지나서도 다 끝내지 않은 음식은 치워서 식사 시간을 지킨다.

≫ 정기적으로 아이와 함께하는 요리 시간을 가져 아이가 요리 활동에 참여하도록 한다.

TO DO LIST
이번 주에는 이것을 하자!

≫ 식사 시간에 잘 먹는 음식에 대해서 칭찬한다. 특히 평소에 좋아하지 않던 음식도 한 가지씩 주고, 조금이라도 먹어보는 시도를 했을 때 칭찬한다.

≫ 아이와 함께 한 가지 이상의 요리 활동을 해보자.

영국의 공교육Ⅲ

다섯 가지 컬러 푸드

영국의 학교 및 슈어스타트 칠드런센터, 병원 등에서는 다섯 가지 컬러 푸드(Five Colour Foods) 캠페인이 한창이다. 다섯 가지 컬러 푸드 캠페인은 '하루 다섯 가지(5 A Day)' 또는 '무지개를 먹어요(Eat a Rainbow)'라고도 불리는데, 끼니마다 붉은색, 푸른색/보라색, 녹색, 흰색, 주황색/노란색이 들어간 야채를 골고루 섭취하는 것을 목표로 한다. 색깔별로 야채를 골고루 섭취하게 되면 비타민, 식이섬유, 항산화물질, 피토케미컬(phytochemical, 식물화학물질) 등 다양한 영양소를 골고루 섭취할 수 있어 심장질환이나 암 등의 질병 예방에도 도움이 되고 혈압도 조절된다. 몸에 좋지 않은 음식도 알게 모르게 많이 섭취하게 되는 현대인에게는 건강을 지킬 수 있는 더없이 중요한 식습관이다. 영국에서는 어릴 때부터 다섯 가지 컬러 푸드를 골고루 섭취할 것을 가르치고 있다. 색깔별 컬러 푸드를 구체적으로 살펴보면 다음과 같다.

색깔	채소 또는 과일	영양소	기능
붉은색	사과, 석류, 토마토, 수박, 자몽, 딸기, 크랜베리, 고추, 붉은 파프리카	리코펜, 엘라그산, 퀘르세틴	심장 건강 혈압 저하 피부 보호 세포 재생 암 예방
주황색/노란색	당근, 단호박, 바나나, 파인애플, 레몬, 오렌지, 옥수수, 살구, 골드키위, 망고, 감	베타카로틴, 제아잔틴, 플라보노이드, 리코펜, 칼륨, 비타민 A, 비타민 C, 항산화물질	심장 건강 콜레스테롤 저하 관절·조직 건강 눈 건강 암 예방

녹색	시금치, 브로콜리, 키위, 아보카도, 상추, 애호박, 오이, 라임, 완두콩, 해초	엽록소, 섬유질, 루테인, 제아잔틴, 칼슘, 엽산(비타민 B), 비타민 C, 칼륨, 피토케미컬, 베타카로틴	소화기능 도움 눈 건강 뼈 보호 면역 체계 강화 암 예방
푸른색/보라색	자색 양파, 자색 고구마, 자색 양배추, 가지, 포토, 블루베리	루테인, 제아잔틴, 레스베라트롤, 비타민 C, 섬유질, 플라보노이드, 엘라그산, 퀘세틴, 억제생리 활성물질	심장 건강 혈관 건강 기억력 도움 항노화 비뇨·요로 건강
흰색	양파, 마늘, 배, 버섯, 무, 콜리플라워	베타글루칸, 항산화 물질, 리그난(비타민 A), 유산균	면역 체계 강화 장 건강 종양 억제 콜레스테롤 저하 심장 건강

학교나 병원 등 공공기관에서는 일상생활에서 위 음식들을 섭취하도록 여러 방법을 제시하는데 식사 때마다 수시로 가볍게 먹을 것을 권장한다. 우리네 식사와는 다르지만 다음 방법을 참고하여 일상생활 속에서 색깔별로 음식을 섭취하는 습관을 들인다면 아이들뿐만 아니라 어른들에게도 좋다. 한국식 식단의 경우, 비빔밥이나 나물 종류를 곁들이는 것도 좋은 방법이다.

아침

▶ 요거트, 시리얼 등을 먹을 때 딸기 종류의 과일 또는 바나나 등을 함께 넣어서 먹기.

▶ 계란말이나 스크램블 에그 등을 만들 때 버섯, 토마토 등을 함께 넣어서 만들기.

▶ 녹즙이나 생과일주스 마시기.

점심

▶ 양상추, 토마토, 오이, 당근 등이 들어간 샌드위치를 먹기.

▶ 생 오이, 생 당근, 생 셀러리, 생 파프리카 등을 소스에 찍어먹기.

▶ 파스타 또는 볶음 요리 등에 반드시 야채를 곁들여 먹기.

▶ 샐러드에 견과류 또는 건과일을 함께 섭취하기.

저녁

▶ 메인 요리와 함께 샐러드, 구운 야채 등을 반드시 곁들여 먹기.

▶ 피자나 스프 등을 먹을 때 완두콩, 옥수수, 강낭콩 등을 얹어 먹기.

▶ 파스타 종류를 먹을 때에는 크림이나 치즈 소스보다 토마토 소스 위주로 먹기.

간식

▶ 과자 종류 대신 과일, 견과류, 저열량 시리얼 등을 간식으로 섭취하기.

그 외에도 다섯 가지 색깔을 매일 골고루 섭취하는데 도움을 주기 위해서 다양한 활동을 제시하는데 매일 먹은 음식 색깔을 표시하는 표를 만들어 스티커 붙이기, 색깔별로 음식을 모아서 요리해보기, 애나벨 카멜(Annabel Karmel)이 지은 《무지개를 먹을 수 있어요(I can eat a rainbow)》같은 동화책 읽기 등이 포함되어 있다. 다음 표를 참조해 아이들에게 컬러 푸드를 먹이는 방법을 궁리해볼 수 있다.

	붉은색	주황색/노란색	녹색	푸른색/보라색	흰색
월요일					
화요일					
수요일					
목요일					
금요일					
토요일					
일요일					

6교시

칭찬의 기술

지난주 복습 사항

첫째 아이 현우는 갓난아기 때부터 무엇이든 가리지 않고 다 잘 먹는 아이였다. 이유식도 주는 대로 잘 먹었다. 그 성향은 크면서도 계속 유지되었다. 현우는 모든 면에서 모범적인 아이였고 덕분에 나는 비교적 수월하게 첫째 아이를 키울 수 있었다. 그러나 둘째 재우는 모든 면에서 형보다 까다로운 아이였다. 잠자는 습관도, 수면 시간도, 밤중 수유도 쉽지 않았다. 고집도 셌고, 식생활도 형만큼 좋지 못했다. 이유식이 마음에 들지 않으면 다 뱉어버리곤 했고, 좋아하는 음식만 먹고 마음에 들지 않는 음식은 내뱉기 일쑤였다. 항상 식사를 깔끔하게 끝내던 현우와는 달리, 재우는 식사 시간에도 다른 여러 가지로 신경을 쓰이게 했다. 돌 지나서부터는 스스로 숟가락은 물론 젓가락도 사용하며 식사를 하던 현우와 반대로 재우는 식사 시간에 거의 먹으려 하지 않아 나도 어쩔 수 없이 숟가락을 들고 아이를 쫓아다니며 먹이는 엄마가 되고 있었다.

그러나 부모 교육을 받고 나니 잘 먹는 현우에게는 신경을 쓰지 않고, 잘 먹지 않는 재우에게만 애원하며 쫓아다니는 모습이 더더욱 아이를 그런 성향으로 만든다는 것을 알게 되었다. 이번만큼은 눈 딱 감고 배운 대로 실천하기로 했다. 여느 날과 마찬가지로 식사 시간이 되었다. 그동안 알아서 잘 먹는다는 이유로 특별히 신경 쓰지 않았던 현우를 재우 앞에서 더욱 칭찬했다. 밥을 먹지 않겠다고 딴 짓을 하는 재우는 신경 쓰지 않았다.

처음에는 재우도 음식을 먹을 생각도 없어 보였고, 내가 신경을 써주지 않는다는 것도 크게 문제가 되지 않아 보였다. 그러나 현우가 밥을 한 입씩 먹을 때마다, 반찬을 하나 집을 때마다 과장을 살짝 섞어 계속 칭찬하자 재우도 형을 힐끔힐끔 쳐다보더니 "나도 먹여줘!"라며 자신도 먹겠다는 의지를 보였다. "그럼 재우도 혼자서 먹어보자. 형은 엄마가 먹여주지 않아도 혼자서 정말 잘 먹는구나!"라고 대답해주었다. 물론 아이는 처음에는 계속 먹여달라고 칭얼대었으나 얼마 지나지 않아 (이 과정에서 사실 엄청난 인내심이 필요했다) 엄마의 태도가 단호하다는 것을 알고서는 스스로 숟가락을 들어 음식을 뜨기 시작했다.

재우가 혼자서 먹으려고 시도하는 모습을 보고 나도 함께 기뻐하며 칭찬해주었고, 재우도 계속해서 밥을 먹기 시작했다. 물론 입맛이 까다로운 재우는 그날도 형처럼 그릇을 깨끗하게 비우지는 못했지만 그날은 처음으로 내가 식사 시작부터 끝날 때까지 아이에게 밥을 다 먹여주지 않았던 날이었다. 현우는 현우대로 항상 하던 일인데 엄마가 더 관심을 보이고 더 칭찬하자 더욱 의기양양해 했다.

선생님 코멘트

"잘 먹는다는 이유만으로 관심을 받지 못했던 현우는 그동안 기분이 어땠을까요? 지금이라도 잘하고 있는 현우에게 관심을 보이고 칭찬해주어서 다행이라고 생각합니다. 그리고 재우에게 잘 안 먹는다고 직접 먹여준 것은 아이를 더욱 버릇없게 만드는 방법이었어요. 스스로 먹을 수 있도록 계속해서 습관을 들이세요. 시간 내 다 못 먹으면 그대로 치우세요. 그런다고 아이가 안 크는 것도 아니거든요. 안 먹는 음식을 억지로 먹이는 것보다 올바른 식사 습관을 가지는 것이 장기적으로 보았을 때 더욱 중요합니다. 아이들은 배가 고프면 먹게 되어 있어요. 부모의 인내가 필요할 뿐입니다."

올바른 칭찬 습관 기르기

"아이에게 칭찬을 자주 하고 있나요?" 강사가 수업 시간에 부모들에게 물었다. 부모가 세워야 할 피라미드의 가장 아랫부분인 '놀이'를 통한 관계 및 여러 코칭에서 그 다음 단계인 칭찬하기로 주제가 본격적으로 이동했다. '놀이'로 기초를 탄탄히 쌓는 것은 매우 중요하지만 올바른 칭찬도 자녀를 기를 때 없어서는 안 되는 매우 중요한 처방이다. 몇 주간은 '칭찬하기'에 대해 배웠다.

'칭찬은 고래도 춤추게 한다'는 말이 있다. 그러나 무조건적인 칭찬만이 답은 아니라는 것을 많은 부모들이 인지하고 있다. 칭찬은 아이를 기분 좋게 만들기도 하지만 목적 없는 칭찬은 오히려 아이가 무엇 때문에 칭찬을 받고 있는지 이해하지 못하게 만들 수도 있다. 또한 칭찬만이 계속된다면 아이는 진심에서 우러나서 행동하는 것이 아니라 칭찬을 받기 위해서만 움직일 수도 있다.

어떤 부모는 아이의 자존감을 세워주기 위해 무조건 칭찬을 많이 해야 한다고 주장하는 반면, 칭찬을 남발하면 아이가 버릇이 없어질 수도 있으므로 칭찬은 최고의 성취를 했을 때를 위해 아껴두라는 엄격한 부모도 있다. 한국의 전통적인 부모들은 후자가 더 많았고, 요즘 세대 부모들은 전자가 많아지는 추세이다. 어느 쪽의 의견이 맞는 것일까? 칭찬은 어떻게 해야 할까? 다음의 예시 중 어떤 것이 칭찬일까?

▶ 우리 수진이는 참 착하구나!

▶ 우리 수진이는 어른들에게 인사도 잘하는 것을 보니 참 예의가 바른 아이구나!

둘 다 상대방이 듣기 좋으라고 하는 말임에는 틀림없지만, 첫 번째 문장은 무엇이 착한 것인지, 왜 칭찬을 받는지, 그 전후 상황을 알기 전에는 알 수 없는 애매모호한 칭찬이다. 두 번째 문장은 아이가 왜 칭찬을 받는지에 대해 매우 구체적으로 이야기하고 있다. 칭찬은 제3자가 들었을 때에도, 어떤 상황에서 칭찬을 하는 것인지 금세 알 수 있을 정도로 세세하게 해야 한다.

무조건적인 칭찬을 남발하는 것은 금물이지만 구체적인 행동 하나 하나를 칭찬하는 것은 아이의 행동을 긍정적으로 변화시키는 데 큰 도움이 된다. 구체적인 행동을 부모가 말로 표현하며 칭찬을 해줄 때에야 비로소 아이의 올바른 자존감이 형성되고 칭찬이 긍정적인 영향을 미치기 때문이다.

또한 칭찬을 할 때에는 아이의 눈을 똑바로 쳐다보고 또박또박 말하며 진정성이 느껴지도록 해야 한다. 부모가 하는 말이 진정성이 있는 말인지, 상투적으로 내뱉는 말인지 아이는 금세 알아차린다. 아이가 그림을 그린 후에 부모에게 가지고 와서 "이것 보세요"라고 말했을 때 엄마가 아이는 쳐다보지도 않고 "응, 잘했어"라고 내뱉는 말은 아무 의미가 없다. 이런 칭찬은 칭찬이 아니다. 똑같은 상황에서 엄마가 해야 하는 반응은 하던 일을 멈추고, 그림을 감상하고, 아이의 눈을 똑바로 쳐다보며 "우리 수진이가 그린 꽃 그림은 색깔도 화려하고 다채로워서 엄마가 그동안 보아온 다른 어떤 꽃 그림과는 비교할 수 없을 만큼 예쁘다! 엄마는 네가 이렇게 예쁜 꽃을 혼자서 그릴 줄 안다는 사실이 매우 기쁘단다." 약간 오글거릴지 몰라도 이렇게 칭찬해야 바른 칭찬이다. 이렇게 말하는 데에는 1분도 채 걸리지 않지만, 그 효과는 첫 번째의 행동과는 비교할 수 없을 정도로 긍정적으로 작용한다. 물론 처음에는 어색할 수밖에 없다. 그러나 칭찬도 꾸준히 연습하면 자연스럽게 몸에 배어 나날이 칭찬하는 기술도 발전할 것이다.

구체적인 칭찬과 격려의 말

아이에게 칭찬이나 격려를 할 때, 아래와 같이 구체적으로 말하는 연습을 해보도록 하자.

▶ ________을(를) 아주 잘하고 있구나.

▶ ________이(가) 지난번보다 더 발전했구나.

▶ 나는 네가 ________을(를) 하면 참 좋겠구나.

▶ 네가 ________을(를) 하는 것이 ________보다 더 좋지 않을까?

▶ ________은(는) 아주 좋은 생각이야.

▶ 네가 지난번보다 ________을(를) 얼마다 더 잘하게 되었는지 너도 알겠지?

▶ ________을(를) 하는 것은 아주 좋은 방법이구나.

▶ ________을(를) 하다니, 다 컸네!

▶ ________을(를) 해줘서 고마워.

- 이런 (구체적인 예시를 든다) 것도 하고, 네게 이런 모습이 있다는 것에 감탄했단다.
- 엄마가 원하는 것을 이제는 혼자서 알아서 잘하는구나.
- 네가 그렇게 (구체적인 예시를 든다) 하니 아빠도 다시 보게 되는구나.
- 네가 ________을(를) 해서 정말 자랑스럽다.
- 네가 ________을(를) 하다니, 감동이야.
- 네가 ________을(를) 하다니, 상대방에 대한 배려를 잘하는구나.

그 외에도 비언어적 표현으로 어깨를 톡톡 두드려주기, 머리를 쓰다듬어주기, 꼭 안아주기 등도 함께 표현하면 좋다. 아이가 칭찬을 받을 만한 행동을 구체적으로 적어보자. 대부분 아래와 같은 것들이 있을 것이다.

- 나눠 쓰기.
- 빌려주기.
- 예의 바르게 말하기.
- 말 잘 듣기.
- 좋은 식사 습관 보이기.
- 정해진 시간에 잠자리에 들기.
- 집중해서 놀기.
- 인내심을 가지고 어려운 문제를 해결하기.
- 텔레비전을 스스로 끄기.
- 집안일을 도와주기.

- ▶ 약속시간을 잘 지키기.
- ▶ 아침에 금방 일어나기.
- ▶ 자는 동안 이불에 오줌 싸지 않기.
- ▶ 스스로 잠자리 정리하기.
- ▶ 스스로 옷 입기.
- ▶ 장난감 정리하기.
- ▶ 횡단보도 앞에서 뛰지 않고 천천히 걷기.
- ▶ 숙제하기.
- ▶ 자기가 입은 옷 정리하기.
- ▶ 인내하기.
- ▶ 다른 사람을 배려하기.
- ▶ 다른 사람에게 친절하게 대하기.

이렇게 나열한 후 아이에게 필요한 모습이 있다면 목표를 하나씩 정해 칭찬하자. 아이의 행동을 향상시키도록 부모가 도와주고 아낌없는 칭찬을 해주면 어느새 아이의 행동이 바뀌어 있을 것이다.

칭찬할 때 주의해야 할 점

많은 부모들이 칭찬을 한다고 생각하면서도 동시에 아이에게 상처가 되는 말을 하기도 한다. 부모들이 흔히 범하는 실수 중 하나는 칭찬을 하고 나서 좋지 않은 행동에 대해서도 함께 비아냥거리기도 한다는 것이다.

"밥 먹고 그릇을 설거지통에 넣은 것은 정말 잘했어. 그런데 아까 가지고 논 장난감은 안 치웠더라?"

이런 말을 듣는다면, 아이는 이것을 칭찬으로 받아들일까? 이렇게 말한다고 아이가 다시 장난감을 치울까? 그럴 리 없다. 이전에 있었던 좋지 않은 행동은 언급하지 말고, 지금 당장 칭찬받을 만한 행동에만 집중해서 관심을 보이고 아낌없이 칭찬을 해야 한다.

다른 하나는 칭찬을 하면서 다른 형제자매 또는 친구들과 비교를 하는 것도 바람직하지 못한 행동이다. 알지만 참 실천하기 어렵다. 칭찬은 아이의 긍정적인 행동을 더욱 증가시키고 동시에 아이의 자존감을 높이기 위해서 하는 행동이다. 그래서 아이가 스스로를 "나는 이 세상에서 쓸모 있는 사람이구나", "나는 그래도 꽤 괜찮은 사람이구나"라고 생각하며 자신감 있고 행복하게 이 세상을 살아가게 하기 위한 도구이다. 그런데 이 도구를 비교의 잣대 위에 세운다면 그 아이는 '비교'라는 굴레에서 벗어나지 못할 것이다. 부모는 아이마다 다른 기질과 다른 성향, 다른 재능을 타고났음을 인지하고 각각 고유한 점을 더더욱 장점으로 발전시킬 수 있도록 도와주어야 한다.

마지막으로 칭찬은 바로 해 주어야 효과적이다. "어제 엄마가 빨래할 때 같이 빨래를 정리해준 것은 정말 도움이 되었어." 이처럼 어제 있었던 일을 지금 말하는 것은 이미 유효기간이 지난 칭찬이다. 칭찬을 받는 아이에게도 그만큼 효과가 떨어진다. 아이가 긍정적인 행동을 보일 경우, 바로바로 구체적으로 칭찬해주어야 한다. 마찬가지로 훈육을 할 때에도 지난 일을 훈육하는 것은 바람직하지 않고 훈육을 해야 하는 바로 그 상황에서 말해야 한다. 칭찬을 할 때에는 오로지 칭찬을 받는 좋은 행동과 그 행동을 한 아이에 대해서만 집중하고 그 자리에서 진심으로 칭찬해주도록 하자.

스스로 칭찬하기

"부모가 스스로를 칭찬하는 모습을 아이에게 보이는 것은 어떨까요?" 강사가 제안한다. 칭찬에 인색한 부모들의 특징 중 하나는 본인 스스로에게도 칭찬을 잘하지 못하고 엄격하다는 것이다. 이처럼 의외로 스스로에게 칭찬을 하지 못하는 어른이 많다. 아이들을 올바로 칭찬하기 위해서는 어른들도 스스로를 칭찬하는 방법을 터득해야 한다.

"오늘 하루 피곤했지만 잘 견뎠어."

"아까 화가 나는 상황이었지만 바로 화를 내지 않고 감정 조절을 하며 화를 다스린 것은 정말 잘한 일이야"

이와 같이 말하며 하루 한 번씩은 스스로에게 칭찬을 해주도록 하자. 가급적이면 아이가 보는 앞에서 아이도 들을 수 있도록 스스로에게 칭찬을 하는 모습을 보여줘보자. 그런 모습을 보며 자란 아이들 역시 힘든 일을 견뎌냈을 때 스스로에게 칭찬하는 법을 알게 될 것이고, 아빠 엄마도 힘든 상황이 있지만 잘 극복했다는 것을 함께 느끼게 될 것이다.

어느 날 현우가 혼자서 장난감 헬리콥터를 조립하고 있었다. 난이도가 높아보였는데도 혼자서 끙끙거리며 한참 장난감과 씨름을 하더니 기어코 앉은자리에서 다 조립을 했다. 중간에 혼자서 하기 어려운 부분 하나는 나에게 도움을 요청해서 도움을 받았지만, 그 이후로는 "도와줄까?" 하고 물어보아도 혼자서 해보겠다고 하더니 결국엔 완성했다. 어려운 것을 혼자서 만들었다는 것도 대견했지만 스스로 만든 작품을 보며 혼잣말을 하는 현우의 모습이 더욱 기억에 남는다. "난 내가 정말 자랑스러워. 혼자서 이 어려운 헬리콥터를 다 만들었으니!"

현우의 혼잣말을 듣고 나는 미소를 짓지 않을 수 없었다. 매일매일 내가 그렇게 말해준 것도 아니고 나도 어쩌다가 가끔 생각날 때에나 이렇게 칭찬을 했는데 어느새 현우는 스스로를 칭찬하는 법을 배우고 있었던 것이다. 아이가 무엇인가를 도전했을 때, 잘 안 된다고 해서 "왜 난 이것밖에 못하지?"라고 스스로 비하하지 않기를 바란다. 오히려 어떠한 상황에서도 "이 정도까지 했으니 정말 대견해"라고 스스로를 칭찬할 줄 아는 아이로 자라기를 바란다.

또 다른 방법으로는 아이에게 부모를 칭찬해달라고 요청하는 것이 있다. 엄마를, 아빠를 칭찬해달라고 하면 아이는 더욱 즐겁게, 부모가 생각지 못했던 것까지도 칭찬해줄 것이다. 그러면서 어른만 아이에게 칭찬을 하는 것이 아니라 누구든 잘한 일이 있으면 남녀노소를 불구하고 칭찬을 해주고 칭찬을 받을 수 있다는 것을 아이가 배운다.

칭찬 안경을 써보자

"이것을 받으세요."

갑자기 강사가 무엇인가를 선물로 준다고 한다. 손에 무언가를 쥐어 주는 모양새였는데 받아보니 막상 아무것도 없다. "제가 여러분께 드린 건 투명 안경입니다. 이 안경은 눈에 보이지 않지만 항상 끼고 다니세요. 왜냐하면 이 안경은 타인의 좋은 행동만 보게 하는 안경이거든요. 이제 집에 돌아가서도 이 안경을 썼다고 생각하고 아이의 좋은 점만 보려고 노력하세요. 좋은 점만 보고 칭찬을 수시로 해주고, 나를 화나게 하는 행동은 보지 않은 것처럼 행동하세요." 강사가 투명 안경을 나누어주는 흉내를 내자 모두들 한바탕 크게 웃었다. 모두가 반갑게 투명한 선물을 받아든다.

그 뒤로도 가끔 아이에게 매우 화가 날 때면, 나는 그날 받은 투명 안경을 마음속으로 슬쩍 찾아본다. 이 '칭찬 안경'은 아이뿐만 아니라 남편에게, 부모님에게, 친구에게, 직장 동료 등 내 주변의 사람 모두에게 적용된다. 투명한 칭찬 안경을 끼고 있을 때, 가장 혜택을 많이 받는 사람은 칭찬을 받는 타인이 아니라 바로 나 자신이다. 내가 다른 사람의 좋은 것만 보고, 긍정적인 것에 대해서만 표현을 하다 보면 내가 더 긍정적으로 변한다. 그 결과로 타인과의 관계가 더욱 좋아지기도 한다.

예전 직장에서 나를 매우 힘들게 하는 사람이 있었다. 그는 매우 빈틈없이 정확한 성격으로 유명했다. 상대적으로 나는 그렇지 못해 그 사람이 볼 때 내가 하는 일은 모두 실수투성이였다. 그리고 왜 항상 잘못된 부분은 그 사람이 먼저 발견하는지 늘 의아했다. 그는 나의 실수를 지적하고 고치라는 말을 자주 했다. 당연히 업무상 도움은 되었지만 이 상황이 몇 번 반복되니 마음이 힘들어지는 것은 어쩔 수가 없었다.

예전 같았으면 그 사람의 행동이 매우 불쾌했을 것이고 싫다고만 생각했을 것이다. 이때 갑자기 투명한 칭찬 안경이 떠올랐다. 나를 힘들게 하는 그의 모습을 그 안경을 쓰고 바라보았다. '까칠한' 성격이 아닌, '꼼꼼한' 성격이라고 생각하기로 했고, 그의 '꼼꼼함'을 배우는 것이 나에게도 도움이 되겠다고 생각했다. 그리고 더 나아가 그에게 이렇게 직접 말했다.

"정말 꼼꼼하시네요. 저도 그런 면을 배워야겠어요." 생각지도 못했던 나의 이런 반응에 그 사람도 놀랐는지 멋쩍어했다. 그다음부터는 나를 향한 태도가 조금은 부드러워졌고, 나도 스트레스를 덜 받게 된 것은 두말할 필요도 없다. 칭찬 안경은 요술 안경인가 보다.

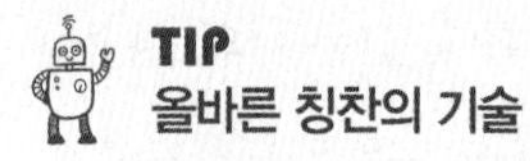

TIP
올바른 칭찬의 기술

≫ 아이의 긍정적인 행동을 발견하면 곧바로 칭찬한다.

≫ 더 잘할 때까지 칭찬을 아끼지 않는다. 조금이라도 발전한 모습이 있으면 그 자리에서 바로 구체적으로 칭찬해준다.

≫ 칭찬 때문에 아이가 버릇없어질 것이라는 우려는 하지 않는다.

≫ 까다로운 아이일수록 더 많이 칭찬을 한다.

≫ 아이 앞에서 부모가 부모 스스로를 칭찬하는 모습도 보여준다.

≫ 칭찬을 할 때에는 어떤 일로 인해 칭찬을 받는 것인지 구체적으로 말한다.
[예. 잘했어.(×) –〉 신발을 가지런히 놓다니, 정리를 참 잘하는구나.(○)]

≫ 상황과 행동에 맞는 칭찬을 한다.
[예. 잘했어.(×) –〉 엄마가 전화통화를 하는데 옆에서 조용히 잘 있어주었구나.(○)]

≫ 칭찬을 할 때에는 아이와 눈을 맞추고 기분 좋게 칭찬한다.

≫ 긍정적인 칭찬을 한다.

≫ 칭찬은 즉시 한다. 한참 전에 있었던 일을 나중에 칭찬하는 것은 효과가 떨어진다.

≫ 말뿐만 아니라 머리 쓰다듬기, 안아주기 등 행동으로도 칭찬을 표현한다.

≫ 일관성 있게 칭찬한다.

≫ 다른 사람들 앞에서도 아이가 칭찬을 받을 만한 일에 대해 구체적으로 이야기한다.

TO DO LIST
이번 주에는 이것을 하자!

≫ 아이에게 구체적으로 칭찬하고 표현하기.

≫ 잘못된 점을 강조하기보다는 좋은 모습을 강조하기.

≫ 거울을 보고 매일 스스로에게 세 가지 이상 구체적인 칭찬을 하기.

≫ 아이에게 부모의 행동도 칭찬해달라고 요청하기.

영국의 공교육 IV

본격적인 1학년 생활

현우가 1학년으로 입학하고 나서도 나는 영국 초등학교 1학년의 교과과정에 대한 큰 기대를 하지 않았다. 한국에 있었으면 아직 유치원에 다녔을 나이이므로 아무리 1학년이라고 해도 연령에 맞추어 수업을 한다고 하면 유치원 수업 수준 정도일 것으로 생각했다.

그런데 그렇지 않았다. 갑자기 영어 수업도 수준이 높아졌고 수학도 덧셈 뺄셈은 물론, 곱셈, 나누기, 분수, 여러 가지 도형을 배우는 등 꽤나 수준이 높았다. 한국의 1학년 교과과정보다 어려운 것 같았다. 게다가 리셉션 때에는 숙제라고 해봤자 1주일에 알파벳 하나 따라서 그리는 것뿐이었는데 1학년이 되고 나니 숙제도 만만치 않게 많아지기 시작했다. 숙제의 종류는 영어, 수학, 미술 등 과목별로 돌아가면서 빈칸 채우기나 문제풀이 등이 나오고 어떤 경우는 인터넷 사이트를 통해 숙제를 해야 하기도 했으며 주어진 레시피를 바탕으로 요리를 한 다음 사진을 찍어 제출하기도 했는데 갈수록 난도가 높아지기 시작했다.

그중 가장 기억에 남는 숙제는 우주와 우주인에 관한 숙제를 하는 것이었다. 팀 피크(Tim Peake)라는 영국 대표 우주인이 있는데 팀 피크를 비롯해 우주인이 하는 일에 대해서 조사를 한 뒤 포트폴리오를 만

들어오라는 것이었다. 인터넷으로 현우와 함께 팀 피크를 조사하며 자료를 찾고 출력해서 가위로 오려서 붙이고 그 밑에 현우가 알게 된 내용을 간략하게 글로 설명해서 제출을 했다. 한국에서 이 정도 난도라면 4학년쯤은 되어야 할 것 같았는데 만 5~6세 아이들에게 쉽지 않은 숙제를 내준다는 것이 놀라웠다.

그러나 이것은 나의 우려일 뿐이었다. 내가 생각했던 것보다 아이들은 숙제를 어려워하지 않았으며 더욱 열심히 자료를 조사하고 모두 훌륭히 숙제를 제출했다. 이런 식의 포트폴리오 숙제가 최소 한 학년에 1~2개는 있는데 어떤 학년은 영국의 빅토리아시대에 대해서, 또 어떤 학년은 두 번의 세계대전에 대해서 각자의 포트폴리오를 만들어가서 발표를 했다. 아이들에게 학습지를 풀게 하는 대신, 직접 자료를 조사하고, 그 내용을 바탕으로 포트폴리오를 만들고, 결과를 직접 발표하게 하는 이러한 교육방식을 이렇게 어릴 때부터 몸에 익히게 만드는 것이다. 학습지 한 페이지를 푸는 것보다 훨씬 더 효과적인 배움의 방식이 아닐까?

영국 아이들은 학교 수업과 과제 외에는 다른 공부를 별도로 하지 않는다. 과외 수업 같이 개인 교습을 받는 아이들도 더러 있기는 하지만, 대부분의 아이들은 학교 공부 외에는 교과목 관련 사교육을 받는 경우가 그리 많지 않다. 대신 영국 아이들이 방과 후 가장 많이 시간을 투자하는 것은 운동이다. 운동에 목숨을 건다고 해도 과언이 아닐 만

큼, 축구며, 농구, 테니스, 수영 등을 두루 즐긴다. 당시 현우와 현우 친구들의 방과 후 스케줄은 운동으로 꽉꽉 채워져 있었다. 영국 부모와 교사들은 앉아서 공부만 한다고 학습 능력이 좋아진다고 생각하지 않는다. 신체 활동을 늘이고 에너지를 발산해야 스트레스도 풀리고 신체적으로, 정신적으로 건강해지며 학업에도 집중할 수 있다고 생각한다. 쉬는 시간에도 모든 아이들이 반드시 학교 운동장과 놀이터에서 놀게 하며, 교실에 남아 있는 아이들이 없도록 교실 문을 잠그기도 한다. 비가 오나 눈이 오나 상관없다. 화장실만 겨우 다녀올 수 있는 시간밖에 주어지지 않는 한국의 학교의 쉬는 시간과는 사뭇 다른 풍경이다.

한국에 돌아오니 안타깝게 느껴지는 것이 몇 가지 있었다. 우선 동네마다 아이들이 놀 수 있는 공간이 충분하지 않다. 놀이터가 있어도 아이들이 많이 놀지 않는다. 모든 아이들이 다 학원을 다니는 것도 안타깝다. 영국에는 집 근처마다 공원과 놀이터가 있는데 그 공원은 항상 아이들로 북적거린다. 놀이기구가 있는 놀이터에서 놀기도 하고 넓은 공원에서 뛰어다니기도 한다. 한국에 돌아와보니 놀이터라고는 기껏해야 동네 아파트 놀이터 정도인데 놀이기구도 다양하지 않을 뿐더러 뛰어놀 만한 공간도 충분하지 않았다. 놀이터에 나와서 노는 아이들도 많지 않았다. 초등학교도 입학하기 전부터 학원을 기본적으로 2~3개씩은 다니는 것 같다.

무엇보다 내가 발견한 이상한 점이 하나 있다. 하루 종일 뛰어놀기만 하는 영국 아이들의 눈에서는 반짝반짝 빛이 난다. 그런데 한국의 아이들은 정말 열심히 공부를 하는 것 같기는 한데, 그 눈에서는 호기심 어린 눈빛을 찾아볼 수가 없었다. 이렇게 상반된 두 나라의 아이들을 보고 많이 안타까웠다. 한국에 있다 보면 나 역시 아이들에게 사교육을 안 시키리라는 보장은 없지만 가급적이면 시키고 싶지 않다. 그래서 아직까지는 방과 후 교실 외에는 사교육을 시키지 않는다. 나의 교만한 생각일지는 모르겠지만, 나는 아이들이 책상 앞에서 공부하는 데만 신경쓰느라 다른 많은 것들을 놓치게 하고 싶지는 않다.

7교시

동기부여와 보상하기

지난주 복습 사항

나는 아이의 특별한 행동을 칭찬하기보다 일상적인 습관을 칭찬하는 연습을 먼저 하기로 했다. 아이가 문제를 일으키지 않을 때에는 그것을 매우 당연한 것으로 생각하고 칭찬을 거의 하지 않았던 반면 조금이라도 거슬리는 행동을 할 때는 크게 잘못한 일이 아니어도 그 이상으로 나무랄 때가 많았던 내 자신을 돌아보았다. 수업에서 받은 '투명한 칭찬 안경'을 일주일 동안 사용해보기로 마음 먹었다.

"엄마가 바쁘게 일할 때 엄마를 방해하지 않고 혼자서도 잘 놀아줘서 정말 고마워."

"형을 데리러 갈 시간에 맞춰 재우가 준비를 금세 마쳤네! 오늘은 재우 덕분에 더 빨리 갈 수 있겠는걸."

"자동차는 자동차끼리, 블록은 블록끼리 정리를 아주 잘했구나!"

"오늘은 밥을 혼자서 두 숟가락이나 먹었네! 내일은 세 숟가락 먹자!"

"주방 놀이를 하면서 엄마 줄 사과를 잘랐구나. 재우가 잘라준 사과를 먹으니 더 맛있는 것 같아. 고마워!"
이처럼 일상생활 속에서 칭찬하는 표현을 더 자주 쓰려고 노력했다. 나 역시 이런 표현이 익숙하지 않은 터라 그냥 지나칠 때도 많았지만 최대한 의식적으로 사용하려고 했고, 구체적으로 칭찬을 하면 재우는 기분이 좋은지 긍정적인 대답을 해왔다.
칭찬하는 시간이 늘어나자 아이의 기분을 좋게 만드는 것 외에도 내게 도움이 되었던 것이 또 한 가지 있다. 이전까지는 아이가 말을 잘 못한다는 이유로 나도 아이에게 간단한 내용 외에는 무엇인가를 길게 이야기한 적이 별로 없었다. 하지만 구체적으로 칭찬을 하기 시작하자 아이와 눈을 보고 대화하는 시간이 길어졌다. 전에는 주로 아이를 씻기고 먹이고 입히고 재우는 것만으로도 분주해 기본적인 욕구만 겨우겨우 채워주면 되는 줄 알았다. 게다가 큰아이가 돌아오기 전까지 집안일을 모두 끝내 놓으려면 재우를 상대할 시간이 없다고 생각했다. 그래서 부끄러운 이야기지만 재우와 대화다운 대화를 나눈 적은 많지 않았다. 이전까지 재우에게 한 말이라고는 대부분 "옷 입자" "밥 먹어" "형아 데리러 가자" "지금 자야 할 시간이야" 등과 같은 지시문이 80퍼센트 이상을 차지했던 것 같다. 그렇지만 이제는 나도 재우와 대화를 하기 시작했다. 재우는 엄마가 옆에서 말을 걸어주자 더욱 재잘거린다. 그동안 아이는 얼마나 대화 상대가 필요했을까.

선생님 코멘트

"칭찬은 특별한 행동에 대해서만 하는 것이 아니에요. 일상생활에서 일어난 작은 일에도 칭찬을 해주세요. 그렇지만 무조건적인 칭찬 대신 칭찬을 받을 만한 행동에 대해서 구체적으로 설명하며 칭찬해야 한다는 것을 꼭 기억하세요."

칭찬 스티커가 효과 만점인 이유

한국 부모들과 마찬가지로 영국 부모들도 칭찬 스티커를 사용하는 경우가 많다. 영국에서도 가정에서뿐만 아니라 학교에서도 아낌없이 칭찬 스티커를 나누어준다. 큰아이 현우도 일주일에 두세 번 정도 학교에서 칭찬 스티커를 받아왔다. 초기에는 "처음으로 학교에서 울지 않은 날" "혼자서 밥을 다 먹은 날" "집중해서 잘 앉아 있던 날"을 받아왔다. 부모인 내가 보기에는 별것 아닌 이유로도 칭찬 스티커를 받아온다.

다만 한국처럼 교실 뒤쪽의 칭찬 스티커 판에 아이의 스티커를 붙여놓거나 누가 많이 모으는지 비교하지 않는다. 대신 선생님들은 스티커를 아이의 교복에 붙여준다. 그러면 그 "별것 아닌 것 같은 것"으로도 아이는 하루 종일 신나서 싱글벙글 웃으며 옷에서 스티커를 떼지도 못하게 한다. 조금 더 시간이 지나니 발표를 잘해서, 책을 잘 읽어서, 그림을 잘 그려서, 글씨를 잘 써서 등 조금 더 학습적인 이유로 칭찬 스티커를 받아왔다. 선생님들은 생활 습관, 학습 태도 등에서 조금이라도 모범적인 모습을 보이면 누구에게나 스티커를 주었다. 매일 받는 스티커지만 아이들은 받을 때마다 의기양양해져 하교 길에 엄마나 아빠에게 스티커를 자랑한다.

칭찬 스티커 사용에 대한 반대 의견도 분분하다. 어떤 경우는 아이들이 칭찬 스티커를 받는 것을 목적으로 행동하는 것을 우려하기도 한다. 사실 나는 칭찬 스티커 사용에 있어서 부정적인 견해를 가지고 있었다. 본질을 벗어나 오로지 칭찬 스티커를 받기 위한 집착으로 눈치껏 행동하는 아이를 만들고 싶지 않다는 생각에 칭찬 스티커는 가급적 사용하지 않으려고 마음을 먹었다. 그러나 이 부모 교육을 듣고 나서 생각이 조금 바뀌었다.

수업 시간에 강사가 물었다. "아이에게 칭찬 스티커를 주는 이유는 무엇일까요?" 두말할 필요 없이 말 잘 듣는 착한 아이를 만들기 위해서다. 그렇다면 칭찬 스티커를 언제 주는 게 좋을까? 보통은 정리를 잘할 때, 밥을 잘 먹을 때, 심부름을 할 때 등 부모의 말을 잘 들으면 주는 것이 대부분이다.

그러나 이렇게 모든 조건마다 칭찬 스티커를 주는 것이야말로 내가 우려하던 것처럼 칭찬 스티커를 얻기 위해서만 아이가 움직이게 될 수도 있다. 그리고 이렇게 포괄적인 방법으로 칭찬 스티커를 준다면 아이도 곧 지치고 칭찬 스티커의 효력은 초기에만 반짝하다가 그 존재는 곧 잊힌다.

칭찬 스티커를 남발하지 않으면서도 칭찬 스티커가 아이를 다루는데 긍정적인 역할을 하게 하려면 어떻게 하는 것이 좋을까? 칭찬 스티커 판을 벽에 붙여놓고 다 붙이는 것을 목표로 하는 것보다는 구체적인 목표와 기간, 보상 내용 등을 아이와 직접 이야기하며 만들어보는 것은 어떨까? 다음을 참고해서 아이와 함께 칭찬 스티커 판을 만들어 보자.

1단계. 목표 설정하기

한 가지 주제를 정해서 그것에 대해서만 칭찬 스티커를 준다. 이때 칭찬 스티커를 몇 개 모을 것인지 목표를 정하는 것도 좋다.

2단계. 기간 설정하기

일정 기간 목표 시기를 정한다. 어린아이일수록 기간은 짧게 잡는 것이 좋다.(2~3일 또는 일주일 이내) 그래야 아이가 지치지 않고 효율적으로 동기부여를 받을 수 있다.

3단계. 칭찬 스티커 표 만들기

칭찬 스티커를 모을 때, 정해진 틀(예. 칭찬 스티커 표, 포도송이 그림 등)을 사용하는 것보다 칭찬 스티커를 모을 그림을 아이와 직접 그리면서 세부 목표에 대해서 이야기하면, 아이는 스스로 그림을 그렸기에 애착을 보이게 된다. 함께 만들 수 없다면 몇 가지 샘플 중에서 아이가 하나를 선택하도록 하는 것도 좋다.

4단계. 목표 달성 후 받을 보상 정하기

목표를 달성하면 받을 수 있는 보상에 대해 초기부터 아이와 함께 상의하여 결정하자. 그리고 목표를 달성했을 때 그 보상을 충분히 준다. 보상은 물질적인 것보다는 함께 시간을 보내는 것으로 유도한다.

(장난감을 사주는 대신 함께 자전거 타러 가기, 또는 함께 뮤지컬 관람하기 등)

5단계. 다음 단계로 넘어가기

하나의 목표가 완성되면 다음 목표를 설정한다. 한 번에 여러 가지 목표를 동시에 설정하면 오히려 아이에게 스트레스가 되거나 아이를 지치게 할 수도 있으므로 한 번에 하나씩 목표를 달성하는 연습을 해보자.

예를 들면, 첫 번째 3일간은 식사 시간에 혼자서 밥 먹는 것을 목표로 세운다. 아이와 상의해 칭찬 스티커를 모을 바탕 그림을 그리는데, 목표가 혼자서 밥을 먹는 것이므로 밥그릇과 같이 식사와 관련된 그림으로 그려보도록 한다. 칭찬 스티커를 매끼마다 모은다고 할 때, 3일이면 9개까지 모을 수 있다. 9개의 칭찬 스티커를 모으면 무엇을 할지 아이와 미리 결정한다. 가급적이면 물질적인 것보다는 아이와 함께 시간을 보내는 것으로 보상하는 것이 좋다. 예를 들어 함께 요리하기, 놀이터에서 함께 놀기 등으로 정해본다.

매 식사 시간마다 스스로 밥을 먹는 모습을 볼 때마다 진심을 담아 구체적으로 칭찬하고 곧바로 칭찬 스티커를 준다. 몇 시간 뒤나 다음 날 주는 것은 의미가 없다. 목표한 행동을 보인 그 순간 바로 주는 것이 중요하다. 이렇게 3일 정도 지나면 아이도 이 행동을 일상으로 여긴다. 필요에 따라 목표했던 것을 몇 차례 더 시도하거나 어느 정도 목표를 달성했다고 생각되면 자기 전에 스스로 양치질하기 등과 같은 다른 세부적인 목표로 넘어간다. 각 가정마다 부모가 원하는 아이의 행동의 긍정적인 변화는 다르겠지만 아래의 경우가 목표의 예시가 될 수 있다.

▶ 혼자서 옷 갈아입기.

▶ 식사 시간에 제자리에 앉아 스스로 밥 먹기.

- ▶ 식사 후 빈 그릇은 설거지통에 갖다놓기.
- ▶ 밤에 이불에 오줌 싸지 않기.
- ▶ 정해진 시간에 잠들기.
- ▶ 부모님이 심부름을 시키면 곧바로 하기.
- ▶ 30분 동안 동생 놀리지 않기.
- ▶ 형제자매에게 하루 한 번씩 양보하기.
- ▶ 혼자서 숙제하기.
- ▶ 혼자서 하루에 책 1권 읽기.
- ▶ 텔레비전 시청 후 정해진 시간에 텔레비전 끄기.
- ▶ 벗은 옷은 빨래 바구니에 넣어두기.
- ▶ 나쁜 말 사용하지 않기.
- ▶ 외출 후 돌아오면 바로 손 씻기.
- ▶ 식사 후 바로 양치질하기.
- ▶ 장난감을 가지고 논 후 제자리에 정리하기.
- ▶ 마트에서 뛰어다니지 않고 얌전히 따라다니기.
- ▶ 요구사항이 있을 때 징징대지 않고 구체적으로 말하기.

이러한 예시를 보여주는 이유는 칭찬 스티커를 사용할 때 목표가 거창하지 않아도 된다는 것을 알려주기 위해서다. 목표 설정을 하라고 하면 어른들은 흔히 설거지하는 부모님을 돕는 것과 같이 어려운 과제를 생각할 수 있다. 혹은 '부모님 말씀 잘 듣기', '동생과 싸우지 않기', '밥 잘 먹기' 등과 같이 명확하지 않은 주제를 설정할 수도 있다.

위의 예시는 수행하기 어려운 과제도 아니고 일상 속에서 약간의 노력만으로도 변화를 가져오는 행동들이다. 그리고 행동들이 매우 구체적으로 설명되어 있다. '동생과 싸우지 않기'라고 정하면 이것은 불가능한 목표다. 그렇지만 위의 예시에서는 '30분 동안 동생 놀리지 않기' 또는 '형제자매에게 하루 한 번씩 양보하기'와 같이 구체적인 시간과 행동에 대한 개념을 명시했다. '30분 동안'이라고 시간을 정해놓으면 아이가 스티커를 받을 수 있는 확률이 높아진다.

마찬가지로 '마트에서 말 잘 듣기'와 같이 포괄적인 행동보다는 '마트에서 뛰어다니지 않고 카트 옆에서 얌전히 따라다니기'라고 구체적으로 명시했다. '마트에서 말 잘 듣기'는 범위도 광범위하거니와 '말 잘 듣기'가 부모 입장과 자녀 입장에서 다를 수도 있다. 부모 입장에서는 '말 잘 듣기'가 '물건 사달라고 떼쓰지 않기'일 수도 있지만 자녀는 '말 잘 듣기'가 '엄마 옆에 잘 붙어 있기'일 수도 있다. 이 경우 서로 합의가 되지 않았기 때문에 마트에 다녀온 후 아이는 멀리 가지 않고 계속 엄마 옆에 있었으므로 말을 잘 들었다고 생각할 수도 있지만 엄마는 아이가 장난감을 사달라고 떼썼기 때문에 말을 안 들었다고 생각할 수 있다. 이처럼 의견이 달라 아이는 스티커를 원하고 엄마는 스티커를 줄 수 없다고 하는 상황이 발생할 수도 있다. 목표를 '마트에서 뛰지 않기' 또는 '마트에서 장난감 사달라고 떼쓰지 않기'와 같이 구체적으로 목표를 명시하면 아이도 정확하게 이해를 할 수 있고 스티커를 받을 수 있는 확률이 높아진다.

목표를 설정할 때 자녀와 미리 충분히 상의하고 구체적인 행동지침을 미리 합의하는 것이 바람직하다. 여기에서 유의해야 할 점은 칭찬 스티커는 아이의 행동을 긍정적으로 유도하기 위한 과정에서 하나의 도구로 사용되는 것이지, 칭찬 스티커가 목표가 되어서는 절대로 안 된다는 것이다.

그러고 보니 학교에서 현우가 스티커를 받을 때에도 한꺼번에 여러 가지를 잘했다거나 좋은 행동을 보일 때마다 수시로 받는 것이 아니었다. 한 번에 한 가지씩, 선생님과 정한 목표를 아이가 달성할 때마다 스티커를 받았다. 그리고 스티커를 줄 때 담임 선생님은 왜 스티커를 받는지 내용을 구체적으로 전달해주었다. 그러면 스티커를 받은 현우는 집에 와서 나에게 그날 왜 스티커를 받았는지 정확히 기억하고 알려주었다.

많은 부모들은 아이가 무엇인가 잘하거나 부모를 기쁘게 했을 때 보상으로 장난감과 같은 물질적인 것을 우선적으로 생각한다. 그렇지만 가급적이면 물질적인 보상은 지양하는 것이 좋다. 아주 어린 아기에게는 물질적인 보상이 큰 의미가 없으며 네다섯 살 이상의 아이들은 물질적인 보상을 받으면 좋아하기는 하지만 금세 잊기 일쑤이다. 그리고 이것이 습관이 되면 아이가 커갈수록 물질적인 보상도 상대적으로 높아진다.

장난감이나 간식 대신 비물질적 보상을 생각해보자. 아이가 원하는 것이 무엇인지 물어보는 것도 좋은 방법이다. 보상은 약속한 대로 목표에 대한 정당한 보상을 받는 것이므로 항상 목표를 달성한 뒤에 주도록 한다. 보상을 먼저 주고 행동을 기대한다면 그것은 보상이 아닌, '뇌물'이 된다. 비물질적인 보상의 예시로는 아래와 같은 것들이 있다.

- 아이와 함께 수영장 가기.
- 친구를 집에 초대해서 같이 놀기.
- 먹고 싶은 간식을 스스로 정하기.
- 함께 요리하기.
- 아빠 엄마가 책 5권 더 읽어주기.
- 텔레비전 30분 더 보기.

칭찬 스티커를 적절하게 사용하자

아래 칭찬 스티커 예시가 몇 가지 있다. 어느 것이 가장 효과적인 칭찬 스티커 표일까?

1번 스티커 표

5
2017

월	화	수	목	금	토	일
1	2	3	4	5	6	7
8	9	10	11	12	13	14
15	16	17	18	19	20	21
22	23	24	25	26	27	28
29	30	31	1	2	3	4

칭찬 스티커

앞의 표는 월 단위로 작성되는 스티커 표이다. 그렇지만 아이가 언제 칭찬 스티커를 받을 수 있는지 구체적으로 나와 있지 않다. 칭찬 스티커는 밥을 다 먹었을 때, 양치질을 했을 때, 장난감을 정리했을 때 등 약속을 지킬 때 받을 수 있어야 한다. 이 스티커 표에는 목표 달성 후 따르는 보상에 대한 언급이 없다. 이럴 경우 부모의 기분에 따라 아이가 칭찬 스티커를 받을 수도 있고 못 받을 수도 있다. 그리고 어린아이일수록 한 달이라는 단위는 매우 길게 느껴진다. 처음 시작할 때는 3일, 5일, 7일, 10일 정도의 기간을 잡아보자. 짧은 기간에서 시작해 조금씩 목표 기간을 늘이는 것도 좋다.

2번 스티커 표

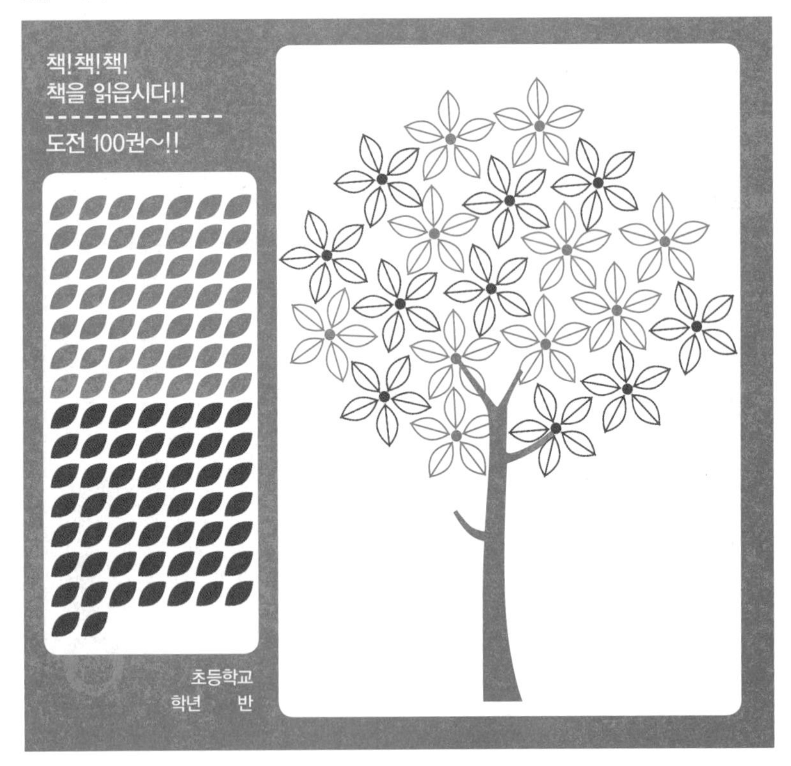

'책 읽기'라는 매우 구체적인 하나의 목표가 정해져 있다. 그러나 100권이라는 책을 읽어야만 하나의 스티커 판이 완성된다. 초등학교 고학년에게는 동기부여가 되겠으나 미취학 어린아이에게는 100권의 목표는 까마득한 이야기처럼 보일 수도 있다. 어린아이일수록 목표 기간을 짧게 만들어주는 것이 효과도 좋고 아이들이 성취감도 느낄 수 있다. 목표 기간이 길어질수록 아이는 목표 내용을 잊어버리거나 도중에 지쳐 포기하게 된다.

3번 스티커 표

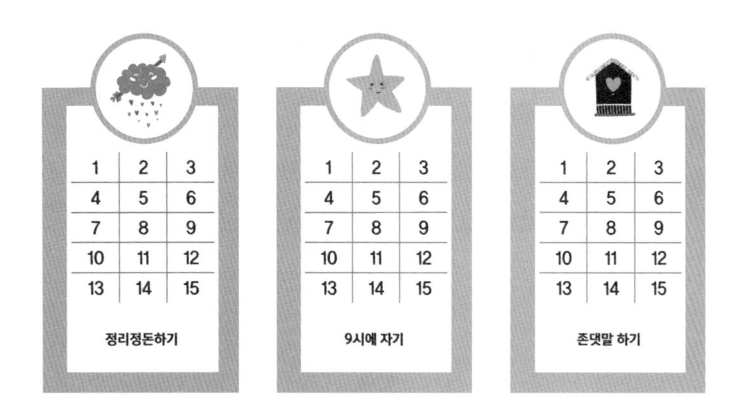

세 가지 각각 다른 목표가 있고 각각의 목표별로 스티커를 모을 수 있다. 기간도 15일 이내로 비교적 짧지만 연령이 낮은 아이일수록 목표 기간을 조금 더 짧게 잡는 것이 좋다. 목표를 달성하기도 쉽고 아이도 성취감을 더 많이 느낀다. 목표를 구체적으로 세 가지 정한 것은 매우 도움이 되지만 5세 미만의 경우는 목표를 한 번에 하나씩 설정하는 것이 더욱 수월하다. 마지막으로 스티커를 다 모은 후 어떤 보상을 받게 될지에 대한 구체적인 내용이 없는 것은 좀 아쉽다.

4번 스티커 표

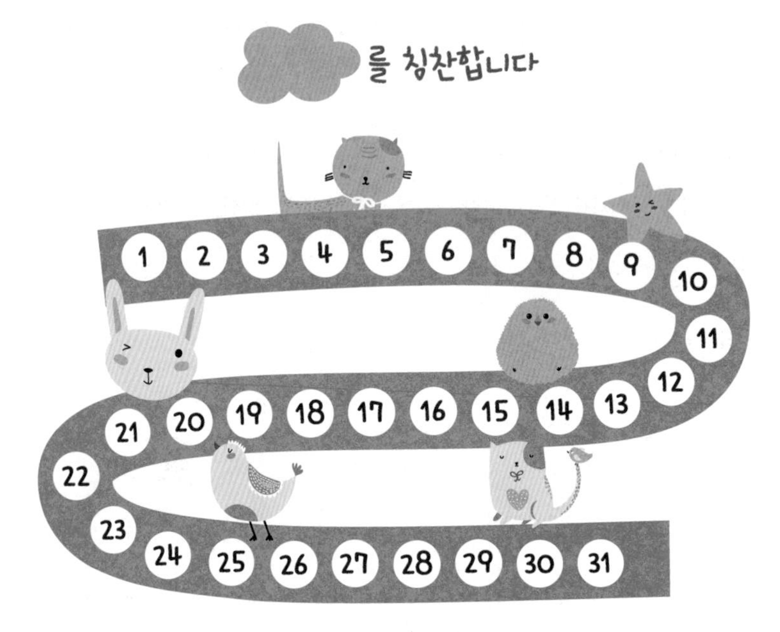

목표 달성 후 보상에 대한 내용은 구체적으로 적혀 있지만 어떤 경우에 스티커를 받을 수 있는지 구체적으로 적혀 있지 않아 아쉽다. 첫 번째 스티커 표와 마찬가지로 30일, 즉 1개월을 기준으로 하고 있어서 아이들이 목표를 달성하는 데까지 시간이 걸린다.

5번 스티커 표

명확한 목표가 있긴 하지만 다섯 가지나 된다. 보상을 받기 위해서 총 50개의 스티커를 모아야 하므로 언제 목표를 달성할 수 있을지 모른다. 또한 보상에 대한 언급도 없다. 이 스티커 표를 이용하려면 초등학생 이상이 조금 더 적합하다.

6번 스티커 표

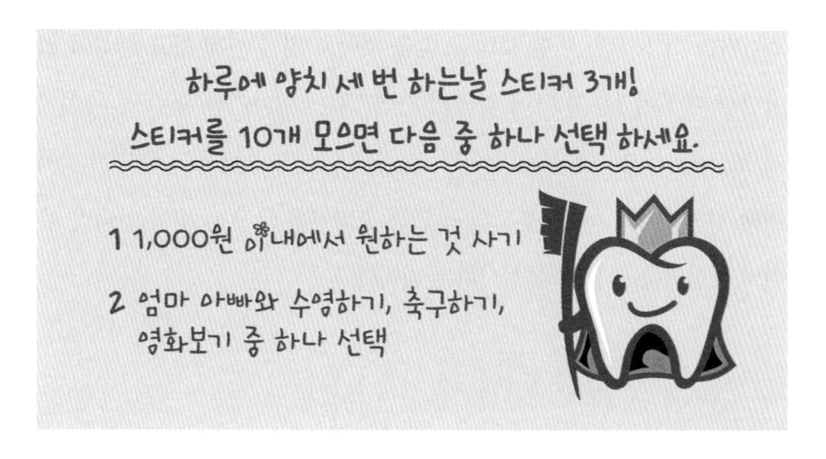

어떤 경우에 스티커를 받는지 매우 구체적으로 나와 있고 보상에 대해서도 구체적으로 정해놓았다. 보상을 둘 중 하나로 결정하게 해 아이가 선택을 하도록 유도한 점도 좋아 보인다. 다른 스티커 표처럼 스티커를 붙이는 공간이 따로 표기되어 있지 않다. 아이가 붙이고 싶은 곳이면 어디든 붙일 수 있기 때문에 아이는 스티커를 붙일 때마다 자신이 스티커를 어디에 붙일지 스스로 결정할 수 있다. 이와 같은 스티커 표를 이용할 때, 아이와 함께 이야기하며 주제에 맞는 그림으로 스티커 표를 만드는 것도 좋은 방법이다.

앞에 제시한 스티커 표들을 참고해 아이와 함께 우리 아이만을 위한 칭찬 스티커 표를 만들어보자. 스티커를 받을 수 있는 경우와 목표치만큼 스티커를 다 모았을 경우 받게 될 보상을 꼼꼼하게 정해야 아이도 중간에 흔들리지 않고 끝까지 약속을 지켜낼 수 있다. 스티커는 아이 스스로 붙이도록 하고 스티커 표는 많은 사람들이 잘 볼 수 있는 곳에 붙여놓는 것이 좋다. 수시로 지나다니면서 볼 수 있어 모든 가족이 기억하기 쉽다. 집에 손님이 온다면 요즘 이런 목표로 스티커를 모으고 있는데 스티커를 다 모으면 어떤 보상을 받을 것이고 지금 현재 목표 달성이 얼마만큼 이루어졌는지 아이 앞에서 자연스럽게 이야기를 해주자. 아이에게 조금 더 동기부여가 될 것이다. 그리고 아이가 노력하고 있다는 것에 대해 칭찬하도록 하자. 부모의 목표는 스티커를 모으는 것이 아니라 아이의 바람직한 행동을 향상시키는 것이다.

TIP
행동에 대해 칭찬하고 보상할 때 지켜야 할 것들

- ≫ 칭찬받을 만한 행동 또는 개선해야 할 행동을 매우 구체적으로 정한다.
- ≫ 목표 설정을 너무 크게 하지 않고, 실천할 가능성이 높은 것으로 한다.
- ≫ 목표는 쉬운 것으로 시작해서 조금씩 어려운 것으로 단계를 높인다.
- ≫ 한 번에 여러 가지 목표를 세우기보다는 일정 기간 동안 1~2개의 목표를 설정해 그것에만 집중한다.
- ≫ 긍정적인 변화에만 긍정적으로 반응한다.
- ≫ 어떤 경우에도 비난은 하지 않는다.
- ≫ 보상은 비싸지 않은 것 또는 함께하는 활동으로 미리 정한다.
- ≫ 어떤 보상을 받을지에 대해서도 구체적으로 결정한다.
- ≫ 어떤 보상을 받을지는 아이가 직접 선택하도록 한다.
- ≫ 부모는 아이가 선택을 할 수 있도록 몇 가지 예시를 준다.
- ≫ 바람직한 행동 또는 목표한 행동을 했을 때에만 보상을 준다.
- ≫ 목표를 이루기 전에 먼저 보상하지 않는다.
- ≫ 아이가 이 목표를 달성할 수 있다고 믿고 있음을 수시로 알린다.
- ≫ 보상과 체벌을 동시에 하지 않는다.
- ≫ 주어진 목표를 잘 수행하고 있는지 수시로 확인한다.

≫ 칭찬 스티커 표를 아이와 함께 만들자.

≫ 스스로 매일 구체적으로 칭찬하는 연습을 해보자.

≫ 다른 가족 구성원에 대해서도 하루에 하나씩 구체적으로 칭찬하자.

≫ 칭찬 스티커의 목표와 목표 달성 시 받을 보상에 대해 아래의 표를 참조하여 이야기해보자.

1. 목표 설정하기
2. 기간 설정하기
3. 칭찬 스티커 표 만들기
4. 목표 달성 후 받을 보상 정하기

영국의 공교육 V

영국 학교에 없는 것

영국 학교에는 세 가지가 없다. 학비, 교과서, 책상.

우선 영국 국공립학교는 초등학교부터 고등학교까지 학비가 전액 무료다. 급식비, 소풍비, 교복비 등 소소하게 들어가는 비용은 있지만 학비가 무상으로 지원된다는 것은 영국의 학부모들에게 상당한 도움이 된다. 아이들은 고등학교까지 차별 없이 교육을 받을 수 있다. 게다가 영국의 교육 및 교과과정은 상당히 우수하다.

그런 영국의 학교에서도 일주일에 한 번씩 납부하는 금액이 있는데 이것 역시 기부금 형태로 강제성을 띠는 것은 아니다. 금액이 정해진 것도 아니지만 암암리에 1파운드(약 1,500원) 정도로 합의되어 있다. 다름 아닌 수업 시간에 아이들이 사용하는 재료비 또는 간식비이다. 원하는 부모들만 교실의 기부금 함에 넣도록 되어 있다. 보통 1년에 35주 정도 공부를 하는데 이렇게 좋은 교육을 연 35파운드, 즉 10만 원도 안 되는 비용으로 누릴 수 있다. 영국의 학생들은 참 복 받았다는 생각도 든다. 물론 일부 부유층에서는 아이를 고급 사립학교나 기숙학교에 보내기도 하지만, 반드시 사립학교가 아니더라도 무상으로 제공되는 공교육만으로도 대부분의 아이들이 양질의 교육을 받을 수 있다.

영국의 학교에는 교과서가 별도로 없다. 대신 학년별로 다루어야 할 교사용 기본적인 지침은 있지만 해당 주제 및 해당 교과목을 어떻게 가르칠 것인지는 철저하게 교사와 학교의 선택에 달려 있다. 알파벳을

배울 때, 어떤 학교에서는 신개념 파닉스를 채택하기도 하고 어떤 학교에서는 전통적인 알파벳으로 배우는 방법을 선택하기도 한다. 어떤 것이 더 우수하다고 할 수 없다. 단지 접근법이 다를 뿐이다. 그렇지만 해당 학년에서 다루고 배워야 할 것은 철저하게 진행되며, 아이들의 학습 능력을 평가하기 위해 1학년부터는 학년 말에 전국적으로 시험을 보기도 한다. 또한 같은 학교라도 매 학년 같은 교과과정으로 가르치는 것이 아니다. 예를 들어, 큰아이가 다니던 학교에서 현우가 리셉션에 있을 때의 여름 학기에는 '숲'을 주제로 배웠지만 이듬해 리셉션의 여름 학기의 주제는 '우주'였다.

한국에서도 《옥스퍼드 리딩트리》와 같은 유명한 책들이 영어 교재로 많이 쓰이고 있는데, 많은 부모들이 이 책이 영국의 교과서라고 생각을 하고 있다. 물론 이 책들이 학교에서 자주 다루어지기는 하지만 모든 학교가 이 책을 교재로 채택하는 것은 아니다. 커다란 하나의 틀이 있지만 그 안에서 다루어지는 내용은 자율적이다. 그래서 영국의 학교에는 공통 교과서가 없다.

영국의 학교에는 책상이 없는 곳도 많다. 학년이 올라갈수록 책상에 앉아서 공부하는 분위기를 만들기도 하지만 책상이 있다고 해서 한국처럼 줄 맞추어 나란히 책상이 배열되어 있는 경우는 많지 않다. 조별 활동으로 수업이 진행되는 경우가 많아서 책상도 그룹 활동을 하기에 알맞게 배열되어 있다.

학년이 어릴수록 교실에는 책상이 없다. 특히 보육원이나 리셉션과 같이 어린 나이일수록 책상에서 하는 활동보다는 자유롭게 교실 이곳 저곳을 돌아다니며 탐색하고 공부하는 분위기이다. 그리고 등교 후 및 하교 전에 한국 학교의 조회 시간같이 앉아서 선생님 말씀을 듣는 시간이 있는데 그 시간에도 정해진 책상의 자리에 앉기보다 바닥에 둥그렇게 원으로 앉아서 자유로운 분위기 속에서 선생님 말씀을 듣는다. 바닥에 앉는다고 하여 이름도 '카펫타임(Carpet Time)'이다.

반면 영국에서는 모든 학생들이 빠짐없이 구비해야 하는 것도 있다. 바로 교복이다. 교복은 보육원의 아주 어린 아이부터 고등학생까지 학교를 다니는 학생이라면 모두 입어야 한다. 처음 교복을 구입할 때 목돈이 들기는 하지만 그렇다고 터무니없이 비싸진 않다. 티셔츠나 바지 등은 한 벌에 3파운드(약 5,000원)에서 10파운드(약 1만 5,000원) 정도다. 유명 브랜드 옷 한두 벌 살 금액으로 교복을 구입할 수 있다. 교복을 전문적으로 판매하는 곳도 있지만 동네 대형 슈퍼마켓이나 온라인 쇼핑몰에서 저렴하게 구입할 수 있는 것은 꽤나 합리적이라는 생각이 들었다.

학생들에게 교복을 입히는 취지는 아이들에게는 차별을 주지 않고 부모들에게는 경제적 부담을 줄이기 위한 목적인데 교복이 비싸서 사 입힐 수가 없다면 취지에 걸맞지 않는다. 그리고 교복은 보이기 위함이 아니라 실용성 때문에 입히는 것이기 때문에 와이셔츠나 정장이 아

니라 입고 뛰어 놀기 편한 티셔츠, 스웨터, 점퍼 등으로 구성되어 있다. 양말이나 신발도 주로 회색 또는 검정색을 신게 되어 있다.

영국에 살다 보니 어린아이들부터 큰 아이들까지 교복을 입고 다니는 모습에 매우 익숙해졌고, 그 모습이 하나같이 참으로 예쁘다는 생각이 들었다. 그러다가 유럽의 다른 나라에 여행을 가서 교복을 안 입고 돌아다니는 아이들을 보면 문득문득 놀란다. 왜 저 아이는 교복을 안 입고 다니지? 라는 생각이 나도 모르게 드는 것이다. 한 번은 이탈리아 티볼리에 여행을 갔는데 당시 이탈리아 다른 지역의 학생들도 단체로 수학여행을 와 있었다. 그런데 교복은 물론 없거니와, 십 대 아이들이 모두 어찌나 멋을 부렸던지. 비교적 수수해 보이는 또래의 영국 학생들에 비해 이탈리아의 학생들은 너무나도 자유분방하게만 보였다. 나도 그 나이 때에는 교복을 입기 싫어하고 교복이 없는 학교에 다니려 했으며 한껏 멋을 부리고 다니고 싶어했는데 교복 입은 아이들이 예뻐 보이는 것을 보면 나도 어느덧 기성세대이자 부모가 되고 있는 모양이다.

규칙적인 생활을 바탕으로 책임감 키워주기

지난주 복습 사항

나와 함께 교육을 받는 엄마 중 한 명인 나타샤의 경우는 우리 집과 상황이 비슷했다. 우리는 아이들의 목표를 '잠자리 들기 전 스스로 정리하기'로 정했다. 둘 다 어린아이들이 있는 집이라 집은 항상 폭탄 맞은 것 같은 상태였기 때문이다.

나타샤와 나는 아이들마다 각각 따로 스티커 표를 만들어서 거실 벽에 붙여놓았다. 나는 정리할 때 부르는 노래를 하나 정하고 그 노래가 끝날 때까지 장난감을 깨끗하게 치우면 스티커를 주기로 약속했다. 노래가 끝난 뒤 정리가 다 되어 있으면 아이들이 직접 본인의 스티커 표에 스티커를 붙이도록 했다. 아이들은 게임처럼 정리를 했으며 어떤 날은 스티커를 붙이고 싶다며 먼저 정리를 하기도 했다.

그러나 사실 정리를 할 때면 항상 큰아이 현우만 열심히 정리하고 재우는 뺀질거리며 "힘들어"라며 정리를 하지 않는 모습에 화가 난 적이 한두 번이 아니었다. 그렇지만 교육을 받은 이후 두 아이 모두에게 각각의 칭찬 스티커 표를 만들어 매일 잠자리에 들기 전에 정리를 한 사람만 스티커를 붙일 수 있도록 하겠다고 했다. 이게 얼마나 효능이 있을지 반신반의했는데 정말 아무것도 아닌 것 같은 스티커 때문에 재우가 변하기 시작했다. 때로는 형이 받은 스티커를 본인도 갖겠다고 떼를 쓰기도 했지만, 치우지 않고 뺀질거리던 모습이 줄어든 것만으로도 큰 변화였다.

나타샤도 마찬가지였다. 테오의 언어 발달이 다른 아이에 비해 느린 만큼, 엄마 아빠가 더 많은 것을 허용했다. 반면 누나인 제시는 아무 문제가 없다는 이유로 항상 기대치가 높았다. 나타샤도 두 아이 모두에게 각각 칭찬 스티커 표를 만들어주고 정리를 끝낸 아이에게만 스티커를 주기로 했다. 그러자 언어 발달이 느리다는 이유로 부모의 기대치가 낮았던 테오도 스티커를 받기 위해서 나름 열심히 정리하는 모습을 보여주기 시작했다.

선생님 코멘트

"아이들은 칭찬 스티커를 받는다는 것만으로도 충분히 동기부여가 된답니다. 그렇지만 칭찬 스티커를 받는 것이 목적이 되지 않게 주의하세요. 칭찬 스티커는 아이의 행동을 긍정적으로 변화시키는 수단일 뿐이지, 칭찬 스티커가 궁극적인 목적이 되어서는 안 됩니다."

오늘 나는 아이에게 어떤 말을 했는가

"밥 먹어!"

"얼른 장난감 정리해!"

"일찍 일어나자. 좀!"

"얼른 들어가 자!"

"벗은 옷은 빨래 바구니에 넣고 들어가야지!"

"당장 텔레비전 꺼!"

아이에게 이런 말을 안 해본 부모가 과연 있을까. 아이에게 이런 말을 하지 않고도 아이가 스스로 알아서 행동한다면 얼마나 좋을까? 그러나 대부분의 경우 부모들은 지시하자마자 아이가 부모의 말을 곧바로 듣기를 원한다. 아이들은 처음 말귀를 알아듣기 시작할 때는 부모의 말을 잘 듣고 부모가 원하는 행동을 하며 부모를 기쁘게 만들려 노력한다. 그러나 아이들은 커갈수록 여러 번 이야기를 해야 움직이기 시작하는 경향이 생긴다. 그러다 어느새 부모의 지시는 잔소리로 바뀌고 아이들은 점점 더 부모의 잔소리에 길들여짐과 동시에 부모의 요청에 곧바로 응하지 않게 된다. 도대체 왜 그런 것일까?

부모들은 흔히 아이들이 말을 듣지 않아 잔소리를 하게 된다고 생각한다. 또 아이들이 한 번에 말을 잘 들으면 좋겠다고 하소연을 한다. 그렇지만 역설적이게도 부모의 잔소리가 아이들이 부모 말을 경청하지 않도록 만드는 원인이다. 하루 종일 아이에게 하는 말을 한 번 기록해보자. 녹음해도 된다. 나는 주로 아이에게 어떤 말을 하고 있나? 과연 아이와 '대화'다운 대화를 하고 있을까. 혹시 일방적으로 말하고, 일방적으로 지시하는 건 아닐까? 아이가 부모의 말을 들은 척하지 않거나 마지못해 부모의 지시에 응하는 척하는 것은 아닌지 한 번 생각해보자.

많은 부모들이 아이와 대화를 하고 있다고 생각하지만, 실은 생명력이 있는 대화는 빠진 채 일방적인 지시만 내리는 경우가 대부분이다. 아예 날을 하루 정해 아이에게 지시하지 않도록 해보자. 하루 종일 아이가 하고 싶어하는 대로 놔두고 아이를 관찰해보자. 그럼 아이는 어떻게 행동할까?

지시를 하지 않는다고 해서 아이가 밥을 먹지 않고 텔레비전을 끄지 않고 정리를 하지 않을까? 매 순간마다 감시하는 부모의 지시가 없을지라도 아이는 시간이 지나면 어느 정도 자율적으로 본인이 원하는 시간에 밥을 먹고 텔레비전을 끄고, 필요한 경우 정리를 하게 될 것이다.

부모들이 명심해야 할 것은 부모가 지시한다고 아이들이 더욱 올바르게 행동하는 것도 아니고 부모의 지시가 없다고 해서 아이들이 부모가 우려하는 만큼 방만해지는 것도 아니다. 아이에게 잔소리를 하는 대신 스스로 판단할 수 있도록 일정 부분 자율성을 주는 것은 어떨까. 물론 아이들이 처음부터 모든 것을 부모의 기대에 맞게 완벽하게 할 수는 없다. 그렇지만 지시를 하는 대신 몇 가지의 선택권을 주고 아이가 그 중에서 올바른 선택을 하도록 유도하는 게 부모의 역할이기도 하다. 부모도 아이에게 지시하지 않고 스스로 결정하도록 놔두는 연습을, 아이는 스스로 올바른 결정을 하는 연습을 해야 한다.

이제부터는 부모가 세워야 할 피라미드의 세 번째 단계인 '효과적인 규율 정하기'에 대해 알아보려 한다.

무의식적으로 귀를 막는 아이들

스스로 판단하여 행동하는 아이들은 자존감도 높고 무엇이든 본인이 선택하여 결정하는 능력을 꾸준히 기르게 된다. 올바른 결정을 할 때, 올바른 행동을 보일 때 더욱 격려하고 칭찬해주자. 바람직하지 못한 행동을 할 때는 또 다른 지시를 하거나 혼을 내는 대신 왜 그 행동이 잘못되었는지 일러주고 앞으로는 어떤 행동을 하면 좋을지 예시를 주자. 대화를 통해 아이는 이해하고 수용할 것이다.

반대로 부모의 지시에 길들여진 아이는 지시가 없으면 행동하지 않고, 더 나아가 지시도 여러 차례 반복된 후에야 겨우겨우 움직이기도 한다. 부모의 잔소리는 아이들을 수동적으로 만들기 때문이다. 또한 여러 차례 반복되는 부모의 지시는 아이들이 중요하게 생각하지 않을 수도 있다. 말 그대로 '한 귀로 듣고 한 귀로 흘려버리는' 말이 되기 십상이다.

잔소리에 길들여진 아이들은 그 아이들이 그리는 그림으로 상태를 알아볼 수 있다. 잔소리에 길들여진 아이들은 인물을 그릴 때 귀를 그리지 않는다. 부모의 잔소리에 익숙해져 '들을 수 있는 귀'를 닫아버리기 때문이다. 마치 고속도로의 소음을 막기 위해 방음벽을 치면 소음이 제거되는 것과 같은 이치이다. 잔소리에 길들여진 아이에게 부모의 잔소리는 한낱 '소음'일 뿐이다. 그리고 그 소음을 듣지 않기 위해 점차 마음의 방음막을 치게 된다. 아이는 더 이상 부모의 잔소리를 듣지 않기로 결정한 셈이다. 그렇다고 아이의 그림을 보고 사람 얼굴에 귀가 없다고 "왜 귀는 안 그렸니? 빨리 귀도 그려!"라고 말하지 않아야 한다. 오히려 부모 스스로의 모습을 돌아보고 아이에 대한 태도를 바꾸도록 해야 한다.

아이에게 잔소리를 하지 않기 위해서는 어떻게 해야 할까. 지시를 하기 전에, 아이와 함께 생활 습관에 대한 상의를 하고 집안에서 지켜야 할 규율을 만들고, 그 규율에 대한 약속을 하는 것은 어떨까? 어렸을 때 방학 때마다 생활계획표를 만들었던 기억이 있을 것이다. 그렇지만 기껏해야 작심삼일로 끝나곤 했다. 왜 그랬을까? 아마도 칭찬스티커처럼 계획표만 열심히 짜고 그에 대한 보상이 빠져서 그랬던 것은 아닐까.

아이들과 규율에 대한 약속을 만들 때에는 흐지부지되지 않도록 노력을 해야 한다. 규율이라고 하면 조금 거창하게 들릴지 모르지만 사실 모든 사람이 어느 정도 반복된 일상을 영위하고 있다. 그 일상 가운데 부모가 아이에게 잔소리를 하지 않도록 '작은 약속'을 넣으면 되는 것이다. 이러한 약속은 문서화될수록 더욱 지킬 가능성이 높다. 예를 들어 집에서 반드시 지켜야 할 규율로 '외출 후 손 씻기'가 있다고 가정하자. 이 규율은 절대로 어기지 않는 것으로 아이와 약속을 하고 아이가 잘 보고 바로 행동으로 옮길 수 있는 곳, 예컨대 화장실 문 같은 곳에 붙여놓으면 굳이 부모가 "손 씻어라"라고 말하지 않아도 아이가 스스로 행동에 옮길 가능성이 높아진다. 아직 글을 모르는 아이라도 괜찮다. 어린 아이일수록 글보다는 그림으로 관련 행동을 만들어 붙여놓으면 아이는 더욱 관심 있어 할 것이다.

어떤 아이가 되기를 원하는가? 방음막을 치는 아이로 만들 것인가, 스스로 판단하고 행동하는 책임감 있는 아이로 키울 것인가. 이 또한 부모가 어떻게 말하는가에 달려 있다.

아이와 함께 규율을 정할 때 주의할 점

그럼 규율은 어떻게 정하면 될까? 거창하게 계획표 또는 규율을 만드는 대신 매일의 반복적인 습관에 대해 아이와 함께 이야기를 나눠보자. 우리 집에서는 매일 어떤 일상이 반복되는가? 아이는 몇 시에 일어나며 몇 시에 밥을 먹고 몇 시까지 어린이집, 유치원, 학교에 가는가? 또 하원 및 하교 후 어떤 일상이 반복되는가? 저녁은 몇 시에 먹고 몇 시쯤 씻으며 몇 시쯤 잠자리에 드는가? 아이와 함께 이러한 이야기를 나누다보면 아이도 반복적인 생활을 하고 있다는 것을 의식하게 된다. 아직 글을 읽지 못한다면 반복적인 생활을 그림으로 보여주며 설명하고 순서대로 나열하도록 하는 방법도 사용해볼 수 있다.

아이와 함께 생활의 규율을 발견하고 난 후에는 하나의 활동에서 다음 활동으로 넘어가기 전에 부모가 아이에게 원하는 것이 무엇인지 구체적으로 이야기하고 글 또는 그림으로 나타낸다. 예를 들면 샤워 후 벗은 옷을 빨래 바구니에 넣지 않는 아이에게 부모가 매번 '빨래 바구니에 옷을 넣으라'고 지시하지 않기 위해 '샤워 후 스스로 빨래 바구니에 옷 넣기'와 같이 부모와 아이가 구체적인 행동을 약속으로 정하는 것이다. 칭찬 스티커를 사용할 때와 마찬가지로 구체적으로 약속을 정해야 하며 일주일가량 시도해본다. 이때, 부모 또한 아이에게 이와 관련된 것에 대해서는 지시하지 않도록 노력해야 한다. 아이에게 지시하기 전에 잠시 멈추고 일단은 아이를 한 번 믿어보는 것은 어떨까?

주의해야 할 점은 지시를 할 때 한 번에 한 가지씩만 하도록 한다. "손 씻고 옷 갈아입고 밥 먹어"와 같이 한 번에 여러 행동에 대한 지시를 하면 아이는 곧 잊어버리게 된다. 손 씻기, 옷 갈아입기, 밥 먹기를 하나씩 지시하고, 한 행동이 끝나면 다음 지시를 한다. 그리고 하나의 행동이 끝날 때마다 칭찬을 아끼지 말아야 한다. 칭찬은 구체적으로 하는 것도 잊지 말자.

TIP

아이에게 효과적으로 지시하는 방법

≫ 불필요한 지시는 하지 않는다. 잔소리일 뿐이다.

≫ 한 번에 한 가지만 지시한다.

≫ 지시나 요구사항은 현실적이어야 하며 연령에 맞는 요구사항이어야 한다.

≫ 지시는 긍정적이며 예의바르게 전달한다. 협박은 하지 않는다.

≫ 지시 후 서두르지 말고 아이에게 충분한 시간을 준다.

≫ 시간이 지나도 아이가 따르지 않을 경우, 소리를 지르거나 화내지 않고 다시 가볍게 상기시켜주도록 한다.

≫ 지시를 할 때는 아이의 눈을 마주치고 이야기한다.

≫ 아이가 결정할 수 있도록 두 가지 이상의 선택권을 주도록 한다.

≫ 지시는 짧고 간결하게 요점만 말한다.

≫ 배우자가 아이에게 지시를 할 경우, 배우자를 지지한다.

≫ 지시를 잘 따를 경우, 구체적으로 칭찬을 해준다.

≫ 아이가 지시를 따르지 않았을 경우, 그 결과에 대해 이야기를 나눈다.
(예. 장난감을 청소하지 않아서 엄마가 치워야 할 것이 더 많아졌구나)

≫ 부모가 일방적으로 아이에게 지시만 하는 것은 아닌지 돌아본다.

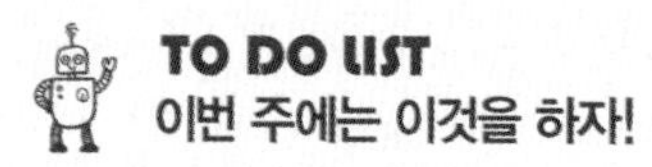

≫ 반복되는 일상생활에 대하여 아이와 이야기하기.

≫ 부모가 지시를 하지 않고도 아이 스스로 할 수 있는 일이 무엇인지 이야기 해보기.

≫ 아이 스스로 할 수 있는 일에 대해서 그림을 그리고 글로 써보기.

≫ 집에서 지켜야 할 규율을 정하고 온 가족이 함께 지키기.

≫ 최소 하루 동안은 아이에게 지시하지 않기.

영국의 공교육 VI

체험학습

현우가 다니던 학교에서 내 마음에 가장 들었던 것 중 하나는 바로 '숲 학교'였다. 연 6회에 걸쳐 근처 숲을 방문하며 계절에 따라 숲과 자연의 변화를 보고 느끼는 것이다. 숲에 가서 아이들이 자연 속에서 마음껏 뛰놀며, 그 날의 주제에 대해 탐색하고 자연 속에서 스스로 배우도록 한다.

숲 학교에 가는 날은 아침에 다른 날보다 10분 정도 일찍 학교에 가서 숲에 들어가기 위한 복장으로 갈아입는다. 모두 학교에서 제공하는데 우의처럼 생긴 숲 체험 전용 옷과 장갑, 모자로 완전 무장하고 등산용 양말에 장화를 신으면 준비를 마친 것이다. 아침마다 늦잠 자고 싶어하는 현우도 숲 학교에 가는 날이면 기대가 되는지 일찌감치 준비한다. 친구들이랑 모두 같은 옷으로 갈아입으면 갑자기 정글 탐험대라도 된 듯 진지한 표정을 짓는다.

숲이라고 해서 멀리 있는 것은 아니다. 걸어서 10분 정도 되는 동네 뒷산이지만, 그래도 숲에 가서 나무도 타고 풀도 뜯어보고 보물찾기도 한다. 특별한 것이 아니어도 숲이나 풀밭에 가서 작은 변화를 관찰하며 자연과 야생 속에서 스스로 느끼고 배우는 기회가 있다는 것만으로도 나는 매우 만족스러웠다. 숲 학교에 다녀오는 날이면 아이들은 어김없이 굵은 나뭇가지를 잘라 나무 목걸이, 나무 인형 등 무엇인가를 만들어온다. 친구들과 신나게 숲에서 뛰어 놀면서 만든 것들이라 그런지

아이도 더욱 소중히 여긴다. 아이들이 직접 숲에서 재료를 골라 만드는 과정에서 자연에 대한 소중함을 다시 한 번 일깨워주는 것 같다.

한국의 경우, 야외 활동이 계획되어 있을 때면 "우천 시 대체활동"이라는 공지가 항상 곁들여 있는데 영국에서는 비가 오더라도 절대로 야외 활동을 멈추지 않는다. 쉬는 시간에도, 방과 후 축구 수업과 자전거 수업도 마찬가지지만 아주 위험하지 않는 한 비가 오더라도 빗속에서 활동을 진행하며 날씨에 극복하는 방법을 터득하도록 한다. 비가 오는 날도 숲 학교는 어김없이 진행되었고, 변덕이 심한 영국 날씨상 비가 올 경우를 대비해 복장은 우의와 장화였던 것이다.

현우가 영국에서 학교를 다니던 동안 학교에서 계획한 야외 활동이 딱 한 번 취소된 적이 있긴 했다. 폭설이 내리던 날이었다. 눈이 와서 야외 활동을 취소한 것이 아니라 그날 버스를 타고 요크시 근처의 '유레카'라는 어린이박물관에 가기로 되어 있었는데, 가는 길이 고속도로이고 비탈길이 험해서 아이들을 데리고 가기가 위험해 취소되었다. 날씨 때문에 일정에 변동이 생긴 것이 아니라 안전 때문에 변경되었다. 그만큼 안전을 가장 중요하게 생각한다.

그 외에도 수도 없이 많은 체험학습에 참여하는 현우를 통해 나 또한 새로운 경험을 간접적으로 할 수 있었다. 영국에서는 웬만한 거리는 아이들에게 걸어서 가도록 한다. 학교에서 체험학습을 갈 때도 30분 이내의 거리라면 차량을 동원하지 않고 걸어서 간다. 물론

아이들의 안전은 여러 명의 선생님들이 철저히 책임진다. 고학년부터는 수영 강습도 교과과정에 포함되어 있는데, 어른도 걸어서 한참을 가야 하는 학교에서 수영장까지의 거리를 아이들은 수업시간에 한 줄로 한참을 걸어 수영 강습을 받고 온다. 이렇게 영국에서는 학생들이 형광옷을 입고 줄지어 어딘가로 걸어가는 모습은 매우 흔하게 볼 수 있다. 한 번은 차로 20분 정도 떨어진 어느 공원에 체험학습을 걸어서 다녀온 현우가 말했다. "엄마, 오늘 그 공원 가는데 정말정말 오래 걸었어! 걷고 계속 걸었는데도 또 걸었어. 그런데 올 때도 또 걸어왔어." 정말 한참을 걷기는 걸었나 보다. 그렇지만 차를 타고 이동하는 것이 너무나도 자연스러워진 현대인들에게 특히 아이들에게 일부러라도 걷는 기회를 만들어주는 것은 바람직한 일이라고 생각했다.

체험학습이나 소풍 가는 날이 있으면 학교에서 점심에 대한 공지도 함께한다. 한국에서는 소풍을 가면 급식이 나오던 학교도 학부모에게 도시락을 부탁한다. 그러면 부모들은 아이들 도시락과 함께 다른 친구들과 나누어먹을 간식, 선생님들 드릴 다과 등도 함께 챙겨서 보내기 일쑤다. 영국의 학교에서는 소풍 또는 하루 종일 체험학습을 가는 날이면 도시락을 싸 오던 아이에게도(영국의 학교에서는 아이들이 급식과 도시락 중 원하는 형태로 점심을 먹을 수 있도록 선택을 배려한다) 학교에서 도시락을 준비하므로 별도의 도시락을 가지고 오지 않아도 된다는 공지를 보낸다. 도시락 메뉴는 주로 샌드위치와 주스, 과일 등이지만 샌드위치

내용물의 재료가 다양하게 제공된다. 일반 샌드위치도 있지만 급식과 마찬가지로 채식주의자 용 샌드위치, 무슬림 용 할랄 샌드위치(무슬림이 먹을수 있는 요리로 육류 중에서는 단칼에 정맥을 끊는 방식으로 도축된 양, 소, 닭고기를 할랄 식품으로 인정한다), 특이 체질 또는 알레르기 체질의 아이를 위한 특별 식단 샌드위치 등이 마련된다. 그중에서 본인이 원하는 것을 고르면 된다. 소풍을 가도 새벽부터 부지런히 김밥을 싸지 않아도 된다는 사실에 마음이 가볍기만 한 나는, 게으른 엄마인 것일까?

9교시

금지어 대신 선택권을 주자

지난주 복습 사항

나는 아이들과 함께 매일 해야 하는 일을 그림으로 그려 각각 단어 카드를 만들었다. 카드 하나에 해야 할 일 한 가지씩을 쓰고 그림을 그리고, 벽에는 큰 종이를 하나 붙였다. 종이 가운데에 선을 그려 좌우를 나눈 다음 오른쪽에는 해야 할 일의 카드를 모두 붙여놓았고 왼쪽은 그중에서 완성된 그림만 옮겨 넣도록 했다.

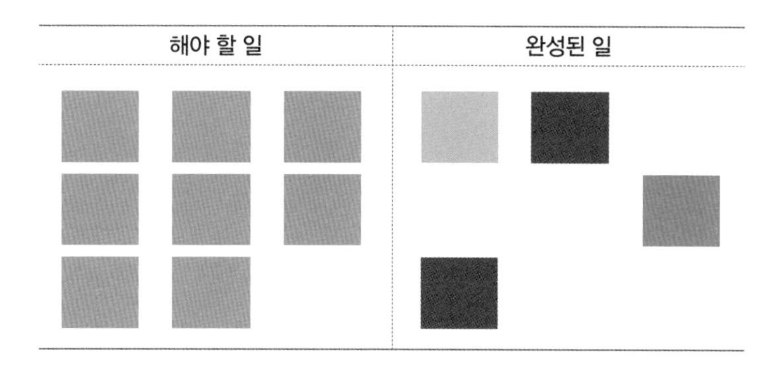

이렇게 해야 할 일과 완성된 일을 분류해놓자 아이들은 '해야 할 일'을 수시로 확인하며 다음에는 무엇을 해야 할지 생각하는 눈

치였다. 그리고 한 가지 일을 마무리할 때마다 카드를 '완성된 일' 칸으로 옮겼다. 이 활동 자체가 아이들에게는 놀이처럼 여겨지는 것 같았다. 언젠가부터 잔소리를 하지 않아도 아이들은 해야 할 일을 알아서 하기 시작했다. 밤에 자기 전에는 그날 하지 못한 일이 무엇인지 확인하고 다음 날 그 일도 같이 한다고 다짐을 하곤 했다.

선생님 코멘트

"매일매일 꼭 해야 할 일들에 대해서는 잔소리하지 않아도 아이들 스스로 할 수 있도록 계속해서 훈련을 시키세요. 한번 아이의 생활에 리듬이 생기고 규칙적인 생활이 몸에 익으면 아이들도 다음에 무엇을 해야 할지 예상할 수 있으므로 약속을 정하기가 한결 수월해집니다."

지시는 한 번에 하나씩 구체적으로

"손 씻고, 옷 갈아입고, 밥 먹어라!"

"책 보고, 양치하고 자자!"

보통 부모들은 아이에게 이런 식으로 지시를 내린다. 그렇지만 이렇게 말한다고 해서 아이가 이 모든 것을 순서대로 차례차례 지킬까? 아마도 그렇지 않은 아이들이 더 많을 것이다. 아마 손 씻으라고 두세 번을 말해야 아이는 겨우 화장실에 들어가 손을 씻고, 옷 갈아입으라고 몇 번을 말해야 간신히 거실이나 방에서 옷을 갈아입을 것이다. 밥도 바로 먹지 않을 것이다. 그러면 부모는 똑같은 말을 여러 번 하다 결국에는 "넌 왜 이렇게 말을 안 듣니?"라며 폭발해버리는 경우도 다반사다.

아이가 부모의 지시나 요구사항을 듣지 않고 하고 싶은 대로만 한다고 해서 걱정할 필요는 없다. 아이의 자아가 건강하다는 증거이기 때문이다. 부모는 건강한 자아를 가진 아이를 계속해서 건강하게 키워야 할 의무가 있다. 그렇다고 무법자처럼 살게 할 수도 없으니, 지시를 아예 하지 않을 수도 없다. 부모가 시키지 않아도 아이가 스스로 알아서 한다면 제일 좋겠지만 지시를 하지 않고는 아이가 움직이지 않는다.

그렇다면 부모는 어떻게 해야 할까? 아이에게 지시하는 올바른 방법을 배우면 된다. 앞서 다룬 '규율'을 만들고 할 일에 대한 약속을 만드는 것은 가장 기본이며 반복적인 생활습관을 키우는 좋은 방법이다. 그렇지만 반복적이지 않은 것에 대해서는 부모의 명료한 지시도 필요하다.

지시는 한 번에 하나씩, 그리고 구체적으로 해야 한다. 여러 건을 동시에 지시하면 아이는 두 번째 지시는 기억하지 못할 가능성이 높다. 구체적이지 않은 지시를 내린다면 정확히 무엇을 해야 하는지 모를 수도 있다. 또한 지시를 내릴 때는 긍정적인 문장을 쓰자. 질문형 지시 대신 완고한 서술형 문장을 사용하면 아이에게 그 내용이 더욱 잘 전달된다. 다음 중 어느 것이 효과적인 지시일까?

▶ 여기서는 소곤소곤 말하자.

▶ 조용히 해.

"여기서는 소곤소곤 말하자"는 매우 구체적인 명령이다. 이 장소에서는 크게 떠들면 안 되므로 할 말이 있으면 소곤소곤 이야기를 하라고 명확하게 전달하고 있다. 그렇지만 "조용히 해"는 구체적이지 않고 금지 사항만 언급할 뿐 대안으로 어떻게 행동하라는 제시는 하지 않고 있다.

다음의 예시를 보고 아이에게 구체적으로 지시하는 연습을 해보자. 긴박한 상황이거나 부모가 화가 났을 경우 아이에게 부정적인 지시를 하기 쉬운데 화가 날 때마다 숨을 가다듬고 긍정적이며 구체적으로 지시하는 연습을 해보자. 한번 시작하기가 어렵지만 시작하고 나서 꾸준히 사용하면 의외로 좋은 습관이 될 가능성이 높다.

바람직하지 않은 지시의 예	구체적인 지시의 예
정리해라.	장난감을 정리함에 넣자.
빨리 자.	9시가 되면 자자.
소리 지르지 마라.	여기서는 조용히 말하자.
조용히 해.	조용하게 놀자. / 조용히 말하자.
뛰지 마라.	저 골목까지는 천천히 걷자.
얌전히 있어.	손으로 이것저것 만지지 않는 게 좋단다.
착하게 있을 수 있지?	항상 엄마 옆에 꼭 붙어서 가는 거야.
조심해.	차도 대신에 여기서는 인도로 걷자.
싸우지 마라.	친구와 서로 번갈아가며 양보하자.

한 번은 온 가족이 차를 타고 외출하는 중이었는데 뒷좌석에 앉은 아이들이 어찌나 시끄럽게 떠드는지 남편이 운전하는데 매우 방해가 되었다. 처음에 나와 남편은 번갈아가며 "얘들아, 조용히 하자"라고 부드럽게 말했다. 그때마다 아이들의 목소리가 조금 작아지기는 했지만 여전히 키득키득 웃으며 둘이서 무엇인가 계속 재미있게 이야기를 하고 있었다. 차들이 쌩쌩 달리는 고속도로 위에서는 집중하지 않으면 위험할 수 있었고 아이들은 소곤거리다가도 금세 다시 시끄러워졌다. 우리는 몇 번 더 "조용히 하자"라고 말했으나 아이들이 계속해서 재잘거리자 너무 화가 난 나머지 "조용히 하라니까!"라고 소리를 질러버리고 말았다.

그런데 그 순간, 갑자기 남편과 나의 생각에 "조용히 해"라는 말은 말을 하지 말라는 뜻으로 한 말이었지만 아이들이 생각하기에는 "조용히 해"라는 지시는 말을 해도 되지만 크지 않은 소리로 소곤소곤 이야기해도 된다는 뜻으로 받아들였을지도 모른다는 생각이 퍼뜩 들었다. 말 그대로 "조용히 해"는 조용히 하라는 뜻이고 말을 하지 말라는 뜻은 아니었다. 조용히 하면서도 말은 할 수 있다. 그래서 아이들은 전보다 작은 목소리로 이야기를 하고 있었던 것이다. 그것을 깨닫자 요구사항을 구체적으로 전달하지 않은 채 아이들에게 무턱대고 화를 냈던 게 미안해졌다. 화를 낸 것이 미안하기도 하고 정말 내가 생각한 것이 맞는 것인지 확인하기 위해 아이들에게 물어보았다.

"엄마 아빠가 조용히 하라고 해서 작게 이야기하고 있었던 거니?"

아이들은 그렇다고 했다.

"그랬구나. 아빠 엄마는 너희가 그런 의도로 말하는 줄 몰랐어. 화내서 미안해. 아빠 엄마가 지금 조용히 하라고 했던 말의 뜻은 다른 의미였단다. 작은 목소리로 이야기하라는 것이 아니라 고속도로에서 아빠가 운전하는 동안에는 말하지 말고 얌전히 있으라는 뜻이었어. 지금은 너희가 떠들면 더 위험해질 수도 있거든."

이렇게 상황을 설명하고 구체적으로 어떤 행동을 해야 하는지 말해주자 아이들은 거짓말같이 얌전히 있어 주었다. 지금 생각해도 믿기지 않지만 정말 그랬다. "조용히 해"라고 말하자 아이들은 조용하게 말을 하고 있었다. 그렇지만 "이 시간 동안만 말하지 말고 얌전히 있어 달라"고 하자 정말로 아이들은 말을 하지 않고 얌전히 있어주었다. 처음부터 원하는 바를 구체적으로 이야기했다면, 아이들은 처음부터 그대로 행동해주었을 테고, 그러면 아이들에게 화내지 않을 수 있었을 텐데. 뜻이 제대로 전달되지 않은 상황에서 무턱대고 아이들에게 화를 냈다는 것을 깨닫자 정말 미안하기만 할 뿐이었다.

금지어 대신 선택권을 주기

아이들에게 질문을 하면 "몰라요"라는 답이 돌아오는 경우가 많다. 아이들이 언제부터 이렇게 된 것일까?

이는 어려서부터 부모들이 아이에게 선택권을 주지 않고 부모 마음대로 결정하는 경우가 많기 때문이다. 저녁 메뉴도 아이에게 묻지 않고 엄마가 편한 대로 차려준다. 아이가 음식을 먹지 않겠다고 하면 더럭 화부터 내기도 한다. "이게 몸에 얼마나 좋은 건데 왜 안 먹니!"라며 억지로 한 숟가락이라도 떠먹이려고 한다. 옷을 입을 때에도 아이가 원하는 옷보다는 엄마가 보기 좋은 대로 입히는 경우가 많다. 아이가 엄마가 정해준 옷을 입지 않겠다고 하면 "이 옷이 더 예쁘니까 그냥 이거 입어"라며 아이가 입고 싶은 대로 놔두지 않는다. 학교에 입학할 즈음부터는 엄마 욕심이 앞서 여러 학원에 등록하고 배우라고 강요하는 경우도 있다. 아이가 학원에 가기 싫다고 하면 왜 가기 싫은지 그 이유를 묻는 대신 학원비가 아깝다는 생각에 억지로라도 보내려 한다.

엄마 마음에는 아이가 한 숟가락이라도 더 먹어서 조금 더 컸으면 좋겠고 더 튼튼해졌으면 하는 마음이라는 것을 안다. 이왕이면 세련되게 입고 다니고 남들 다 다니는 학원도 열심히 다녀 공부도 뒤처지지 않기 바라기 때문이다. 그렇지만 이렇게 엄마가 마음대로 모든 것을 정하면 아이의 마음은 닫힐 가능성이 크다. 아이는 어느샌가 스스로 생각을 하지 않기로 결정하게 되는 것이다. 그리고 "몰라요"라는 말을 달고 살게 된다. 엄마가 다 알아서 해주니까.

나의 아이가 어떤 아이로 자라기를 원하는가? 적어도 나는 나의 아이들이 취향을 드러내거나 의견을 말함에 있어 "몰라요"라는 대답을 하지 않기를 바란다. 나는 아이들이 자신의 생각을 자유롭고 논리적으로 표현할 수 있기를 바란다. 그래서 나도 되도록 결정을 하기 전에 아이들의 의견을 묻는 연습을 한다. 물 마실 컵을 2~3개 정도 꺼내 그중 하나를 고르도록 하는 것, 매일 아침 입을 옷을 2~3벌 꺼내놓고 그중 하나를 선택하도록 하는 것 등이 있다.

아이들이 스스로 선택을 할 수 있도록 돕는 이유 중 하나는 대안을 선택하는 습관을 주고 싶어서이다. 예를 들어 아이가 텔레비전을 껐으면 하는 마음이 든다고 해보자. 당장 "지금 텔레비전 꺼!"라고 지시하는 대신 이런 식으로 말해보는 것은 어떨까? "약속한 시간만큼 봤으니까 이제 텔레비전을 끄자. 대신 간식을 먹을까 아니면 클레이로 만들기 놀이를 할까? 이번엔 네가 정하렴." 아이에게 선택권을 준다면 짧은 시간 동안이라도 아이의 관심은 텔레비전을 끄라는 지시보다는 둘 중 하나를 선택하는 것에 집중할 것이다.

이러한 방법은 부모는 아이를 꾸짖거나 못하게 금지하는 대신 부모의 요구사항을 아이가 따르도록 유도하는 방법이다. 강제로 못 하게 하는 것이 아니라 다른 대안을 선택할 수 있도록 하므로 아이와의 마찰도 덜 생기게 된다. 그동안 선택하는 연습을 하지 않았던 부모라면 이런 방식을 처음 시도할 때 아이가 원하지 않는 선택지를 예시로 들 수도 있다. 그렇지만 몇 번 이야기를 나누다 보면 아이가 좋아하는 것이 무엇인지 부모도 금세 알 수 있고, 자주 연습할수록 아이에게 어떤 선택권을 주면 되겠다는 감을 잡게 될 것이다.

협박하는 말 Vs. 허용하는 말

"계속 이렇게 어지럽히기만 하면 장난감 버린다."

"동생과 싸우면 간식을 안 준다."

"밥을 안 먹으면 텔레비전을 끈다."

"공부를 안 하면 텔레비전 못 보게 한다."

집에서 사용하는 익숙한 말일 것이다. 보통의 아이들은 집에서 부모로부터 긍정적인 언어를 더 많이 들을까, 아니면 부정적인 언어를 더 많이 들을까?

부모 말을 들은 척 만 척하는 아이들을 구슬리기 위한 수단으로 많은 부모들이 아이에게 위와 같은 협박 아닌 협박을 한다. 이런 말을 들은 아이들은 마지못해 움직이기 시작한다. 처음에는 작은 협박으로 시작했지만 그런 협박에 아이들은 곧 익숙해지고 협박의 강도는 점점 더 세질 수밖에 없다. 그럴수록 아이들은 부정적인 언어에 더 많이 노출되게 된다.

잠시 생각해보자. 사랑하는 우리 아이들이 하루 종일 부정적인 언어에 둘러싸여 살아가기를 원하는가? 그렇지 않을 것이다. 그렇다면 이제는 부정어 대신 다른 방법을 사용해보는 것은 어떨까?

바람직하지 않은 지시의 예	구체적인 지시의 예
계속 이렇게 어지럽히기만 하면 장난감 버린다.	정리를 다 끝내면 밖에 나가서 놀자.
동생과 싸우면 간식을 안 준다.	동생과 사이좋게 놀면 맛있는 간식을 먹을 수 있어.
밥을 안 먹으면 텔레비전을 끈다.	텔레비전을 끄고 식탁에 얌전하게 앉아 있으면 맛있는 것을 만들어줄게.
공부를 안 하면 텔레비전을 못 보게 한다.	오늘 숙제를 끝내면 30분 동안 텔레비전을 볼 수 있게 해줄게.

두 문장 모두 조건이 붙어 있지만 왼쪽 문장은 하지 않으면 안 된다는 부정의 메시지가 담긴 반면, 오른쪽 문장은 하나가 끝나면 다음의 것을 허락한다는 메시지가 들어 있다. 이처럼 아이에게 할 수 없는 메시지를 주는 대신 할 수 있는 것에 대한 메시지를 주도록 해보자. 영어로 'When, then~(~을 하면 ~을 하자)' 지시문이라고도 하는 이런 문장들은 아이들에게 긍정적으로 작용한다. 부모도 아이에게 긍정적인 언어를 더 많이 사용하게 될 것이고, 아이도 못 하게 되는 것에 대한 반항심 대신 하나의 일을 끝내고 다음에 하게 될 행동을 기대한다.

금지어를 사용하지 마라

아이의 행동을 금지한다고 해서 아이가 과연 그 행동을 하지 않을까. 보통 부모들은 아이들에게 뛰지 마라, 소리 지르지 마라, 싸우지 마라, 장난치지 마라 등 아이의 행동을 제어하는 경우가 많다. 하지 말라고 말은 하지만 아이는 듣지 않는다. 왜냐하면 하지 말라고 하는 말은 이미 효과가 없기 때문이다.

누군가가 "분홍색 코끼리를 생각하지 마십시오"라고 말한다면 정말로 사람들이 분홍색 코끼리를 생각하지 않을까? 오히려 그 반대다. 하지 말라고 했기 때문에 생각하지도 않았던 '분홍색 코끼리'를 더욱 생각하게 될 것이다. 아이들도 마찬가지이다. 하지 말라는 내용을 들었기 때문에 더욱 그 행동을 하게 된다. 하지 말라는 금지사항 대신 해야 할 것에 대한 대안을 명확히 제시해야 한다.

금지어의 예	대안을 제시하는 예
뛰지 마라.	걸어다니자.
시끄럽게 하지 마라.	여기서는 작은 목소리로 말하자.
싸우지 마라.	서로 한 번씩만 양보하며 사이좋게 놀자.

이젠 아이가 보여주었으면 하는 행동을 적어보자. 이처럼 부모가 아이에게 바라는 많은 것들은 거창한 것이 아니라 생활에서 쉽게 바꿀 수 있는 것들이다. 그렇지만 많은 부모들이 아이에게 충분히 이해를 못 시키고 속으로만 생각하고 있다가 그러한 상황을 맞닥뜨리고서야 아이

에게 지시하는 말을 하곤 한다. 상황이 닥쳤을 때 즉흥적으로 말하기보다는 지금 글로 적어보는 것은 어떨까. 아래의 표를 참고해 아이와 함께 그 표를 완성하고 그 내용을 어떻게 더 발전시킬지 이야기해보자.

아이와 함께 이야기하며 목록을 작성하다 보면 아이 스스로도 해야 할 일과 하지 말아야 할 일에 대한 책임감을 조금 더 가지게 될 것이다. 쉬운 일은 아니다. 하지만 작심삼일로 끝난다고 해서 흐지부지하지 말고 계속 시도하도록 한다. 아이가 했으면 하는 목록과 함께 이번에는 부모가 하지 말거나 줄여야 할 행동도 적어보자. 또한 함께 발전시켜야 할 모습에 대해서도 위와 같이 만들어보자. 이때에도 역시 함께 이야기를 나누며 아이가 원하는 부모의 모습이 무엇인지 알아가는 것도 좋은 방법이다.

아이에게 부모가 원하는 것

이런 행동을 덜 했으면 좋겠어요	이런 모습을 더 많이 보여주면 좋겠어요
소리 지르는 것	공손히 말하는 것
옷을 아무 데나 벗는 것	벗은 옷은 항상 빨래 바구니에 넣기
손을 안 씻고 간식 먹는 것	외출 후 항상 손 씻기

부모가 발전시켜야 하는 행동

이런 행동을 덜 했으면 좋겠어요	이런 행동을 더 자주 할게요
빨리 행동하라고 아이를 재촉하는 것	시간을 넉넉히 주고 기다려주기
밥 먹여주기	밥은 스스로 먹도록 하기
스마트폰이나 텔레비전만 보는 것	함께 놀이하기

아이가 울 때 어떻게 반응해야 할까?

한 엄마가 아이를 데리고 병원에 가서 예방접종을 했는데 아이가 울음을 터뜨리자, "뚝! 괜찮아, 괜찮아. 울지 마"라고 했다. 그런데 그 모습을 본 의사가 한마디 했다. "울게 놔두세요. 아프면 울어야죠. 지금 아픈데 뭐가 괜찮아요? 아픈데 참고 울지 말라고 하는 게 더 이상하죠." 부모가 감정을 통제하기 가장 어려운 상황 중 하나는 아이가 울 때이다. 아이가 울 때, 대부분 "뚝!" 또는 "그만 좀 울어!"라는 반응이 나오기 일쑤다. 감정 코칭 부분에서도 다뤘지만 부정적인 감정이라고 해서 그 감정을 무시하게 하면 아이의 감정은 건강하게 성장할 수 없다.

갓난아기 때에는 울음을 통해서만 의사소통이 가능하다. 아이가 점점 커갈수록 부모는 아이에게서 어른들의 기준에 맞추어 감정을 표현하길 원한다. 그러나 5세 아이는 18세 청소년처럼 감정을 표현할 수 없다. 아이가 불편한 감정을 울음으로 표현하는 것은 이상한 일이 아니다. 아이에게 울지 말라고 말하는 이유는 부모 위주로 생각하기 때문이다. 아이가 울면 부모는 마음이 불편하다. 우는 이유를 알 수 없을 때면 더더욱 초조해진다. 실제로 한 연구에서는 아이가 울 때 성인들의 뇌가 더 반응을 하며 심장 박동이 뛰고 본능적으로 도움이 되는 행동을 하려고 한다는 것이 밝혀졌다. 아이가 자신의 자녀든 아니든 상관없이 말이다. 아이가 불편한 감정을 울음으로 표현하는 것이 매우 자연스러운 일인 것처럼, 아이의 울음소리를 듣고 뭔가 행동을 취해야

겠다고 생각하는 것도 자연스러운 일이다. 그러나 이때, 대부분 "울지 마"라고 강조를 한다는 것은 한 번 짚고 넘어가야 할 일이다.

우선 아이가 우는 것은 슬퍼서만은 아니다. 분노, 불만, 두려움, 흥분, 혼란, 긴장, 심지어는 행복까지도 울음으로 표현하기도 한다. 언어로 충분한 감정이 전달되기 어려울 때 울음으로 그 감정을 표현하려는 것이다. 그렇기 때문에 "도대체 왜 우니?"라는 질문으로는 이 상황을 해결할 수가 없다.

부모는 아이의 울음을 그치게 함으로써 그 상황을 모면하려 하지만 "울지 마"라는 표현은 오히려 아이가 현재 느끼는 감정을 부모에게 이해받지 못한다는 생각을 하게 만든다. 결국 아이는 더욱 크게 울음으로 반응하게 된다.

부모가 아이에게 "울지 마"라고 말하면 이는 아이에게 "네 감정은 나에게 중요하지 않다"라는 메시지를 함축하고 있는 셈이다. 부모가 볼 때에는 아이가 우는 이유가 사소한 일처럼 보일지라도 이에 반응해 주지 않는다면, 또는 부정적으로만 반응한다면 부모와 아이 모두 부정적인 감정을 긍정적으로 다루는 방법을 배울 기회를 놓치게 된다. 또한 많은 경우, 부모는 다른 것으로 관심을 끄는 것으로 감정의 변화를 주려고 한다. 이러한 방법은 때로 효과적일 수도 있으나 반창고와 같은 임시방편일 뿐이다. 아이가 부정적인 감정을 느낄 때, 그 감정을 어떻게 다루고 어떻게 해결할지 배울 수 있는 기회를 빼앗는 셈이다.

그렇다면 아이에게 "울지 마"라고 말 하는 대신 어떻게 말할 수 있을까? 우선 숨을 한 번 크게 들이마시고, 필요에 따라서는 잠시 모든 행동을 멈춘 뒤, 다른 말로 아이의 감정을 파악해보자. 다음의 열 가지 예시가 도움이 될 것이다.

1. "너도 그러니? 엄마(아빠)도 그래. 도와줄게."

아이가 처음에는 부모의 도움을 거절할 수도 있다. 그렇지만 이 말 한마디만으로도 아이는 부모가 언제든지 도움을 줄 수 있을 것이라는 믿음을 갖게 된다.

2. "이게 힘들었구나."

아이에게 관심을 가지고 있다는 것을 표현해주는 간결한 문장이다.

3. "속상하구나 / 실망했구나 / 슬펐구나 / 무서웠구나 / 걱정했구나. 그렇지만 괜찮아."

아이가 느끼는 감정을 말로 표현해줄 때, 아이 스스로도 어떤 상황일 때, 또는 어떤 감정일 때 우는지 알게 되며 다음에는 어떻게 행동해야 하는지를 알 수 있도록 도와준다. 또한 부정적인 감정을 포함하여 다양한 감정을 느끼는 것은 매우 자연스러운 일이라는 것을 알게 된다.

4. "잠깐 멈추고 숨 한 번 크게 쉬어보자."

때로는 아이를 멈추게 해야 할 때도 있다. 아이가 너무 피곤해서 짜증을 내거나 흥분되어 통제가 되지 않을 때, 잠시 멈추는 것도 감정을 통제할 수 있는 방법이라는 것을 배운다.

5. “사랑해. 엄마(아빠)는 언제나 네 편이란다.”

부모가 아이를 지지한다는 것을 알 수 있게 해준다.

6. “도와줄까? 다시 해 볼까?”

아이가 하고자 하는 일이 잘 되지 않아 울음을 터뜨릴 때 효과적인 방법이다. 아이는 주위에서 도움을 받을 수 있다는 것에 안심하고, 부모가 명령 대신 질문을 함으로써 아이 스스로가 중요한 사람이라는 생각을 할 수 있도록 해준다.

7. “네가 우는 건 알지만, 네가 필요한 것이 무엇인지는 모르겠구나. 엄마에게(아빠에게) 네가 원하는 것이 무엇인지 알려줄 수 있니?”

아이가 말로 충분히 설명하지 못한다 하더라도 “울지 마”라는 반응보다 몇 배나 효과적인 말이다.

8. “네가 ______________ 을(를) 했을 때가 생각나는구나.”

화제를 다른 것으로 전환하는 것처럼 보일 수도 있으나, 아이에게 행복하거나 기분 좋았던 순간을 떠올리게 함으로써 진정효과를 가져올 수 있다. 아이가 극도의 흥분 상태로 울고 있을 때에는 어떠한 말도 귀에 들어오지 않는다. 그러나 이와 같은 방법으로 아이와 행복했던 순간을 떠올려보도록 하자.

9. “어떻게 하면 좋을지 우리 같이 생각해볼까?”

부모는 아이가 커갈수록 문제 상황에서도 해결책을 스스로 찾을 수 있도록 도와주어야 한다. 작은 것이라도 이렇게 아이와 상의하며 해결 방법을 찾는 연습을 한다면 아이에게 상황을 객관적으로 볼 수 있는 능력을 길러주며 해결책을 생각해보는 연습을 시킬 수 있다.

10. "그래, 그럴 수 있지. 나라도 이런 상황에서는 너처럼 그랬을 거야."

누군가에게 이해받고 있다는 느낌만으로도 아이는 진정하게 된다. 그리고 그렇게 부정적인 감정을 느끼는 본인의 감정이 잘못된 것이 아니라 엄마 아빠도 그런 감정을 느낀다는 것에 아이는 안심하게 된다.

때로는 위와 같은 말이 없더라도 침묵하고 잠시 동안 아이를 가만히 안아주는 것도 필요하다. 이와 같은 방법들을 아이가 울고 있는 상황에서 시기적절하게 사용한다면, 아이는 성숙한 감정의 소유자가 될 것이고, 부모도 화를 내지 않고 아이를 지지하는 부모가 될 것이다.

나도 위 방법들을 종종 사용하곤 한다. 친구와 싸운 뒤 우는 재우에게 "좀 속상했구나"라고 말을 하면 아이는 "아니, 많이 화가 났어"라고 정정해주며 스스로의 감정을 정확히 알려주기도 한다. 현우가 학교에서 애지중지 만들어온 작품이 가방 속에서 다 망가져서 아이가 울음을 터뜨렸을 때, "그만 좀 울어! 이미 망가진 것인데 어쩔 수 없잖아"라고 말하는 대신, "선생님에게 연락해서 다른 방법이 있는지 같이 알아보자"라고 말해주자 아이는 얼마 안 있어 감정을 추스르고 진정했다. 말 한마디지만 작은 차이가 아이의 감정에는 크게 작용한다는 것을 나도 끊임없이 배우고 있다.

TIP
아이에게 안 된다고 말할 때 주의법

≫ 금지사항은 간결하고 명확하게 알려준다.

≫ 금지사항에 대해 투정을 부리거나 반항하는 아이의 행동에는 반응하지 않는다.

≫ 아이가 투정을 부리면 관심을 다른 것으로 돌린다.

≫ 아이가 차분해진 뒤 다시 금지사항에 대해 차근차근 설명한다.

≫ 아이와 대화를 할 때에는 음식이나 장난감과 같이 아이의 집중을 분산시키는 물건은 치운다.

≫ 금지사항에 대해서 아이가 명확히 인지하고 있을 경우, 변경하기 원하는 요구 사항이 있다면 잘 들어주고 금지사항을 크게 벗어나지 않는 범위 내에서라면 허락한다.

≫ 금지어 대신 대안을 주며 "~을 하자" 형태로 바꿔서 말한다.
[예. 뛰지 마.(×) -〉 걷자.(O)]

≫ 가능하면 두세 가지 선택사항을 준다.
(예. 텔레비전을 보는 대신 밖에서 놀거나 보드게임을 하자)

≫ 아이가 해야 할 일이 있다면 지시사항을 게임처럼 만들어보자.
(예. 화장실로 '날아가기', '한 줄 기차' 서서 우유 마시기)

≫ 하루 중 아이에게 "안 돼"라고 하는 말을 몇 번 하는지 세어본다.

≫ 협박 대신 "~을 하면 ~을 하자"의 지시문을 사용한다.

≫ "울지마" 대신 다른 대안적인 표현을 사용한다.

TO DO LIST
이번 주에는 이것을 하자!

≫ 지시사항은 한 번에 하나씩 말하기.

≫ 부모와 아이 모두 '덜 해야 할 행동'과 '더 많이 보여주어야 할 행동'을 적어 보기.

≫ 다음과 같은 서약서 작성하기.

나 __________ 은(는) 가장 중요한 경우를 대비하여 불필요한 경우에는 __________에게 명령이나 지시를 하지 않겠습니다.

명령을 하는 대신 __________이(가) 선택할 수 있는 행동 예시를 두세 가지 준비하고 __________이(가) 스스로 본인의 행동을 선택하도록 격려하겠습니다.

영국의 공교육 VII

학생들의 사회적 참여와 학부모의 학교 참여

영국 학교에서는 학생들에게 사회적 참여도 활발히 할 수 있는 기회를 자연스럽게 만들어준다. '세계 책의 날'에는 아이들이 각자 좋아하는 동화책 캐릭터로 옷을 입고 학교에 오고 기부금을 내기도 한다. 학교에서 마련하는 크리스마스 장터에는 장난감, 옷, 책 등의 물건을 저렴하게 판매해 그 수익금을 기부한다. 영국에는 이런 행사가 꽤 많은데 그중 가장 기억에 남는 것이 두 가지가 있다. 레드 노즈 데이(Red Nose Day)와 2015년 있었던 네팔 지진 기금 모금이다. 이런 특별한 날에는 학생들은 교복 대신 사복을 입고 와서 1파운드씩 기부금을 내곤 한다. 물론 사복을 입는 것이나 기부금을 내는 것은 자율적으로 선택할 수 있다. 교복을 입고 오는 아이들도 있는데 이런 행사가 있는 날 교복을 입고 오고 기부금을 내지 않았다고 해서 어느 누구도 뭐라고 하는 사람은 없다.

레드 노즈 데이는 "빈곤 없는 정당한 세계(A Just World without Poverty)"라는 신념을 기반으로 소외된 이웃을 도와주자는 취지의 행사다. 레드 노즈 데이라고 불리게 된 이유는 광대처럼 빨간 코를 달고 우스꽝스러운 행동을 마음껏 해도 되기 때문이다. 1988년 영국에서 시작되어 2년마다 열리는데 빈곤층을 돕기 위한 기금 모금 행사라는 가볍지 않은 주제를 매우 유쾌하게 진행한다. 각종 매체에서 기금 모금

방송을 진행하고 학교나 지역 단체에서도 사람들이 우스꽝스러운 변장을 하며 즐거운 하루를 보내면서 빈곤 퇴치를 위한 기금을 모금한다는 것이 다소 신선하다. 2013년 레드 노즈 데이에 BBC의 〈코믹 릴리프(Comic Relief)〉라는 프로그램을 통해 모금된 금액은 9억 5,000만 파운드(약 16억 원)였고 이렇게 모인 돈은 영국 국내 및 아프리카 등의 소외 계층에게 전달된다.

학교에서도 학부모 자원봉사자들이 직접 케이크나 다과를 만들어 판매하기도 하고 각종 우스꽝스러운 분장, 게임, 페이스페인팅 등의 행사를 진행해 기금을 모금한다.

아이들은 아직 그 의미보다는 쿠키 만들기, 초콜릿 먹기, 페이스페인팅, 게임 등 다양한 활동에 신나서 학교 여기저기를 기웃거린다. 그 중 현우가 가장 즐거워했던 것은 커다란 액자 안에 진짜 사람이 앉아 있으면 그 사람 얼굴에 아이들이 차례로 줄을 서서 생크림을 그릇째 갖다 얹는 것이었다. 액자에 앉은 사람 역시 학부모 자원봉사자였다. 쉴 새 없이 아이들에게 케이크 세례를 받는 것이 힘들어 그 자원봉사자의 눈은 시뻘게졌지만 얼굴은 싱글벙글 웃고 있었다. 고생하는 학부모 자원봉사자 생각은 눈곱만큼도 없는지, 케이크를 너무나도 세게 던지는 아이들도 있어서 옆에서 도우미로 있는 다른 자원봉사 학부모는 조금만 더 살살 하라고 부탁까지 하지만 소용없다. 현우 차례가 되자 나는 액자 속 아줌마가 아플 것 같으니 살살 던지라고 신신 당부를 했다. 액

자 속 학부모도 제일 어린 학년의 아이가 오니 허리까지 숙여가며 키를 맞춰줬다. 그런데도 현우는 인정사정 볼 것 없이 있는 힘껏 다해 케이크를 던져버렸다. 보고 있던 내가 더 미안해서 어찌할 바를 모르고 있으니 오히려 액자 속 학부모가 "괜찮아요!"라며 웃어준다. 레드 노즈 데이이니까 가능한 일이다!

영국에서는 이렇게 학교에서 행사를 하거나 체험학습을 가면 학부모들이 빠지지 않고 자원봉사 등을 통해 적극적으로 참여한다. 특히 레드 노즈 데이 같은 행사는 선생님이 아닌 학부모들에 의해 마련되곤 한다. 학부모들이 주체가 되어 학교의 행사를 운영하고, 행사에 의미를 부여하고, 그 수익금을 다시 기부하는 문화가 건전하다. 교사와 학부모가 함께 아이들을 위한 학교 자치활동에 참여하기 위해 학부모교사협의회(PTA, Parent-Teacher Association)는 학교를 불문하고 매우 활발하게 활동을 이어가고 있다.

아이의 잘못된 행동을 보았을 때 감정과 행동 조절하기

지난주 복습 사항

사빈은 두 살짜리 막내딸 리나가 고집이 세서 다루기 힘들어했다. 사빈에게는 리나 위로도 세 명의 아이들이 더 있었지만 리나를 키우는 것이 다른 아이들을 키우는 것보다 더욱 힘들다고 했다. 어느 날 사빈은 리나가 조용한 게 수상해서 아이를 찾아보니 레나는 벽에다 크레파스로 그림을 그리고 있었다. 사빈은 머리끝까지 화가 났지만, 순간 감정→사고→행동 사이클을 상기시키고 일단은 속으로 화를 삭혔다. 그리고 지난 시간에 배운 대로 금지어 대신 대안을 제시했다.

사빈은 벽에 커다란 종이를 붙여서 리나가 계속 그림을 그릴 수 있도록 해주었다. 리나는 이번에는 벽이 아닌 벽 위에 붙어 있는 종이에 그림을 그렸다. 교육에 온 사빈이 얘기했다. "리나는 계속 그림을 그릴 수 있어서 기분이 좋았고 저는 아이에게 소리치지 않고 벽이 아닌 종이 위에 그릴 수 있다는 대안을 마련한 덕에 문제를 해결할 수 있어서 기분이 좋았어요."

그런데 대안을 마련하자 리나는 얼마 안 가 벽 위의 종이 위에 그림을 그리는 것을 자연스럽게 그만두었다. 만약에 이 상황에서 엄마가 아이에게 화를 내며 그림을 그리지 못하게 했다면 아이는 울고불고 난리를 피웠을 것이고 사빈은 사빈대로 아이와 씨름하느라 지쳤을 것이다.

선생님 코멘트

"아이의 호기심을 막는 대신, 대안을 선택한 것은 매우 현명한 방법이었습니다. 아이들은 한창 호기심이 왕성해서 무엇이든 궁금해하는데, 그것을 부모가 막는다면 아이는 배울 수가 없어요. 호기심이 풀리도록 허용해주되, 다른 사람에게 피해가 가지 않는 방법을 고민해주세요."

아이의 투정을 받아주지 않기

아이들이 고집을 부리거나 물건을 집어던질 때, 부모들은 어떤 반응을 보여야 할까. 아이들이 투정을 부리거나 소리를 지르거나 칭얼대는 것은 일상이다. 이런 행동들은 부모를 지치게도 하고 때로는 부모 스스로 감정을 통제하기 힘든 상황까지 만들기도 한다. 그렇지만 부모는 이런 상황일수록 더욱 냉정하고 침착하게 행동해야 한다. 아이들의 이런 행동은 부모의 관심을 끌기 위한 수단이지만 적절하지 않은 행동이므로 부모가 최대한 무관심하게 대해야 한다. 그래야 아이들도 이러한 행동을 줄인다. 반대로 투정을 전부 받아주면 아이는 그것이 올바른 방법인 줄 알고 더더욱 투정을 부리게 된다.

아이의 이런 잘못된 행동을 부모가 무시하기 시작하면 처음에는 아이의 행동이 더욱 나빠질 수 있다. 이것은 매우 자연스러운 현상이기에 부모는 아이가 이러한 행동이 더 이상 효과가 없다는 것을 스스로 깨닫고 포기할 때까지 기다려야 한다. 물론 쉽지 않다. 그렇지만 중간에 부모가 아이의 투정을 받아주면 그 다음에 아이를 달래줄 때에는 배 이상의 힘과 노력이 필요하게 된다.

아이가 스스로 지쳐 포기하면 그때가 바로 부모가 아이에게 다가갈 시간이다. 그러나 왜 투정을 부렸는지에 대해서는 이야기하지 않도록 한다. 대신 아이가 잘한 것이 무엇인지, 칭찬받을 만한 행동은 어떤 것을 했는지 등과 같이 아이의 긍정적인 면에 대해서 이야기를 해준다. 그러면 아이의 마음도 누그러지고 투정을 부리는 방법이 효과적이지 않다는 것을 알게 될 것이다.

아이가 긍정적인 행동과 부정적인 행동을 동시에 보일 때도 있다. 친구와 함께 놀이를 하고 있을 때, 아이가 장난감을 잘 양보하지만 동시에 물건을 집어던질 수도 있다. 대부분의 경우, 부모는 양보하는 행동에 대해서는 언급하지 않지만 물건을 집어던지는 행동에 대해서는 나무랄 수 있다.

이와 같은 경우 반대로 해보는 것은 어떨까? 양보하는 행동에 대해서만 구체적으로 칭찬을 하고 물건을 집어던지는 행동에 대해서는 나무라지 않고 언급도 하지 않는다. 그러면 아이는 좋은 행동에 대해서만 관심과 칭찬을 받고 좋지 않은 행동은 관심을 받지 않는다는 것을 무의식중에 알게 된다. 관심을 받지 않는 행동에 대해서는 아이도 점차 흥미를 잃게 될 것이다.

이번 주제는 아이의 잘못된 행동을 무시하는 법, 반응하지 않는 법, 그리고 부모가 이 상황에서 어떻게 감정 조절을 하면 되는지 배우는 것이다. 아이의 잘못된 행동에 반응하지 않는 것은 자녀를 양육할 때 반드시 필요한 기술이기는 하지만 되도록 사용하지 않는 것이 좋다. 부모가 세워야 할 피라미드의 아랫부분에 위치한 놀이는 가장 많이 사용해야 하므로 피라미드에서 차지하는 면적도 제일 많다. 그러나 피라미드 위로 올라갈수록 제시되는 것들은 적게 사용해야 한다. 가장 윗부분의 타임아웃과 그 바로 아래 위치한 '무시하기'는 최대한 적게 사용해야 한다.

부모 스스로 감정을 조절하는 법

많은 부모들이 아무것도 아닌 일도 아이에게 버럭 화를 내고 곧 후회하곤 한다. 아이의 기분을 상하게 하는 말을 하기도 하고 심한 경우에는 매를 들거나 폭력을 휘두르는 등 극한 상황까지 가기도 한다. 그리고는 일이 벌어지고 난 뒤 후회한다. 이러한 상황은 아이에게도 나쁜 영향을 미친다. 부모가 감정을 조절하지 못하거나 감정이 폭발하는 경우를 자주 목격하는 아이는 정서적으로 불안정할 뿐만 아니라 아이도 부모의 모습을 배우고 흉내를 내게 된다.

따라서 부모는 스스로의 감정을 조절할 줄 알아야 한다. 아이의 행동에 화가 났을 때, 바로 소리를 지르거나 화를 내지 말고 잠시 멈춰서 한 번 생각을 가다듬자. 크게 숨을 들이쉬거나, 의도적으로 다른 긍정적인 생각을 하거나, 잠시 자리를 피하거나, 상관없는 일에 집중을 하는 것 등도 감정을 조절할 수 있는 하나의 방법이다.

큰아들 현우는 만 다섯 살까지 밤에 소변을 가리지 못했다. 초기에는 나도 또래 아이들보다 느린 아이도 있으니 "괜찮아"라며 스스로를 위로했다. 그런데 다섯 살이 넘어서도 밤에 기저귀를 차고 자자 혹시 아이에게 문제가 있는 것은 아닌지, 뭐가 잘못된 건 아닌가 싶어 점점 더 초조해졌다. 영국의 주치의, 방문간호사, 칠드런센터 등에 이 문제로 상담을 해보았다. 그런데 모두들 나이 든 아이들 중에서도 밤에 기저귀를 차고 자는 경우가 많으니 걱정하지 말라는 것이다. 실제로 영국에는 열 살 어린이가 차는 기저귀도 마트에서 판매되고 있다. 우리의 방문간호사는 내 고민을 듣더니 밤중에 소변을 가리다가 다시 못 가리기 시작한 경우라면 문제가 되지만, 그렇지 않고 태어나서 지금까지 계속해서 밤에도 기저귀를 차고 잔 경우라면 다른 아이들에 비해 조금 느릴 뿐이지 정상적인 것이라며, 때가 되면 어느 순간부터 아이가 알아서 소변을 가리게 될 것이라고 이야기해주었다.

그렇지만 부모의 입장에서는 보통 초조한 일이 아니다. 다섯 살 이후부터는 자다가 소변을 보면 아이를 다그치고, 혼내고, 협박도 해보고, 창피를 주고, 화를 내곤 했다. 그렇게라도 해서 아이가 빨리 밤에 스스로 소변을 가리기를 원했다. 그런데 어느 날 밤, 부시럭거리는 소리가 들려서 일어나 보니 밤에 소변을 가리지 못해서 옷이 흠뻑 젖은 아이가 혼자서 몰래 옷을 갈아입고 있는 것이 아닌가. 나와 눈이 마주치자 너무 놀란 아이는 순간 얼어버렸다. 아이가 또 소변을 가리지 못했다는 것에 화가 났지만 얼마나 스트레스를 받았으면 밤에 몰래 옷을 갈아입고 있을까 하는 생각이 들어 안쓰럽기도 했다.

그래서 언성을 높이지 않고, "괜찮아, 그럴 때도 있는 거야. 이젠 밤에 쉬했다고 안 혼낼게. 엄마도 다섯 살 때 밤중에 쉬해서 할머니한테 혼난 적 있었어"라고 다독여주었다. 아이는 다행이라 생각되었는지 잔뜩 긴장해 있다가 마음을 놓는 듯했다. 그러고도 몇 번 더 밤에도 흠뻑 젖을 정도로 자다가 소변을 보았지만, 그 뒤로는 그 일로 아이를 혼내지 않았다. 대신 그때마다 "괜찮아. 좀 더 크면 너도 밤에 쉬 안 할 거야"라며 다독여주었다. 그랬더니 아이의 마음도 편해졌는지 더 이상 이 일로 움츠러들지 않았고, 어느 순간부터인가 제대로 소변을 가리기 시작했다.

사람마다, 아이마다 다 때가 다른 것을, 왜 그렇게 느리다고 다그치기만 했는지 지금도 생각하면 아이에게 미안하기만 하다. 그런데 만약 그날 밤, 아이가 혼자 몰래 옷을 갈아입는 것을 목격하고 아이에게 "너 또 쉬했니? 나이가 몇인데 아직도 밤에 쉬를 하고 그래!"라고 화를 냈다면, 아이는 더욱 위축되었을 것이고 다른 부작용이 나타났을지도 모를 일이다.

아이의 마음 지켜주기

"너 때문에 못 살아!"

"넌 도대체 누구를 닮아서 그러니?"

"너는 도저히 어쩔 수 없는 아이구나."

"더 이상 너의 엄마가 되고 싶지 않구나!"

많은 부모들이 아이 때문에 화가 나는 상황에서 이런 말을 자기도 모르게 내뱉곤 한다. 이런 말을 부모에게 듣고 자란 아이는 어떤 생각을 할까? 스스로 아무 쓸모도 없고, 괜히 태어났다는 등 이런 생각에 갇힐 가능성도 높고 자존감이 낮아진다. 한 번은 어떤 돌쟁이 엄마가 아이에게 "너 때문에 내가 못 산다, 못 살아!"라고 신세타령을 하는 것을 듣게 되었다. 겨우 돌 지난 아기한테 이런 말을 한다는 것에 화들짝 놀라 무슨 상황인지 보았더니 별일도 아니었다. 아이가 과자를 바닥에 쏟은 것뿐이었다. 아이라면 충분히 그럴 수 있다. 실수로 그랬을 수도 있고 재미있어 그랬을 수도 있지만, 아이가 과자를 쏟은 것이 엄마에게 "너 때문에 못 살겠다"라는 말을 들을 만큼 잘못된 일인가?

다른 엄마가 자신의 아이에게 하는 이 말을 들은 나도 기분이 언짢았는데 그 말을 듣는 당사자인 돌쟁이 아기의 기분이 어땠을까. 아무리 말 못 하는 돌쟁이 아기라도 엄마가 하는 말에 영향을 받는다. 적어도 "너 때문에 엄마는 참 행복하구나"라는 말은 못 해줄지언정, "너 때문에 못 살아"라는 말은 안 했으면 좋겠다. 설사 본인이 어렸을 때 엄마에게 그런 말을 듣고 컸다 해도 그 말을 아이에게 되물림하지 않았으면 좋겠다.

잠시 생각해보자. 바닥에 흘린 과자가 중요한가, 아이의 마음이 중요한가. 물론 부모도 사람이기 때문에 화가 안 날 수는 없다. 다만 화가 나거나 부정적인 생각이 들 때, 그 생각을 다른 방향으로 바꿔보자.

"지금 아이가 저렇게 행동하는 것은 나한테 관심을 받기 위해서야. 아이의 투정에 넘어가지 말고 침착하고 냉정하게 생각하자. 이 상황에서 아이가 올바른 행동을 배울 수 있도록 도와주는 것이 내 역할이다."

"아이가 저런다고 내가 아이한테 휘둘리면 안 돼. 지금 받아주면 아이는 이런 방법을 또 쓰게 될 거야. 아이가 조금 진정되면 아이와 함께 다른 방법을 찾아보아야겠다."

첫 시간에 다루었던 감정→행동→사고 사이클을 여기서 다시 적용해 볼 수 있다. 감정대로 행동하고 후회하는 악순환을 선택할 것인가, 합리적인 사고를 바탕으로 감정을 조절해 이성적인 행동을 하고 아이에게도 그런 선순환 구조를 연습시킬 것인가.

많은 학자들이 생각과 행동의 상관관계에 대해 연구하고 이를 발표했다. 이 연구결과들은 실제로 우리가 생각하는 것이 우리의 감정에 영향을 준다고 말하고 있다. "저 아이 때문에 미치겠다"라고 생각하면 아이의 행동을 볼 때마다 매우 화가 난다. 반대로 "저 아이에게 스스로 조절할 수 있는 방법을 터득하도록 도와주어야겠다"라고 생각을 하면 동일한 상황에서도 아이에게 이성적으로 행동할 수 있게 된다. 그러므로 화가 나는 감정을 부모가 먼저 조절하는 연습이 중요하다.

모든 아이들은 원하는 것을 갖기 위해 투정을 부리거나 반항을 한다. 이것은 매우 평범한 일이다. 부모의 입장에서는 나의 아이만 유독 나를 힘들게 한다고 생각할 수도 있지만, 이것은 한 아이의 성격이 아니라 모든 아이에게 공통적으로 나타나는 현상이며 아이들이 독립적인 인격체로 자라기 위한 건강한 과정이다. 이 과정을 부모와 자녀가 함께 잘 보내면 앞으로의 관계도 원만하게 형성될 가능성이 크다. 아이의 기질에 맞추어 부모가 아이를 다룬다면 더없이 좋을 것이다. 그렇지만 아이가 반항을 하는 도중에 부모의 반응을 시험한다는 것도 알아야 한다. 부모가 일관성 있게 대하는지 아니면 부모의 기분에 따라 대하는지 아이는 시험을 하고 있으며 부모의 태도에 따라 아이는 부모와의 관계뿐만 아니라 이후 사회생활에도 영향을 받게 된다.

소리치는 부모

"오늘은 화를 내지 말아야지 하고 다짐하지만 나도 모르게 아이들에게 화를 냈고 소리를 질렀어요. 그리고 아이들을 나무랐어요. 아이들과의 기 싸움이 또 다시 시작되었지요."

남의 이야기 같지 않을 것이다. 나 또한 예외는 아니다. 참고 참다가 폭발해버리는 경우도 수두룩하고 아이들에게 소리를 지르고 나서 후회한 적도 여러 번이다. 후회하면서도 내가 아이들에게 요구하는 것들을 아이들이 한 번에 들어주지 않으면 또 다시 소리를 지르게 된다. 내가 아이들에게 요구하는 것들은 크고 거창한 것들이 아니다. 장난감을 정리하라든가, 외출할 때 시간 맞춰 준비를 마치는 것과 같은 일상적인 규범들이다. 어느 정도 규칙을 정해서 생활을 하는 편이기는 하지만 그렇다고 아이들이 항상 모범생처럼 생활하지는 않는다. 때로는 몇 번씩 말해도 꿈쩍 않는 아이들을 보다가 폭발하고 만다.

많은 부모들이 아이들에게 소리 지르지 않는 좋은 부모가 되기를 원한다. 그렇지만 현실은 정반대다. 아이들을 통제하기 위해서는 소리를 지르는 것이 유일한 방법일 때도 있다. 아이들이 부모의 말을 듣지 않으면 부모는 화를 내기도 하고 아이들에게 무시를 당한다는 생각을 하기도 한다. 그리고 소리를 지른다. 전까지는 꿈쩍도 않던 아이들이 부모가 소리를 지르면 그제서야 움직이기 시작한다. 소리를 지를 때 부모 스스로에게 주는 메시지는 '내가 지금 이 상황을 통제한다'라는 뜻이 함축되어 있다. 그러나 사실은 소리치는 부모에게서 아이들이 받아들이는 메시지는 '엄마(아빠)가 상황을 통제한다'라는 뜻이 아닌, '엄마(아빠)는 지금 감정을 통제할 수 없다'라든가 '엄마(아빠)는 우리를 통제할 능력이 없기 때문에 소리를 질러 우리를 통제하려 한다'고 생각한다. 부모의 의도와는 정반대 메시지가 아이들에게 전달되는 것이다. 목소리가 큰 사람이 이기는 것이 아니라 목소리가 큰 사람이 지는 것이다. 아이 앞에서 부모는 침착하고, 부모의 역할에 자신감 넘치는 태도로 통제하는 모습을 보여주어야 한다.

그렇다면 소리를 지르지 않고 아이들을 통제할 수 있을까? 소리를 지른다고 해서 권위나 통제력이 있다는 것이 아니라는 것을 먼저 알아야 한다. 아이들과 '소리 지르기 대회'를 한다고 가정해보자. 더 큰 소리를 지른다고 해서 더욱 권위가 있다고 느껴지는가? 그렇지 않을 것이다. 소리를 질러도 아이들이 말을 듣지 않는다면 더욱 화가 날 것이다. 소리를 지르면 권위를 얻는 것이 아니라 권위를 잃게 되고 설상가상으로 감정도 통제할 수 없게 된다. 어느 순간 뇌는 이성적인 판단에서 감정적 반응으로 바뀌어 있다. 그리고 소리를 질렀다는 것에 대한 죄책감과 통제력을 잃었다는 실망감 등을 느끼게 된다. 감정적으로 바뀐 뇌는 이성적 판단력을 잃게 된다. 다시 말해 감정이 고조되어 있으면 논리정연하게 생각할 수가 없다. 아이들에게 소리를 지를 때, 부모는 통제력을 잃었다는 것을 인정해야 한다.

소리를 지르는 대신 다른 선택을 생각해보자. 가장 어려운 부분이다. 그렇지만 자녀들은 통제력을 잃은 부모 대신 부모 역할에 좀 더 성숙하고 자신감 있는 부모를 원하지 않을까? 소리를 지르는 대신

S.T.O.P. 방법을 사용해보자. S.T.O.P.은 부모 코칭 전문가로 활동하고 있는 니콜 슈왈츠(Nicole Schwarz)가 소리 지르는 대신 대안으로 제시한 방법이다.

S – 생각하는 것을 말로 표현하기(Say it out loud)

부모 스스로의 생각과 감정을 스스로에게 말해보자. "내가 지금 통제력을 잃었구나"와 같은 짧은 문장을 말해볼 수 있다. 중요한 것은 부모 스스로의 감정에만 초점을 맞추고 감정의 대상이 아이로 향하지 않도록 해야 한다. "너 때문에 엄마가 지금 너무 화가 나는구나"라든가 "너희가 지금 안 싸우면 엄마도 소리 안 질렀잖아!"와 같이 아이가 중심이 되어 비난을 하는 표현은 하지 않도록 한다.

T – 아이로부터 한 발짝 떨어지기(Turn around)

아이를 때리거나 소리를 지르는 대신 아이에게서 몸을 돌리자. 그러면 신기하게도 아이에게 분노를 표출하고 싶은 욕구도 어느 정도 조절이 된다. 잠시 아이와 떨어져 있으면 아이에게만 향해 있던 화가 다른 것으로 분산되기도 한다.

O – 상황 파악하기(Observe the situation)

크게 심호흡을 하자. 그리고 생각해보자. 이 상황이 어떻게 시작되었나? 무엇이 잘못되었나? 이제 어떻게 해야 할까? 소리를 지르는 대신 해결 방법이 있는지 생각해보자. 화가 나는 상황에서 부모들이 가장 먼저 선택하는 것은 체벌이다. 이제는 체벌 대신 아이와 눈을 마주치고 대화하기, 환경을 바꾸기, 아이와 협력하여 다른 것을 시도해보자. 또한 그 상황에서 아이가 원하는 것이 무엇인지 한번 귀 기울여보자. 아이들의 행동에는 이유가 있다. 아이들이 부모의 관심을 받기를 원하는가? 아이들이 하고 싶은 다른 말이 있었던 것은 아닌가? 아이가 배고프거나 피곤한가? 아이만의 공간이나 혼자만의 시간이 필요한가? 아니면 단순히 아이도 아이 스스로를 통제할 수 없어서 그런 것인가? 아이의 상황을 먼저 파악하고 그에 맞게 아이에게 다가가자.

P – 칭찬하기(Praise)

화가 나는 상황에서도 소리를 지르지 않고 마무리했다면 스스로를 칭찬하자. 우리의 뇌는 우리가 실패한 것에 대해 후회하는 것보다 성공적으로 한 것에 집중할 때 더 잘 반응한다고 한다. 무엇을 잘했는지, 어제와는 무엇이 달라졌는지 보고 스스로를 칭찬해주자. 아주 작은 변화도 상관없다. 그러면 우리의 뇌는 긍정적인 것을 기억하고 같은 상황이 반복되어도 긍정적으로 반응했던 것을 선택하게 될 것이다.

이와 같은 과정은 하루아침에 달성되는 것은 아니다. 그렇지만 지금까지 아이들에게 소리를 지르는 것이 매일 습관처럼 굳어져 있다면 그 습관을 바꾸어보도록 하자. 우리의 목표는 어느 날 갑자기 완벽한 부모가 되는 것이 아니다. 어제보다는 조금 더 긍정적인 부모의 모습으로 바뀌는 것이다.

TIP
아이의 잘못된 행동을 보았을 때의 대처법

≫ 아이의 잘못된 행동에 반응하지 않을 때는 아이와 눈을 마주치지 않는다. 또한 논쟁을 하지 않는다.

≫ 아이에게서 잠시 떨어져 있되, 되도록 같은 공간에 있도록 한다.

≫ 감정을 드러내지 않는다.

≫ 일관성 있게 행동한다. 아이가 칭얼댈 때, 처음에는 모른 척하다가 아이가 계속해서 칭얼댄다고 아이의 요구를 들어주는 것은 금물이다. 한 번 안 되는 것은 끝까지 안 된다는 것을 일관성 있게 보여주어야 한다.

≫ 아이가 잘못된 행동을 멈추면 곧바로 아이에게 관심을 보인다.

≫ 아이가 어떤 행동을 했을 때 부모가 반응을 보이지 않을 것인지 미리 구체적으로 알려준다.
(예. 두세 가지 구체적인 상황 제시)

≫ 아이의 올바른 행동에 대해서는 구체적으로 자주 칭찬하고 관심을 보인다.

≫ 아이에게 소리를 지르는 대신 S.T.O.P. 방법대로 행동을 바꿔본다.

TO DO LIST
이번 주에는 이것을 하자!

≫ 부모를 화나게 하는 아이의 행동을 생각해보고 어떻게 해야 감정을 조절할 수 있는지 생각해보기.

≫ 아이의 잘못된 행동 중 어떤 행동을 무시하면 좋을지 아이와 함께 이야기하고 결정하기.

≫ 서약서 작성하기.

나는 아이의 ____________________ 한 행동은 앞으로 무시하겠습니다.

나는 아이의 ____________________ 한 행동은 더욱 칭찬하겠습니다.

영국의 공교육 VIII

상벌주기

아이들이 있는 곳이라면 세계 어느 나라를 불문하고 당근과 채찍이 있기 마련이다. 영국에서도 잘하는 아이들에게는 상을, 그렇지 않은 아이들에게는 벌을 준다. 그런데 상을 주는 문화가 한국과는 다소 다르다.

우선 선생님은 칭찬 스티커를 항상 준비해두고 있다. 조금만 좋은 모습을 보아도 무조건 옷에 스티커를 붙여준다. 어떤 스티커는 웃음 표시가 있기도 하고 어떤 스티커에는 "네가 최고야(You're the Best!)" "재미있는 학교(School is Fun)" "독서 참 잘했어요(Great Reading)" "참 잘했어요(Good Behaviour)" 등 깨알같이 글씨가 쓰여 있기도 하다. 선생님들은 아이들에게 수시로 스티커를 받을 수 있는 기회를 마련해주고, 아이들에게 스티커를 붙여줄 때 다른 아이들에게도 이 아이가 왜 스티커를 받는지 구체적으로 설명을 하며 모든 아이들 앞에서 칭찬을 하며 붙여준다. 그러면 아이도 왜 스티커를 받는지 그 이유를 정확히 알게 된다. 별것 아닌 것 같은 이 작은 스티커도 아이들에게는 매우 소중하다. 학교가 끝날 때쯤 아이를 데리러 가면 스티커를 받은 아이는 의기양양하게 뛰어나와 엄마에게 자랑을 하곤 한다.

스티커가 행동을 칭찬하는 수단이라면 학습적인 면을 칭찬하는 수단으로 크레딧이라는 것이 있다. 영어 수업, 수학 수업, 과학 실험, 그림 그리기 등을 잘하거나 수업 시간에 집중을 하거나 숙제를 특별히

더 잘했을 때, 선생님은 스티커처럼 크레딧을 준다. 교실 한쪽 벽에 아이들의 이름이 각자 적힌 봉투가 있고 선생님이 우수한 아이들에게는 봉투에 크레딧을 넣어준다. 크레딧을 많이 모으는 아이는 추가의 보상이 있다.

조금 더 뛰어나면 상장을 받아온다. 상장 내용도 가지각색이다. 매일 아침 울던 현우가 받아온 첫 번째 상장은 "참 잘했어요(Good Behaviour)" 상장이었는데 하단에 "처음으로 울지 않은 날"이라고 쓰여 있었다. 밥을 잘 안 먹다가 잘 먹은 첫날에는 "잘 먹었어요(Great Eater)"라는 상장을 받기도 했다. 책 읽기를 잘한 날, 발표를 잘한 날, 수학 그룹에서 조별 활동을 잘한 날, 줄넘기를 잘한 날, 숙제를 잘한 날, 그림을 잘 그린 날, 집중을 잘한 날, 다른 사람을 잘 도와준 날, 정리를 잘한 날, 옷을 잘 입은 날 등 상을 주는 주제는 끝이 없는 것 같았다.

또한 매주 한 명씩 "금주의 스타(Star of the Week)"를 선정해서 상장과 소정의 상품을 주기도 한다. 매주 돌아가며 한 주씩 반에서 공동으로 돌보아주는 인형을 집으로 데리고 가서 돌보아줄 수 있는 특권을 주는 상도 있다. 현우가 리셉션을 다니던 때는 프로기라는 개구리 인형이 반에서 공동으로 돌보아주는 인형이었고 1학년 때는 모그라는 고양이 인형이 있었다.

모그는 주디스 커(Judith Kerr)라는 동화 작가의 책에 나오는 주인공으로 건망증이 심한 고양이다. 모그를 돌보아주는 책임을 맡게 되면 모그 인형과 책, 일주일간 집에 데리고 있으면서 함께한 활동을 기록하는 스크랩북이 딸려 온다. 모그 인형은 매우 정교하게 만들어져 있어 얼핏 보면 진짜 고양이가 앉아 있는 듯해서 우리 집에 데리고 있으며 나도 모르게 깜짝깜짝 놀라기도 했다. 사실 나는 모그의 존재를 모르고 있었는데 아이들 사이에서는 모그를 집으로 데리고 가는 것이 꽤나 자랑스러운 일이었나 보다.

현우도 모그를 데리고 오던 날 조심스럽게 안고 오는 모습이 어찌나 진지한지 그 모습을 바라보던 나는 웃음을 참기 힘들었다. 아이는 모그를 일주일간 껴안고 자기도 하고 같이 샌드위치도 만들고 레고랜드에도 데리고 갔다. 모그와 함께했던 모든 활동들을 사진으로 인화해 스크랩북에 붙이고 그림도 그리고 짧은 문장도 써서 일주일 뒤 학교로 반납했다. 모그를 집으로 데리고 가지 못했던 아이들은 서로 데려가고 싶어서 안달이다. 그렇지만 모그는 아무나 데리고 갈 수 있는 것이 아니다. 모범적인 학생에게만 선생님이 특별히 기회를 준다. 그렇다고 항상 1등만 하는 아이에게 기회가 가는 것이 아니라 모든 아이들에게 한 번씩 기회가 주어진다. 매일 친구들과 싸우기만 하던 아이가 어느 날 싸우지 않았다면 선생님은 그 아이를 매우 칭찬하며 "금주의 스타" 또는 모그 돌봄이 기회를 준다. 1년 동안, 한 반의 서른 명 아이들이 일

주일씩 돌아가며 공평하게 무엇인가 상을 받는 기회가 생긴다. 그래서 일등과 꼴등은 없지만 아이들은 이러한 기회를 획득하기 위해 열심히 노력한다.

아이들이 돌아가며 모그의 스크랩북을 만드는 것을 보는 것을 꽤나 흥미로웠다. 상으로 모그를 돌보는 것이지만 여기에는 반 아이들과 공동 과제를 수행하는 것도 포함되어 있었다. 수학, 영어, 그림 그리기 같은 숙제도 있지만 아이들은 모그와 함께하는 반 공동의 스크랩북을 즐겁게 만들었다. 어떤 아이는 모그에게 줄 크리스마스카드를 만들어 붙이기도 했고, 할머니 할아버지 집 또는 특별한 곳을 데리고 가거나 같이 요리하는 활동을 모그와 함께한 아이도 있었다. 모두가 모그를 살아 있는 친구처럼 대했다. 개개인의 숙제가 아니라 반 아이들이 모두 함께 이야기를 만들어가는 하나의 프로젝트인 셈이다. 그리고 이 프로젝트를 모그라는 특별한 존재와 함께한다.

그렇지만 영국의 선생님들도 아이들에게 벌을 안 줄 수는 없다. 현우네 학교에서 벌을 주는 방식은 옐로카드, 레드카드 및 플레이타임아웃 등의 방법이 있었다. 옐로카드는 교실에서 떠들거나 친구들과 다퉜을 때 받는 경고이고, 레드카드는 조금 더 심각한 경우에 받는다. 다른 아이에게 위험한 행동을 했을 때 받기도 한다. 이런 경우 선생님은 아이들이 왜 옐로카드나 레드카드를 받았는지 부모들에게 구체적으로 알려준다. 현우도 레드카드를 받은 적이 있었는데 선생님이 메일로 그 세부

내용을 알려주었다. 수업 중 현우가 가위를 다른 아이 얼굴 앞에 위험하게 갖다 대는 바람에 그 아이가 너무 놀라 울었다고 했다. 악의 없이 한 일인 것 같지만 자칫하면 위험할 수도 있어서 레드카드를 주었다며 집에서도 주의해달라고 정중하게 부탁을 해왔다.

레드카드를 받으면 플레이타임아웃이라는 벌이 주어지는데 오전과 오후에 있는 쉬는 시간에 다른 아이들과 함께 학교 운동장에 나가서 놀지 못하고 혼자 교실에 남아 있어야 한다. 즉, 아이에게서 놀 수 있는 권리를 빼앗는 것인데, 다른 아이들은 한창 밖에서 놀 때 혼자서 교실 안에서 심심하게 있어야 하므로 아이들이 가장 싫어하는 벌이다. 이렇게 영국 학교의 상벌문화는 한국의 상벌문화와는 다소 다른 점이 있다. 그러나 그 안에서 아이들은 모범생과 열등생으로 나누어지는 것이 아니라 모두 골고루 상도 받고 벌도 받으며 즐겁게 사회생활을 배우고 규율을 지키는 법을 배우게 된다.

효과적인 타임아웃은 칭찬만큼 효과적이다

지난주 복습 사항

데이브는 지난주 웨일스의 고등학교 학생들에게 뮤지컬을 가르치기 위해서 일주일 동안 집을 떠나 있었다. 그때 데이브는 캠핑카를 몰고 가 일주일간 그곳에서만 생활했다. 데이브는 이제 겨우 돌이 지난 레오를 캠핑에 데려갔고, 뮤지컬 수업이 있는 시간 외에는 거의 하루 종일 둘이서만 생활을 하며 자연 속에서 뛰어놀았다.

"저는 레오와 캠핑을 하면서 아이에게 스트레스를 주지 않기로 다짐했어요. 그래서 아이를 감시하거나 지시하는 대신 아이의 눈높이에 맞춰 놀아줬습니다. 아이가 신나서 소리를 지르면 함께 똑같이 소리를 질렀고, 아이가 뛰면 같이 뛰었죠. 무조건 아이와 똑같이 행동했어요. 그랬더니 레오가 즐거워하는 모습을 자주 볼 수 있었습니다. 아빠를 어른이라고 생각하는 대신 나와 함께 놀아주는 재미있는 친구라고 생각하는 것 같았어요. 밖에서도 툭하면 떼를 쓰고 엎드려 울던 아이었는데 캠핑장에서는 그런 모습을 거의 보지 못했습니다. 행복한 아이로 변했고, 모든 것이 신나서 그런지 이전보다 더 말도 잘 들었던 것 같아요. 레오에게도, 저에게도 매우 즐거운 일주일이었답니다."

물론 그 기간 동안 레오가 간간이 떼를 쓰기도 했지만 데이브는 레오의 나쁜 행동에 크게 신경 쓰지 않았다. 캠핑카라는 조금은 색다른 환경이어서 행동이 달랐을 수도 있다. 데이브는 평소처럼 레오의 투정에 민감하게 반응하지 않았고 아이 역시 아빠가 반응하지 않자 투정하는 횟수가 줄었다. 데이브는 놀이라는 행동을 통해 피라미드의 아랫부분을 매우 튼튼히 만들어온 셈이다. 레오의 잘못된 행동에 데이브가 반응을 하지 않자 레오도 떼를 써도 원하는 것을 얻을 수 없다는 것을 알게 되어 잘못된 행동도 점차 줄어들게 되었다.

선생님 코멘트

"일주일간 부모가 세워야 할 감정의 피라미드에서 가장 아랫부분을 튼튼히 만들어왔군요. 레오의 잘못된 행동에 아빠가 반응을 하지 않자 레오도 투정으로는 원하는 것을 얻을 수 없음을 알게 됐네요. 효과가 없자 그런 방법을 덜 사용하게 된 것이지요. 또 레오에게만 오로지 집중했던 것도 정말 좋은 일이었어요. 이렇게 충분히 부모와 시간을 보내고 충분한 관심과 사랑을 받으면 아이는 부모를 자연스럽게 신뢰하게 되죠. 따라서 고집을 부리거나 물건을 던지는 등 옳지 않은 방법으로 욕구를 표현하는 일이 자연스럽게 줄어들게 되거든요."

아이와 함께 세워야 할 피라미드의 최종 목표

아이와 세워야 할 피라미드의 맨 꼭대기에는 타임아웃(감정 조절하기)이 있다. 지금까지 다뤄온 개념을 다시 한 번 살펴보자. '놀이하기 → 칭찬하기 → 규율 정하기 → 무시하기 → 타임아웃' 순서의 제일 마지막이기도 하다.

왜 타임아웃이 피라미드의 가장 꼭대기에 있을까. 앞의 다섯 가지 순

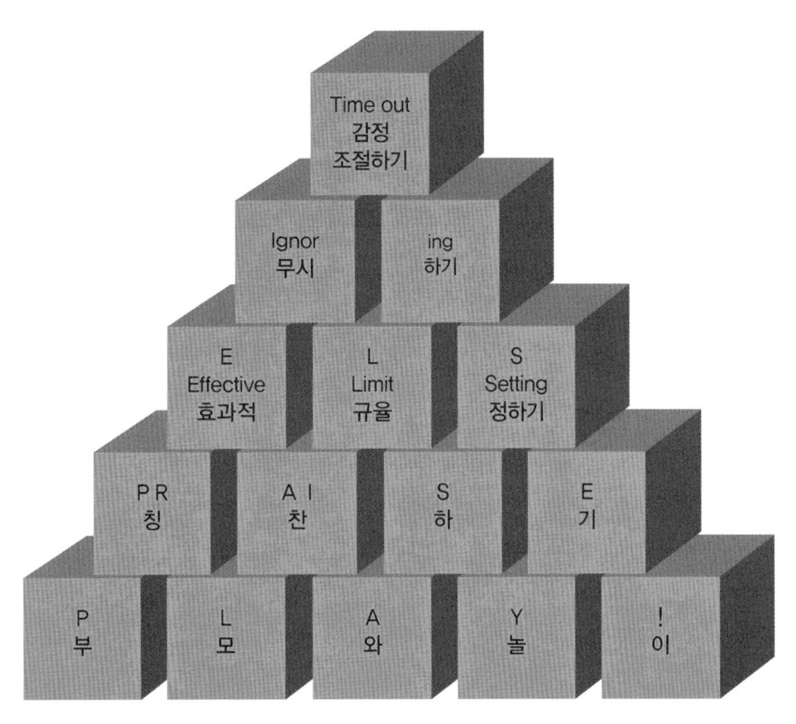

부모가 쌓아야 할 관계의 피라미드

서 중 가장 덜 사용하는 방법이어야 하기 때문이다. 아이와 함께 놀이를 하는 게 가장 아랫부분에 있는 이유는 아이와 함께 놀이하는 시간이 가장 많아야 하기 때문이다. 앞에서도 언급했듯 아이와의 놀이가 부모와 자녀 관계의 가장 밑바탕이 된다.

놀이는 아이에게 매우 중요하다. 아이들은 놀이를 통해서 배운다. 놀이를 통해서 언어가 늘고 도구를 사용할 줄 알게 되며, 사회성을 키우고 상상력을 기르고 다양한 역할을 맡아보며 많은 감정에 대해서 느끼고 배운다. 입학하기 전 책상 앞에서 선행학습을 하는 것보다 더 중요한 것은 충분한 놀이 시간이다. 아이들은 놀 권리를 충분히 누릴 수 있어야 한다. 그리고 그 놀이는 또래와 하는 것도 좋지만 부모와 규칙적으로도 해야 한다. 이때 부모와 자녀 사이의 관계에 신뢰가 형성되고, 이를 통해 마찰도 줄일 수 있다. 아이와 놀이 시간이 많은 부모일수록 아이에게 화를 내는 시간이 적어지고, '타임아웃'이라는 카드를 적게 사용할 것이다.

그렇지만 어떠한 부모도 아이에게 화를 내는 상황이 온다. 매를 드는 경우도 발생한다. 동양에서는 매가 아이를 가르치는 훈육의 수단이라고 하는 반면, 서양에서는 가정폭력으로 인식된다. 왜 매에 대한 인식이 다른 것일까? 유교 사상에 뿌리를 둔 동아시아 국가에서는 부모와 자녀는 수직관계다. 부모는 항상 아이의 위에 있고, 부모는 아이를 가르쳐야 하며, 아이는 부모의 말과 권위에 순종해야 한다. 많은 경우 부모의 말에 의견을 다는 것은 매우 버릇없는 행동으로 여겼다. 부모에게 순종하는 것, 이것이 곧 예(禮)라고 가르침을 받았다.

서양에서는 부모와 자녀의 관계는 수평적이다. 각각 다른 인격체로 존중되며 부모라고 해서 더 우월한 존재도 아니고 아이라고 해서 더 열등한 존재도 아니다. 자녀는 부모에게 자유롭게 자신의 의사를 표현하며 부모는 이러한 자녀의 의견을 존중하는 분위기가 조성되어 있다. 그렇지만 자녀를 양육할 때, 훈육이나 체벌을 아예 하지 않을 수는 없다. 자녀의 그릇된 행동을 올바르게 가르쳐주는 것도 부모의 의무이기 때문이다. 유교권의 동양에서는 그 수단으로 매를 들었다. 서양에서는 타임아웃을 선택했다.

왜 매를 들면 안 될까

자녀를 훈육할 때, 올바른 것을 가르쳐야 하지만 매는 들지 않아야 하는 이유가 있다.

첫째, 때리는 행위는 아이가 모욕감이나 수치심을 갖게 할 수 있다.

둘째, 때리는 행위는 부모가 감정을 조절하기 쉽지 않아 때리면서 더욱 격분하게 될 가능성이 높다.

셋째, 부모와 아이 모두 이성적으로 판단하기 어려운 경우가 생긴다.

넷째, 아이는 매를 맞았다는 상황에만 분노를 느끼고 왜 맞았는지에 대해서는 반성하지 못한다.

다섯째, 매를 맞고 자란 아이들은 다른 대인관계에서도 본인 생각에 맞지 않을 경우 다른 것에 대한 차이를 인정하지 않고 폭력으로 해결할 가능성이 있다.

매는 신체적인 처벌이다. 아무리 어린아이라고 하더라도 누군가에게 맞는다면 수치심이나 공포심, 모욕감 등을 느끼게 된다. 아이가 매를 맞고 같은 잘못을 저지르지 않는다면 좋겠지만 대부분의 경우 잘못된 행동이 다시 반복된다. 매를 맞고 같은 잘못을 저지르지 않는다고 해도 진심으로 뉘우쳤다기보다는 매가 무서워서 공포스러운 상황을 모면하고자 하기 때문이다. 공포심은 아이가 거짓말하는 상황을 조성하기도 한다.

아무리 가볍게 때리더라도 화가 난 감정은 아이에게 고스란히 전달된다. 아이를 때리다 보면 감정 조절이 되지 않아 강도가 점점 세지기도 하고 심지어는 소리도 지르게 된다. 이는 가정폭력과 다를 바 없고, 아이의 마음에는 그만큼 상처가 생긴다. 이 상처가 해결되지 않은 상태로 살아간다면 아이의 마음에는 분노가 쌓이게 되고, 심한 경우 부모를 용서하지 못할 상황까지 가기도 한다.

매는 되물림되기도 한다. 매는 폭력이다. 맞고 자란 아이들은 새로운 문제에 직면했을 때, 그 문제를 해결하는 방법으로 폭력을 사용할 가능성도 있다. 사춘기가 되면 친구뿐 아니라 부모에게도 폭력을 휘두르는 경우도 생길 수 있다. 어려서 잘못을 했을 때, 이를 해결하는 방법으로 부모에게 맞으며 자랐기 때문에 무의식중에 그것이 해결 방법이라고 배우게 된 것이다. 맞고 자란 아이들은 밖에서는 친구들에게 폭력을 사용하는 경우가 많다. 아이들을 유심히 관찰하면 알 수 있다. 아이들을 훈육하는 것은 매우 중요하지만 매를 들면 긍정적인 효과보다는 부정적인 결과가 더 많다. 매가 아닌 다른 방법으로 훈육을 하려면 어떻게 해야 할까.

타임아웃이 최고의 방법은 아닐지 몰라도 그 대안이 될 수 있다. 타임아웃은 부모가 일정 시간 동안 자녀가 혼자서 생각하며 스스로의 잘못을 뉘우치도록 하는 방법으로 서양에서 널리 사용되고 있다. 우리나라에도 이와 비슷한 훈육 방법이 시도되고 있다. 육아 예능 프로그램에 출연한 한 연예인 아빠가 자녀를 훈육할 때, 아이를 생각하는 의자에 앉게 했다. 일정 시간 이 의자에 앉아서 생각하고 반성이 다 끝났으면 나오라고 했는데 이 행동이 한동안 화제가 된 적이 있다. 타임아웃은 매만큼 자극적이지 않으면서 부모도 감정적으로 변하지 않는 상태에서 아이를 훈육할 수 있는 방법이다.

아이에게도 타임아웃 시간을 주고 그 시간 동안 부모도 숨을 고르고 이성적으로 생각해보자.

아이에게 화가 날 때 어떤 생각을 하는가

"아래층에서 시끄럽다고 올라오면 어떻게 하지?"

"하루 종일 저렇게 칭얼거리기만 하는구나!"

"더 혼을 내야 말을 듣겠구나."

"날 속상하게 하려고 일부러 저러는 것은 아닐까?"

"난 부모 자격이 없어. 아이를 낳지 말았어야 해."

"이게 다 남편(아내) 때문이야."

"이젠 너무 지쳤어."

"더 이상 못 참고 이젠 폭발할 것 같아!"

"저 아이가 날 힘들게 한 만큼 나도 아이에게 똑같이 해주어야지. 그래야 아이가 내가 얼마나 힘든지 알겠지?"

"정말 귀찮은 아이구나."

혹시 지금 아이에게 느끼는 감정이 어떤가? 앞에 제시한 이런 생각을 하는 것은 아닐까? 그렇다면 당장 생각을 멈춰야 한다. 부정적인 생각이 상황을 더 악화시키는 원인을 제공하기 십상이다. 대신 이런 주문을 외워보는 것은 어떨까? 스스로를 자책하거나 비판하는 대신 다음과 같은 생각을 해보자.

"침착해지자. 이 정도는 아무것도 아니야."

"누구나 다 완벽한 부모는 될 수 없어. 좋은 부모가 되도록 꾸준히 노력하자."

이런 생각조차 할 수 없을 정도로 화가 나 있다면, 심호흡을 하거나 속으로 하나부터 열까지 세는 것도 도움이 된다. 그러면서 이런 생각을 해보자.

"지금 나는 아이에게 무엇을 원하는 것일까?"

"지금 내가 하는 행동은 어떤 의미가 있을까?"

"나의 행동이 이 상황을 어떻게 바꿀까?"

"다르게 행동해야 한다면 어떻게 해야 할까?"

아이와 타임아웃에 대해 미리 상의하기

타임아웃은 어떻게 실시하면 좋을까. 갑작스럽게 타임아웃이 주어진다면, 아이는 그 상황에 당황할 수도 있다. 아이와 함께 어떤 상황에 타임아웃을 실시할지 미리 이야기를 하고, 그 상황에서만 타임아웃을 한다는 약속을 하는 것이 도움이 된다. 그리고 가능하면 이를 문서로 만들어 아이와 부모 모두 잘 보이는 곳에 걸어두자. 아이를 훈육해야 하는 상황에서 아이와 약속을 하는 것은 금물이다. 아이와 사이가 좋은 시간, 아이가 기분이 좋은 시간에 함께 이야기를 하고 약속을 정한다. 타임아웃이 주어지는 상황은 아래와 같은 예시가 있다. 세부 내용은 아이와 부모가 정하면 된다.

▷ 다른 사람을 때릴 때.

▷ 화를 내거나 소리를 지를 때.

▷ 거짓말을 할 때.

▷ 폭력적인 행동을 할 때.

타임아웃 시간은 어느 정도가 적당할까. 10분? 15분? 30분? 1시간? 사실 아이들에게 아무것도 하지 않고 가만히 있어야만 하는 타임아웃은 쉽지 않다. 1분도 매우 긴 시간처럼 곤혹스럽고 지겹게 느껴진다. 타임아웃은 아이의 만 나이만큼 시행하는 것이 적절하다. 만 3세라면 3분, 4세라면 4분, 5세는 5분 정도가 적당하다. 조금 더 큰 아이도 길어도 10분을 넘기지 않도록 한다. 주어진 시간 이전에도 아이가 스스로의 잘못을 진심으로 뉘우치고 잘못했다고 고백한다면 타임아웃은 그만두어도 괜찮다.

타임아웃을 지시할 때 부모도 최대한 감정을 조절해서 침착한 상태를 유지하도록 하자. 그러기 위해서는 아이에게 최대한 다정하게 말하도록 노력하고 타임아웃은 한 번에 한 가지 행동에 대해서만 주도록 한다. 또한 타임아웃을 실제로 이행하지 않을 것이라면 타임아웃을 핑계로 아이에게 협박하지 않는다.

아이가 타임아웃에 비협조적이라면

아직 타임아웃이 익숙하지 않은 아이라면 타임아웃 시간을 정하고 명령을 해도 얼마 안 있다가 다시 부모에게로 오거나 다른 행동을 하는 경우가 있다. 그럴 때마다 아이의 요구를 받아주거나 규율을 지키지 않는다면 타임아웃은 효과가 없어진다. 아이가 다시 부모에게로 와도 다시 타임아웃의 장소로 돌려보내야 하고, 정해진 시간 동안에는 아이가 다른 것에 관심을 보이는 것을 차단해야 한다.

타임아웃을 명령했을 때 반항하거나 투정을 부리는 경우라면 아이를 진정시킨 이후 타임아웃을 다시 실행한다. 비협조적이거나 반항을 할 경우, 타임아웃 시간이 그만큼 길어진다는 것을 알려주는 것도 한 방법이다. 타임아웃이 끝난 뒤에도 반항심에서 타임아웃 상태를 계속 유지하려는 아이들도 있는데 이 경우에도 이제는 타임아웃이 끝났음을 알려주고 아이가 타임아웃을 더 이상 지속하지 않도록 마무리짓는 것도 중요하다. 새로운 관심사를 제공하는 것이 때로는 도움이 된다.

또한 시작 전에는 아이에게 타임아웃 동안 어떻게 행동해야 하는지 구체적으로 상기시켜준다. 아이에게 타임아웃이 무엇인지, 부모가 왜 타임아웃을 사용하는지 구체적으로 설명하고 아이가 충분히 이해한다면 아이의 비협조적이거나 반항적인 태도가 줄어들 수 있다. 충분하게 설명했다면 아이는 부모의 말에 조금 더 순응하게 된다. 다음과 같이 말할 수 있다.

"동생과 놀다가 서로 생각이 다르다고 동생을 때리면 타임아웃을 하게 될 거야. 타임아웃은 네가 무엇을 잘못했는지 반성하는 시간이란다. 그 시간 동안은 엄마에게 오거나 동생과 말하거나 다른 놀이를 할 수 없어. 대신 타임아웃을 잘 지키고 타임아웃이 끝나고 나면 다시 네가 하고 싶은 것을 할 수 있어."

유의할 점도 있다. 형제가 다퉈 타임아웃을 할 경우, 동시에 타임아웃을 진행해야 아이들도 공평하다 느끼고 불만이 없다. 그러나 두 명 이상의 형제가 타임아웃을 하게 될 경우, 같은 공간에서 하면 타임아웃을 지킬 가능성이 높지 않으므로 각자 다른 장소에서 타임아웃을 하도록 하는 것이 조금 더 바람직하다.

타임아웃을 대하는 부모의 태도

부모도 타임아웃을 진지하게 대해야 한다. 그래야만 아이도 타임아웃의 의미를 진지하게 받아들이고 실행에 옮길 가능성이 높아진다. 부모가 타임아웃을 명령하면서, 이를 가볍게 여긴다면 아이도 타임아웃을 지키지 않아도 된다고 생각한다. 아이가 타임아웃을 지키도록 부모도 도와주어야 하는데, 특히 타임아웃을 하는 동안에는 아이에게 관심을 주지 않고 대화도 하지 않는다. 아이는 부모의 관심이나 대화를 유도하는 행동을 의도적으로 할 수도 하는데, 그때마다 부모가 반응하면 타임아웃을 지킬 수 없다. 마찬가지로 타임아웃을 하는 동안에는 아이와의 신체적 접촉도 피해야 한다.

타임아웃은 얼마나 자주 사용하면 될까. 매를 자주 들면 더 이상 매의 효과가 없어져서 강도가 더욱 세져야 하는 것과 마찬가지로, 타임아웃을 수시로 사용하면 효과가 떨어진다. 따라서 가급적이면 타임아웃이라는 카드를 사용하지 않도록 노력해야 한다. 체벌은 그 종류와 상관없이 빈도수가 높아질수록 아이에게 부정적인 영향을 준다. 특히 아이 스스로 잘하는 것이 하나도 없는 아이로 인식하도록 하며 자존감을 낮추기도 한다. 따라서 칭찬 스티커를 사용할 때와 마찬가지로 일정 기간 동안 타임아웃을 사용하게 될 행동을 한두 가지 정해서 그것에만 적용하는 것이 효과적이다. 어느 특정 행동 한두 가지에 대해서만 타임아웃을 사용한다면 아이의 행동에 변화가 나타날 것이다.

부모 교육을 함께 받았던 레이첼은 아이인 앨런이 소리를 지르거나 친구의 물건을 빼앗는 것, 마음에 안 들면 엄마를 때리는 행동을 볼 때마다 엄청난 스트레스를 받았다. 레이첼은 이 모든 행동에 타임아웃을 적용하고 싶었지만 아직 세 살밖에 안 된 앨런에게 타임아웃을 사용하는 횟수가 꽤 많아질 것이라고 예상되어 우선 엄마를 때릴 경우에만 타임아웃을 사용하겠다고 아이에게 설명했다.

아이가 엄마에게 소리를 지르는 상황이 되자 레이첼은 바로 타임아웃을 실행에 옮겼다. 아이에게 3분 동안 잘못한 행동을 방에서 반성하라고 지시했다. 타임아웃을 처음 경험하는 아이는 여러 차례 엄마에게 돌아오기도 하고 말을 걸어보려고 시도했으나 그때마다 레이첼은 단호하게 대응하며 방으로 아이를 다시 돌려보냈다. 그렇게 몇 차례 지나자 아이는 방에 들어가 혼자서 타임아웃의 시간을 가졌다. 그리고 이후에는 아이가 소리를 지를 때마다 타임아웃을 시도했고 이제 앨런은 엄마에게 소리를 지르면 타임아웃이라는 반갑지 않은 대가가 따르게 된다는 것을 알아채고 스스로를 조금씩 조절하기 시작했다고 한다.

타임아웃이 아이들에게 체벌로 기능하는 이유는 타임아웃이 아이들에게 매우 지겨운 시간이기 때문이다. 아이들은 지겨운 것을 무엇보다 싫어한다. 놀이를 할 수 있는 시간, 다른 활동을 할 수 있는 시간, 음식을 먹을 수 있는 시간, 부모와 대화할 수 있는 시간, 이런 즐거운 시간을 누릴 수 있는 권리를 타임아웃이라는 체벌을 통해 빼앗기게 된다. 단 몇 분이지만 아이들에게는 그 시간이 매우 길게 느껴진다.

공공장소에서도 타임아웃

"너 집에 가면 혼날 줄 알아!"

많은 엄마들이 길거리에서 아이들에게 흔히 하는 말이다. 왜 공공장소에서 잘못한 일을 집에 가서 체벌하려는 것일까? 칭찬과 마찬가지로 훈육이나 체벌을 할 때에는 바로 그 장소에서 즉시 하지 않으면 효과가 없다. 오히려 집에 가서 훈육을 받는 아이는 밖에서 있었던 일을 기억하지 못하고 있다가 이유도 모르고 혼나는 상황이 되곤 한다. 영국의 부모들은 안전한 장소라면 공공장소에서 타임아웃을 실시하기도 한다.

한 번은 이웃집 카를라와 그녀의 아들 베르나르도와 함께 수족관에 놀러간 적이 있었다. 베르나르도는 너무나도 흥분한 나머지 여기저기 혼자서 돌아다니다가 우리의 시선에서 그만 사라져버리고 말았다. 카를라와 나는 수족관 안을 돌아다니며 베르나르도를 찾아다녔다. 다행히 곧 아이를 안전하게 찾을 수 있었으나, 카를라는 무척이나 화가 난 상황이었다. 공공장소임에도 카를라는 베르나르도에게 타임아웃을 지시했다.

약간의 거리를 두고 있었지만 우리의 시선이 닿는 곳에 베르나르도를 혼자 놔두고 타임아웃 시간을 가지라고 했다. 베르나르도는 몇 번 엄마에게 눈길을 주기는 했지만 시키는 대로 혼자 앉아서 타임아웃 시간을 보냈다. 옆에서 보고 있자니 엄마에게 도움의 눈길을 요청하는 그 모습이 귀여워서 내가 베르나르도를 보고 살짝 웃어주자 카를라가 아주 단호하게 말한다.

"절대로 베르나르도에게 웃어주거나 눈길을 마주치면 안 돼요. 그러면 베르나르도는 지금 이 상황이 얼마나 심각한 상황인지 깨닫지 못하고 장난이라고 생각할 거예요."

그 말에 나 역시 타임아웃 동안은 베르나르도를 대하는 태도를 바꿔 카를라의 아군이 되어주었다. 적당한 시간이 지나자 카를라는 베르나르도에게 가서 안아주고 위로해주며 타임아웃을 끝냈다.

이 모든 상황이 매우 놀라울 뿐이었다. 공공장소임에도 타인의 시선에 아랑곳하지 않고 단호하게 타임아웃을 실시한 카를라도 놀라웠고 그때까지는 타임아웃을 제대로 실시하지 않아 시도를 하려고 해도 장난처럼 받아들이던 우리 아이들과는 달리 타임아웃이라는 체벌이 주어지자 순순히 따르던 베르나르도의 행동도 놀라웠다.

"어떻게 베르나르도가 저렇게 타임아웃을 잘 지킬 수 있는 거죠?"

"우리는 베르나르도가 두 살 무렵부터 타임아웃을 실시했어요. 집안에서든, 공공장소든 상관없이 타임아웃이 필요하다고 판단되면 즉시 실천했죠. 자주 하지는 않지만 타임아웃을 하는 경우는 그 상황이 얼마나 심각한 상황인지 이제 베르나르도도 잘 인지하고 있고 타임아웃 도중에는 엄마나 아빠가 어떠한 반응을 하지 않는 것도 알고 있답니다. 물론 처음에 몇 번 시행착오를 겪기는 했지만 이제는 타임아웃에 대해 아이가 잘 인지하고 있어요. 이렇게 되기까지는 연습이 필요했죠."

영국의 많은 부모들은 집 안팎에서, 그리고 집과 학교에서 일관된 규칙을 유지하기를 원한다. 학교에서 칭찬받는 일은 집에서도 칭찬을 받고, 학교에서 훈육을 받는 일이라면 집에서도 훈육을 받게 한다. 마찬가지로 집안에서 칭찬을 받는 일은 공공장소에서도 칭찬을 받고, 집안에서 훈육을 받는 일은 공공장소에서도 동일하게 훈육을 하는 모습을 볼 수 있다. 이처럼 칭찬과 훈육의 일관성이 중요하다.

"공공장소에서 훈육해야 하는 상황을 최소한으로 하고 싶다면 아이와 외출 전에 미리 약속을 정하세요. 구체적으로 어떤 상황에서 어떤 훈육을 받게 될지에 대해 아이에게 충분히 인지시켜주세요. 예를 들면 친구와 싸울 경우에는 모든 일정을 취소하고 집으로 간다는 약속을, 장난감을 사 달라고 떼를 쓰면 타임아웃을 하겠다는 약속을 하는 거예요. 그리고 약속한 훈육 방법을 사용해야 할 상황이 생기면 외출 전에 했던 약속을 아이에게 상기시켜주세요. 그러면 예측하지 못했던 공공장소에서의 떼 쓰기나 아이들끼리의 다툼이 줄어들게 됩니다."

수업을 담당하는 키런 박사의 조언이었다. 사건이 벌어지고 난 뒤 뒷수습으로 훈육을 하기보다는 훈육이나 체벌의 상황까지 가기 전에 예방하는 것을 강조한 것이다.

마지막으로 중요한 것이 하나 더 남았다. 타임아웃이 끝난 뒤에 마무리를 잘해야 한다. 타임아웃이 끝나면 아이에게 왜 타임아웃 시간이 주어졌는지 이야기하지 않는다. 아무 일 없었던 것처럼 아이를 대해주고 안아주며 긍정의 말을 해주고 간식을 주는 등 아이를 위한 행동을 한다. 그러면 아이는 부모가 아이를 미워해서 그런 것이 아니라 사랑하기 때문에 하는 체벌이라는 것을 느끼게 될 것이다.

TIP
타임아웃을 위한 팁

≫ 아이에게 정중하게 대한다.

≫ 예상되는 아이의 반항적인 행동에 대해 마음의 준비를 한다.

≫ 화가 난 상황에서는 미리 경고를 한다.

≫ 부모 스스로 화를 조절하도록 노력하고 갑자기 '욱'하지 않도록 한다.

≫ 타임아웃 뒤에는 2분 정도 조용한 시간을 갖는다.

≫ 타임아웃을 사용해야 하는 행동에 대해서 아이와 미리 상의하고 결정한다.

≫ 합의된 행동에 대해서는 일관적으로 타임아웃을 사용한다.

≫ 타임아웃으로 아이를 협박하지 않는다.

≫ 타임아웃 동안에는 아이에게 관심을 보이지 않는다.

≫ 신체적인 체벌 대신 아이가 원하는 것 중 한 가지를 금지시키는 방법을 사용한다.

≫ 타임아웃을 시작하면 중간에 포기하지 않고 완수한다.

≫ 어떠한 상황에서도 타임아웃을 일관되게 사용한다.

≫ 배우자가 아이에게 타임아웃을 사용할 경우, 배우자의 의견에 동의해주고 아이 편에 서지 않는다.

≫ 타임아웃은 자주 사용하지 않는다.

≫ 타임아웃을 사용했다고 해서 아이의 행동이 바로 바뀔 것이라고 생각하지 않는다.

≫ 타임아웃을 통해서 아이가 변하는 데는 시간이 걸린다. 인내가 필요하다.

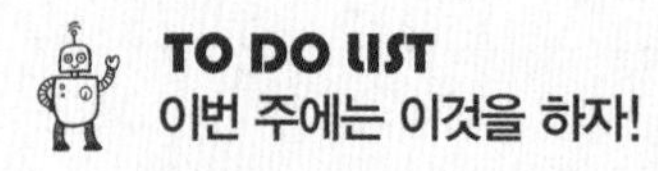

≫ 아이에게 화가 났던 상황에서도 침착하게 지나갔던 경험이 있으면 생각해 보기.

≫ 타임아웃을 사용해야 할 상황에 대한 약속을 정하기.
(예. 누군가를 때렸을 경우, 거짓말을 했을 경우 등)

________은(는) ______________할 때, 타임아웃을 _________분 하겠습니다.

영국의 공교육 IX

다문화 다양성이 공존하는 학교

"저희가 영국에 온 지 6주밖에 되지 않아 아직 아이가 영어를 못 합니다. 학교생활은 괜찮을까요?"

입학 통지를 받고 선생님 면담 차 처음으로 학교를 방문했을 때, 현우의 담임선생님이 될 미스 화이트에게 내가 한 질문이다. 미스 화이트는 웃으며 말했다.

"괜찮아요. 지금 이 학교에 다니고 있는 아이들의 40퍼센트 이상이 외국인이에요. 영국인보다는 영어가 모국어가 아닌 학생들이 실제로 더 많고요. 아이들 대부분이 처음에는 영어를 잘 못하지만 금세 배운답니다. 크게 걱정하지 않아도 됩니다. 교사들도 그런 부분을 잘 인지하고 있고 아이들을 다루는 방법도 잘 알고 있습니다."

선생님의 말에 안심도 되었지만, 동양인이라고는 거의 찾아볼 수 없는 이 학교에 외국인이 40퍼센트나 된다는 것이 의아하기도 했다. 알고 보니 폴란드, 루마니아 등 동유럽 학생들이 차지하는 비율도 꽤 높았고 아랍계도 상당히 많았다. 현우가 다녔던 학교의 모토 자체가 '다양성과 다문화를 존중하는 밝고 뛰어난 공동체'였고, 실제로 이 학교에서는 다문화를 존중하는 교육을 실천하고 있었다.

다른 민족의 축제 기간이면 학교에서 공식적으로 그 축제 기간을 함께 축하하는 분위기를 만들어준다. 인도의 디왈리 축제, 유럽의 크리스마스 및 부활절, 설날 등을 학교에서도 대대적으로 알린다. 무슬림

의 라마단 기간(Ramadan, 이슬람교에서 행하는 1개월 정도의 금식 기간이다. 아랍어로 '더운 달'이라는 뜻으로, 이슬람력에서 9번째 달을 말한다)에는 금식에 참여하는 무슬림들을 조금 더 배려하자는 공지를 한다.

다양성을 존중하는 모습은 점심 급식에서도 나타난다. 주로 서양식 식단이기는 하지만 채식주의자 메뉴는 항상 별도로 있고, 무슬림을 존중하기 위해 모든 육류는 할랄 고기를 사용한다. 주 1회 인터내셔널 데이를 정해 다양한 나라의 음식을 주기도 하는데 멕시코, 스페인, 중국 음식 등이 주로 나온다.

다문화를 위한 배려는 학부모에게도 적용된다. 어느 날 학교의 공지사항에는 이민자 가정의 부모를 위한 모임이 있으니 원할 경우 참석하라는 내용이 있었다. 40퍼센트 이상이 외국인이라고 해서 많은 외국인 학부모가 참석할 것으로 기대했는데 정작 가서 보니 참석한 사람은 네다섯 명뿐이었다. 이렇게 적은 인원을 위해서도 선생님들은 외국인 부모들에게 매우 열심히 학교에 대한 안내와 설명을 해준다. 이전에도 학교를 다닌 학생들의 경우는 학부모와 교사들도 친분이 있는 사이라서 지난해에 비해 아이가 어떻게 발전했는지, 지금은 어떻게 생활하고 있는지를 개별적으로 이야기해주는 세심함을 보였다.

학교에서는 다문화뿐만 아니라 서로 다른 다양성을 존중하는 것도 매우 중요하게 가르친다. 장애인 학생들도 반드시 특수학교에 가야 할 상황이 아닌 이상 함께 일반 학교를 다니는데 장애인 친구라고 해서,

또는 한부모 가정의 자녀라고 해서 놀리거나 하지 않는다. 오히려 편견 없이 함께 어울려 지내는 것이 더욱 자연스럽다. 여기에는 학교의 배려와 가정교육도 있지만 영국의 공영방송도 한몫한다.

어린이 프로그램을 방영하는 방송국인 CBBC에서 진행하는 한 어린이 프로그램이 있는데 진행하는 예쁜 '언니'는 팔에 장애가 있다. 또 다른 프로그램에는 일반적인 영국 아이들과 다양한 인종의 어린이뿐만 아니라 다운증후군이나 시각장애인 아이들도 출연하는데 모두들 아무렇지 않게 함께 지낸다. 어린이를 대상으로 한 프로그램조차 외모와 끼를 보고 선발하는 한국의 어린이 방송 프로그램과는 사뭇 다른 구성에 놀라지 않을 수 없었다. 이렇게 어린 시절부터 나와 다른 모습을 보고 이상하게 생각하는 것이 아니라, 다른 모습을 지녔더라도 차별 없이 함께 어울릴 수 있는 분위기를 만들어주는 학교와 사회야말로 진정한 선진사회가 아닐까 생각해본다.

아이를 위한 다섯 가지 사랑의 언어

지난주 복습 사항

어느 날 제니퍼의 아들이 놀다가 실수로 거울을 깨뜨렸다. 평소 같으면 제니퍼는 화부터 냈을 텐데 화를 내는 대신 "다친 데 없니?"라고 먼저 물었다. 제니퍼는 이날만큼은 잠시 멈추고 생각해보았다. "나에게 무엇이 더 소중하지? 깨진 거울인가? 아니면 내 아들의 마음인가?"

물론 답은 정해져 있다. 제니퍼는 거울 하나 깨진 것으로 아들의 마음도 깨뜨릴 수 없다고 판단했다. 제니퍼는 우선 아들이 다치지 않은 것에 안도의 한숨을 내쉬고 아이를 혼내지 않았다. 아이가 잘못을 저질렀으니 타임아웃도 생각해봤지만 의도가 있었던 것이 아니었으므로 타임아웃을 할 만큼 큰 잘못을 한 것은 아니라고 판단했다.

엄마가 평소와 다르게 화내지 않자 아들이 흠칫 놀랐다. 보통 이런 상황에서 엄마는 늘 소리를 지르며 혼을 냈기 때문이다. 아이는 엄마가 화를 내지 않았다는 것에 매우 고마워했고, 그날 밤 잠자리에 들기 전에 엄마에게 작은 목소리로 "사랑해요"라고 말했다. 제니퍼는 화를 내는 대신 아이의 몸과 마음을 살펴주었다. 그래서 거울은 깨졌지만 아들의 마음은 깨지지 않았다.

선생님 코멘트

"화가 나는 상황에서도 아이에게 곧바로 화를 내지 않고 감정을 조절했을 뿐만 아니라 타임아웃이라는 카드도 사용하지 않고 침착하게 아이를 다독인 것에 대해 박수를 드리고 싶습니다. 쉽지 않은 상황이었는데도 노력하는 모습을 보여주어서 정말 자랑스럽군요. 계속 발전하는 모습을 보여주세요. 엄마도 이렇게 노력하고 있다는 것을 아이도 알게 될 거에요."

다섯 가지 사랑의 언어를 아십니까

게리 채프먼(Gary Chapman) 박사는 《다섯 가지 사랑의 언어》라는 책에서 사랑의 언어에 대해 이야기한다. 사랑의 언어로는 다섯 가지가 있는데 함께하는 시간(time), 봉사(actions), 인정하는 말(words), 선물(gifts), 스킨십(touch)이다. 우리가 같은 언어로 소통하듯이 사랑도 상대의 언어로 표현해야 소통할 수 있다. 나의 사랑의 언어가 아니라 상대방의 언어로 사랑을 표현할 때, 그 사람의 '감정의 저수지'에 사랑이 가득 채워진다. 따라서 나와 상대방의 사랑의 언어가 각각 무엇인지를 아는 것은 매우 중요하다. 이는 아이와 대화할 때도 마찬가지이다. 아이가 가장 잘 이해할 수 있는 언어로 아이에게 사랑을 표현해주는 것이야말로 아이의 감정의 저수지를 채워줄 수 있는 방법이이라고 채프먼 박사는 설명한다. 채프먼 박사는 이후 《부부를 위한 다섯 가지 사랑의 언어》뿐 아니라 《자녀를 위한 다섯 가지 사랑의 언어》도 출간했다. 자녀를 위한 다섯 가지 사랑의 언어를 조금 더 구체적으로 살펴보자. 그리고 이를 부모가 세워야 할 피라미드에 적용시켜보자.

• 함께하는 시간
(부모가 세워야 할 피라미드에서 가장 아래인 '놀이'에 해당)

함께하는 시간은 부모와 아이의 관계를 형성하는 데 매우 중요하다고 앞에서 여러 번 언급했다. 회사에서 아무리 힘든 일이 있었어도, 배우자와 다툰 후 감정이 상했어도 아이와 함께하는 시간 동안에는 부정적인 감정을 아이에게 전이시키지 않아야 한다. 부모와 함께 있고 싶어 하는 아이에게는 '함께하는 시간'이 사랑의 언어일 가능성이 높다. 이런 아이에게는 부모가 다른 곳에서 받은 부정적인 감정을 아이에게 전달하거나, 아이와 함께 있는 시간 동안 아이에게 오로지 집중하지 않으면 아이는 스스로를 가치가 없는 존재라고 느끼고 좌절하게 된다.

아이와 함께하는 시간을 규칙적으로 정해 매일 그 시간만큼은 아이에게 집중하며 즐거운 시간을 보내보자. 아이의 감정의 저수지는 기쁘게 채워질 것이다. 무엇보다 함께하는 시간의 양도 중요하지만 그 시간을 어떻게 보내는지가 매우 중요하다는 것도 잊지 말자. 이 시간 동안 부모는 아이와 놀이를 할 수도 있고, 책을 볼 수도 있고 대화를 할 수도 있고 함께 음식을 만들어 먹을 수도 있다. 아이의 성향이나 아이가 선호하는 것에 따라 아이에게 맞추어 그 시간을 즐겁게 채우면 된다.

• 봉사

(부모가 세워야 할 피라미드에서 가장 아래인 '놀이'에 해당)

봉사라는 말을 들으면 너무 거창한 것 같이 보인다. '함께 무엇인가를 하는 것'이 조금 더 구체적인 설명에 가깝다. 무엇이든지 부모와 함께 하기를 원하는 아이가 있다. 이런 성향을 지닌 아이는 무엇이든 부모와 함께한다는 것만으로도 행복해한다. 함께 요리를 하거나 놀이를 하는 것과 같은 행동부터 손을 잡고 길을 걸어가는 것, 넘어졌을 때 일으켜주는 것, 자전거를 타거나 수영을 하거나 노래를 부르거나 그림을 그리는 것 등 어떤 것도 괜찮다. 함께하는 것이라면 무엇이든 괜찮다.

이런 활동 역시 부모가 세워야 할 피라미드의 가장 아랫부분인 '부모와의 놀이'에 포함된다. '함께하는 것'이 사랑의 언어인 아이들은 부모가 아이와 함께 시간은 보내지만 텔레비전을 보는 것과 같이 수동적인 양육 태도를 보이면 욕구가 충족되지 않는다. 작은 약속도 제대로 지켜지지 않는다면 아이는 상처를 받는다. 부모가 함께하는 활동에 가장 많은 반응을 보이는 이런 부류의 아이들과는 지킬 수 있는 약속만 하고, 아이와 함께하는 활동을 조금 더 구체적으로 계획해 실천에 옮겨야 한다.

• 인정하는 말

(부모가 세워야 할 피라미드에서 '칭찬하기'에 해당)

"사랑한다"는 말은 아무리 많이 해도 지나치지 않는다. 그러나 아이에게 사랑을 표현하는 언어가 "사랑해" 한 마디만 있는 것은 아니다. 물론 사랑한다고 아이에게 자주 말해주는 것은 매우 중요하다. 그렇지만 사랑한다는 언어적 표현을 지닌 말에는 칭찬과 격려도 포함되어 있다.

인정하는 말에 더 많이 반응하는 아이라면 아이가 원하는 사랑의 언어는 칭찬이다. 꾸짖거나 비교하는 말은 아이의 감정에 더욱 부정적인 영향을 끼친다. 피라미드의 밑에서 두 번째에 위치한 '칭찬하기'를 더욱 적극적으로 활용해보자. 또한 앞에서 다룬 감정 코칭, 인내 코칭, 사회성 코칭도 고려해 인정하는 말을 자주 사용하며 아이에게 사랑의 언어를 적극적으로 표현해야 한다.

아이는 부모의 말을 통해 다듬어진다. 부모에게 긍정적인 표현을 많이 들으며 자란 아이는 긍정적으로, 부모에게 부정적인 표현을 많이 들으며 자란 아이는 부정적인 성향을 가진 사람으로 자랄 가능성이 높다. 말은 상처를 주기도 하지만 치유를 하기도 한다. 아이는 부모의 말에 상처를 받지만, 부모의 따뜻하고 긍정적인 말로 다시 치유될 수 있다. 말은 이처럼 어마어마한 영향력을 가지고 있다.

• 선물

(부모가 세워야 할 피라미드에서 '칭찬하기'와 '효과적 규율 정하기'에 해당)

값비싼 장난감이나 선물만이 선물이 아니다. 선물에 포함된 의미와 노력 역시 선물이라는 물질만큼 중요하다. 사랑의 언어가 선물인 아이에게는 작은 선물이라도 그 선물에 담긴 의미에 대해 알려주면 선물을 받는 것에 고마움을 느낀다. 작은 칭찬 스티커 하나를 받을 때에도 그 스티커가 주는 의미를 다시 한 번 설명해주자. 선물이 사랑의 언어인 아이에게는 작은 선물이라도 매우 뜻깊은 일이 될 수 있다. 의미 있는 선물을 많이 받아본 아이는 다른 사람에게도 적절한 상황에서 사려 깊은 선물을 할 줄 아는 마음이 따뜻한 사람으로 자라게 된다.

선물에는 물질적 선물과 비물질적 선물이 있다는 것도 명심하자. 물질적 선물에만 길들여진 아이는 무엇이든 물질적인 보상으로 선물을 받으려고 한다. 비물질적 보상의 가치에 대해서도 아이가 알 수 있도록 가르쳐주는 것도 매우 중요하다.

318

• **스킨십**

(피라미드의 모든 단계)

아이와 손을 잡고 길을 걷는 것, 안아주는 것, 뽀뽀하는 것, 머리를 쓰다듬어주는 것, 어깨를 다독여주는 것, 하이파이브를 하는 것, 마사지를 해주는 것도 사랑을 표현하는 또 다른 방법이다. 스킨십을 충분히 받고 자란 아이들은 오감을 충분히 발달시키며 감정이 풍부한 아이로 자란다. 스킨십이 사랑의 언어인 아이들은 안아달라고 부모에게 달려갔을 때, 부모가 이를 거절한다면 매우 상심하게 된다. 그리고 서서히 마음의 문을 닫게 된다. 다른 사랑의 언어도 모두 중요하지만 스킨십은 부모가 세워야 할 피라미드의 모든 과정마다 적용하는 것이 좋다. 특히 아이가 훈계를 받거나 잘못된 행동으로 타임아웃 등의 체벌을 받은 뒤의 스킨십은 무엇보다 중요하다. 따스한 손길은 상처받은 아이의 마음을 다독여주며 이 모든 것들은 부모가 아이를 사랑하기 때문이라는 것을 알려주는 가장 좋은 방법이기 때문이다.

아이들은 다섯 가지 사랑의 언어를 모두 필요로 한다. 어릴수록 아이들은 더욱 많은 사랑의 표현을 필요로 한다. 어떤 아이들은 사랑의 언어를 골고루 필요로 하는 반면, 또 어떤 아이들은 한두 가지에 특히 반응하기도 한다. 부모가 자녀의 기질을 파악하고 기질에 맞게 반응해주어야 하는 것처럼 아이에게 필요한 사랑의 언어가 무엇인지 잘 관찰하여 그 언어를 집중적으로 사용해야 한다. 아이와의 관계가 제대로 형성된다면 아이는 스스로 충분히 사랑받고 있음을 느끼게 된다. 아이의 문제는 아이만의 문제가 아니라 부모와의 관계에서 비롯된다. 아이에게서 나타나는 문제는 아이가 불만을 표현하는 하나의 방법일 뿐이다. 부모 입장에서는 문제처럼 보일 수 있지만 이런 문제는 아이와 함께하는 시간을 많이 만들수록, 긍정적인 표현을 많이 해줄수록 많은 부분이 자연스럽게 해소된다. 그 시간 동안 아이가 반응하는 사랑의 언어를 사용하여 마음껏 사랑을 표현해주자. 그러면 감정→행동→사고 사이클에도 선순환을 가져오며, 감정 코칭, 사회성 코칭 및 칭찬과 훈육을 할 때에도 한층 부드러워질 것이다.

상대의 눈을 바라보라

"상대의 눈을 바라보라(Look people in the eyes)." 영국의 부모들이 아이들에게 가장 중요하게 가르치는 개념 중 하나다. 서양에서는 대화할 때 다른 사람의 눈을 쳐다보지 못하는 사람은 자신감이 없거나 거짓말을 한다고 생각한다. 반면 오랜 세대를 거쳐 유교 문화권에서는 어른의 눈을 쳐다보며 대화하면 버릇이 없다고 여겨졌다. 우리는 타인의 눈을 쳐다보며 대화하는 것에 익숙하지 않다. 그러나 눈은 영혼의 창이다. 상대방의 눈을 바라보고 있으면 그 사람의 내면을 알 수 있다. 연인들은 서로의 눈을 쳐다보기를 부끄러워하지 않는다.

우리는 얼마나 자주 아이와 눈을 마주치는가. 하루에 한 번씩이라도 아이와 눈으로 대화하는 시간을 가져보자. 입으로는 침묵하더라도 눈으로 아이에게 사랑의 마음을 전달해보자. 눈을 마주보는 것만으로도 진실한 마음이 전달된다. 아니, 말로서 전하지 못하는 더 많은 것들이 눈을 통해서 전달될 것이다.

왜 아이에게 사랑을 표현해주어야 할까. 너무 당연한 말이지만 다시 한 번 생각해보자. 그리고 나는 오늘 아이에게 얼마나 사랑을 표현했는지 돌이켜보자. 아이가 원하는 만큼 충분히 사랑을 표현해주었는가? 아이에게 사랑을 표현하는 것이 서투른가? 또는 아이를 사랑한다는 것은 당연한 일인데 굳이 그렇게까지 표현해야 할 필요가 없다고 생각하는 것은 아닐까? 아니면 하루하루가 피곤해서 사랑의 언어를 표현할 만큼의 여유가 없는가?

나 역시 사랑의 언어로 표현하는 것이 서툴렀던 시절이 있었다. 그러나 이 부모 교육을 받고 나서는 의도적으로 긍정적인 언어로 표현하고 함께 재미있는 시간을 보내거나 스킨십을 더 많이 하려고 노력하고 있다. 부모가 아이를 꾸짖기만 한다면 그 아이는 누구에게서 사랑의 표현을 받을 수 있을까? 부모는 아이에게 사랑을 주어야 하는 가장 가까운 사람이라는 것을 잊지 말자. 부모의 사랑에 대한 확신이 없는 아이들은 "나는 왜 태어났을까?"라는 생각을 무의식중에 하게 되며 자존감 형성에 부정적인 영향을 받는다.

다섯 가지 사랑의 언어를 아이의 언어에 맞게, 상황에 따라 적절하게 사용하며 아이에게 사랑을 꾸준히 표현하자. 백 명의 부모에게 "당신의 아이를 사랑하십니까?"라고 물으면 백 명의 부모 모두 그렇다고 대답한다. 그러나 백 명의 아이에게 "너희 부모가 너희를 사랑한다고 생각하니?"라고 질문하면, 10세 미만의 아이들은 "네!"라고 대답하지만 청소년기의 아이들은 "잘 모르겠어요"라고 대답하는 경우가 의외로 많다. 나는 더 많은 아이들이 "부모님은 저를 사랑해요!"라고 확신에 찬 대답을 할 수 있기를 바란다. 그러기 위해서는 부모가 자녀에게 꾸준히 사랑을 표현해주어야 한다. 아이를 사랑하는 것이 당연한 것인데 굳이 이토록 여러 방법으로 표현해야 할 필요가 있냐고 생각할 수도 있다. 그러나 사랑을 표현하지 않는다면 알 수가 없다. 부모가 사랑을 표현하는 집의 아이들과 부모가 사랑하지만 표현을 하지 않은 아이들은 훗날 사춘기를 겪는 과정에서 차이가 난다.

먹고살기 힘들었던 시절, 빈부차이는 경제적으로, 물리적으로 눈에 보이게 차이가 났다. 그러나 제4차 산업혁명 시대를 맞이하고 있는 요즘은 어떤가? 물질적 빈부차이가 없어진 것은 아니지만 그것보다 더한 빈부차이가 눈에 띈다. 바로 정서적 빈부차이다. 정서적으로 풍요로운 가정에서 자란 아이들과, 그렇지 않은 아이들은 확실히 다르다. 또래 관계에서도, 작은 행동 하나하나에서도 차이가 난다. 이것은 아이의 인생 전반에 영향을 미친다.

나의 둘째 아이 재우는 자기 주장을 굽히지 않고 의사를 적극적으로 표현해 때로는 나를 매우 힘들게 했지만, 동시에 사랑을 표현하는 데에도 주저하지 않는 아이였다. 말을 잘하지 못할 때에는 유난히 더욱 안아달라고 떼를 쓰는 바람에 항상 안고 다니느라 허리며 팔이며 아프지 않은 곳이 없을 정도였다. 그만큼 아이가 나에게 안겨 있기를 원하기도 했지만 반대로 나를 많이 안아주기도 했다. 말문이 트이기 시작하면서는 하루에도 몇 번씩, 짧은 발음으로 "엄마 샤냥해(사랑해)", "아빠 샤냥해(사랑해)"라고 말하며 뽀뽀를 하고 속삭여주었다. 큰아이도 물론 사랑을 표현했지만 현우의 사랑 표현에 비하면 재우의 사랑 표현은 폭포수같이 쏟아지는 것 같았다. 어쩌면 많은 부모들이 그럴 수도 있지만 나는 아이에게 애정을 표현하는데 익숙하지 않았기 때문에 쏟아지는 재우의 사랑 세례에 어떻게 반응해야 할지 몰라 어색해 한 적이 많았다.

그렇지만 사랑의 언어를 배우고 나서는 나 역시 아이들에게 이 다섯 가지 사랑의 언어를 더욱 적극적으로, 골고루 사용하고자 노력하고 있다. 내가 사랑의 언어를 적극적으로 사용하려고 노력하자 아이들 또한 더 많은 사랑의 언어를 내게 표현하기 시작했다. 그때 깨달았다. 내가 아이들에게 아이들의 사랑의 저수지를 채워주는 것이 아니라 나의 조그만 사랑의 언어에도 두 배, 세 배로 반응해주는 아이들이 나의 메마른 사랑의 저수지에 넘치게 사랑을 채워주고 있다는 것을.

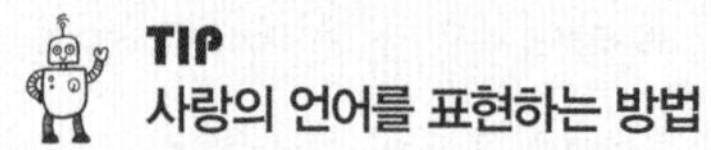

TIP
사랑의 언어를 표현하는 방법

≫ 매일 10분 이상씩 아이와 함께하는 시간을 만든다.

≫ 아이와 함께 놀 때 최소 세 번 이상 상황에 대해 구체적인 묘사를 한다.

≫ 아이의 말을 들어줄 때 긍정적인 표현을 한다.
(예. 눈높이를 맞추어주기, "그랬구나"와 같은 긍정적인 반응 보이기)

≫ 아이가 좋아하는 활동에 적극적으로 관심을 보여준다.
(예. 함께 참여하기, 잘 들어주기, 격려하기 등)

≫ 매일 최소 세 번 이상 구체적인 내용을 칭찬해준다.

≫ 아이의 긍정적인 모습을 끌어내기 위해 추가적인 활동을 한다.
(예. 칭찬 스티커 사용, 칭찬 및 보상하기 등)

≫ 아이에게 "안 돼"라고 말한 내용에 대해서는 끝까지 일관성 있게 대한다.

≫ 부정적인 감정이 있을 때 그 감정을 아이에게 그대로 전달하거나 아이 핑계를 대지 않는다.

≫ 수시로 안아주고 머리를 쓰다듬어주는 등 아이와 스킨십을 하되, 훈육이나 타임아웃 이후에는 더욱 많이 해준다.

≫ 아이와 눈을 마주보고 대화를 한다.

≫ 아이가 나의 행동을 모방한다는 것을 인지하고 아이에게 긍정적이며 침착한 태도를 많이 보여준다.

TO DO LIST
이번 주에는 이것을 하자!

≫ 아이와 하는 놀이 시간 동안 다섯 가지 사랑의 언어로 아이에게 사랑을 표현해주기.

≫ 아이가 어떤 사랑의 언어에 가장 잘 반응하는지 파악하기.

≫ 아이와 침묵하며 눈을 마주보는 시간을 갖기.

영국 아빠의 육아 참여

내가 아는 영국 아빠들은 모두 하나같이 백 점 만점에 백 점짜리 아빠들인 것 같다. 엄마가 학교에 데려다주는 아이의 비율과 아빠가 데려다주는 아이의 비율이 비슷비슷할 정도다. 3시 30분경 끝나는 하교 시간에 아빠들이 데리러 오는 경우도 상당수 있다.

도대체 이 아빠들은 어떻게 이렇게 아이들 등하교를 이토록 철저히 책임질 수 있는 것일까? 한국의 아빠들은 아이들이 눈도 뜨기 전에 나가서 아이들이 잠자리에 들고 난 뒤 퇴근하는 경우가 수도 없이 많은데. 그렇다고 이 많은 영국 아빠들이 실업자는 아닌 것 같은데. 이상해 보였지만 한편으로는 매우 부러웠다.

큰아이가 다니는 학교에는 '로이'라는 이름을 지닌 아빠가 있었는데 꽤 유명했다. 히피 느낌이 물씬 풍기는 로이는 하루도 빠짐없이 아이들의 등하교에 함께했다. 로이는 프리랜서였는데, 아빠가 아이들 육아에 전념하는 대신 엄마가 직장을 다녀서 엄마의 얼굴은 거의 볼 수가 없었다. 로이는 육아 참여를 매우 즐거워하는 것 같았다. 로이를 이상하다고 생각하는 사람도 없긴 했지만, 스스로도 정규직이든 비정규직이든 무직이든 신경을 쓰지 않는 것 같았다.

선생님들 사이에서 로이는 유명 인사였다. 로이는 학교 행사가 있을 때마다 한 번도 빠지지 않고 반드시 참여했다. 페이스페인팅을 해주기도 하고 산타가 되어서 나타나기도 한다. 재우가 학교 내 보육원을 다닐 때, 한 달간 '해적'을 주제로 배우는 시간이 있었는데 해적 복장을

입고 가는 날도 있었다. 이날 로이는 아이들을 위해서 스스로 해적 복장을 입고 나타나서 아이들에게 해적에 대해서 흥미진진하게 이야기를 해주었다. 아이들은 그 해적이 학부형이라고는 상상도 못 하고 정말 해적이 학교에 나타났다고 생각했다. 그날 수업이 끝난 후 재우를 데리러 가자 재우도 진짜 해적을 보았다며 흥분해서 신나게 재잘거린다.

로이는 딸 셋을 둔 아빠였는데, 하교 길에 아이들을 데리고 집에 가면서 아이들 셋이 아빠에게 종알종알 떠들며 가는 모습을 자주 볼 수 있었다. 책을 읽어줄 때에도 로이는 그냥 읽어주기만 하는 것이 아니라, 집 안에 있는 모든 사물을 이용해 목소리를 바꿔가며 아이들과 함께 이야기 속으로 들어가 상상의 나래를 펼쳐주는 그런 아빠 아닐까 하는 생각이 자연스럽게 들었다.

로이의 경우는 조금 특별한 경우였지만 그 외에도 많은 영국 아빠들이 육아나 학교 활동에 적극적으로 참여한다. 이렇게 아빠의 육아 참여가 가능한 이유는 영국의 직장은 주 40시간 근무를 하는 곳이 그리 많지 않은 것도 한몫한다. 보통 주 35시간 정도 근무하는데 자녀가 있을 경우 회사 측에서는 아빠가 자녀의 등하교를 도와줄 수 있도록 배려하는 곳도 많다. 심지어 금요일이면 특별히 아빠들이 아이들의 하교를 책임질 수 있도록 오후 3시를 전후로 퇴근하게 하는 경우도 심심치 않게 찾아볼 수 있다. 재택근무 형태도 상당히 보편적이어서 일을 하다 잠시 아이들을 데리고 오는 것은 큰 무리가 되지 않는다. 이처럼 아빠

들이 육아에 적극적으로 참여할 수 있는 것에는 다름 아닌 아빠들을 배려하는 회사들이 있기 때문이다.

그래서 현우의 같은 반 친구 키욘의 아빠는 매일 아침 30분 늦게 출근하는 조건으로 아이들을 학교에 데려다주었고, 또 다른 반 친구인 프랭키의 경우는 교대 근무를 하는 엄마와 번갈아가며 교대로 아이를 등하교시켰다. 제임스의 아빠는 재택근무를 하기 때문에 하교 시간이 되면 그 시간에 맞추어 슬슬 걸어서 아이를 데리러 갈 수 있었고, 내가 한국어를 가르치면서 알게 된 스티브는 금요일은 '아빠의 날(Daddy's Day)'이라며 아예 출근하지 않는 조건으로 주 4일 근무한다. 급여는 조금 적지만 아이와 온전히 함께할 수 있는 시간을 의무적으로 확보할 수 있다는 것에 본인의 선택에 대해 만족해했다.

영국의 아빠들은 아이들과 정말 잘 놀아주는 것 같다. 주중에는 일하느라 피곤에 지쳐 주말에는 텔레비전만 보는 경우는 거의 없었던 것 같다. 심지어 어떤 영국 아빠들은 로이나 스티브처럼 아이들과 함께 시간을 보내기 위해 일부러 정규직 직장 대신 파트타임 또는 프리랜서로 일하는 것을 선택하기도 했다. 그리고 그 아빠들은 모두 안정된 직장과 수입보다 아이들과 함께하는 시간이 더 중요하다고 답했다. 그래서 수입을 떠나 육아 참여에 있어서 만큼은 내가 만난 영국의 아빠들은 모두 백 점짜리 아빠들이었다. 영국의 이혼율이 아주 낮은 비율은 아닌데, 어쩌다 보니 내 주위에는 이렇게 육아에 적극적으로 참여하는 영

국 아빠들이 많았던 것 같다. 남편 역시 영국에 있었을 때에는 그 많은 영국 아빠들 중 한 명이었다. 그러나 아쉽게도 한국에 돌아오자 여건이 영국과 같을 수는 없었다.

이러한 아빠의 육아 참여는 영국의 출산율에도 직접적인 영향을 미친다. 2014년 기준 한국의 평균 출산율은 1.25명이었던 것에 반해 영국의 평균 출산율은 1.90명으로 유럽 국가 중에서도 상당히 높은 편이다. 아빠들의 육아 참여는 영국뿐만 아니라 세계적으로도 증가하고 있는 추세다. 육아를 하는 아빠가 스웨덴에서는 라테파파, 일본에서는 이쿠멘 등으로 불리고 있다. 한국도 더디지만 조금씩 변화하고 있는 모습이 보인다. 그럼에도 한국도 아빠들이 육아에 더욱 적극적으로 참여할 수 있도록 하루 빨리 환경이 바뀌었으면 하는 욕심을 내본다.

부모 교육을 마무리하며

13주간의 기나긴 교육이 끝났다.

매주 수요일 오후마다 다른 수강생들과 웃고 울며 이야기를 나누었던 그 시간이 마지막이라 생각하니 새삼 더없이 소중하게 느껴졌다. 부모 교육은 무미건조했던 나의 삶에 활력소를 불어넣어준 시간이기도 했다. 일주일간 아이들과 생활하며 스트레스를 받을 때에도, 이곳에 와서 이야기를 나누며 다시 한 번 새롭게 마음을 다스리기도 하고 전문적인 조언도 받을 수 있었다. 매 수업 때마다 아이와 있었던 일들을 이야기해야 한다는 부담이 있기는 했으나 그 덕분에 집에서도 수업 시간에 배운 것을 의식적으로 적용하려고 노력했다. 그러는 사이에 서서히 내 안에서도 아이를 대하는 틀이 바뀌기 시작했다. 무엇보다 아이들에게 말을 할 때, 나의 말투가 조금씩 변하기 시작했다.

첫 번째로 아이에게 말을 건넬 때 무엇이든지 조금씩 더 구체적으로 설명하려고 의식적으로 노력했다. 처음에는 이조차 잘 훈련이 되지 않아 놓치는 부분이 많았다. 그런데 언젠가 한 번 수업 시간 중 나눈 이야기 덕에 나의 언어가 바뀌는 계기를 만들 수 있었다.

"뒷마당에 핀 노란 민들레를 재우가 꺾어와 '엄마, 선물!'이라며 저에게 주었어요. 평소라면 무심코 받았을 거예요. 그런데 교육 때 배웠던 대로 재우에게 '고마워!'라고 말하고 정말 기쁜 표정으로 꽃을 받아주었답니다."

나는 아주 자신 있게 내 이야기를 했다. 내 말을 들은 키런 박사는 여기에서 멈추지 않고 한마디 덧붙여주었다.

"재우는 정말 사랑스러운 행동을 하는 아이군요. 엄마에게 꽃을 선물로 주다니 감동이에요. 재우에게 긍정적으로 반응하신 것도 정말 잘하신 거예요. 그렇지만 다음에는 구체적으로 말하면 더 좋을 것 같아요. 단순히 '고마워!'가 아닌, '노란 빛이 도는 예쁜 꽃을 엄마에게 선물로 주어 정말 고마워! 엄마도 재우 사랑해!'라고 말한다면 더 풍부하게 감정을 전달할 수 있을 거예요."

꽃을 선물한 재우에게 "고마워!"라고 표현을 한 것만으로도 참 잘했다고 자화자찬했는데, 키런 박사의 구체적인 코칭을 받고 나자 그동안 내가 얼마나 아이에게 표현에 인색했는지 알게 되었다. 순간 얼굴이 화끈거렸다. 키런 박사가 구체적으로 수정사항을 알려준 것처럼 나도 아이들에게 무엇이든 더욱 구체적으로 조곤조곤 설명한다면 아이들 입장에서 나의 표현을 받아들이기가 더욱 수월할 것이라는 생각이 들었다.

이는 감정 코칭, 사회성 코칭, 학습 코칭, 인내 코칭 모두에 해당되는 내용이기도 하다. 지금 재우가 한국에서 다니는 유치원 교과과정에는 성품교육이 포함되어 있다. 분기별로 돌아가며 용기, 인내, 경청, 배려,

협동, 정직 등의 성품에 대해 배운다. 이런 주제는 아이들에게 특히 감정 코칭, 사회성 코칭, 인내 코칭을 할 때 큰 도움이 되었다. 각각의 상황에 맞게 이런 성품의 단어를 사용하여 아이와 대화를 하려고 계속 노력했고 아이들도 이런 단어들을 이제 일상생활에서 자연스럽게 사용하게 되었는데 아직 어린 아이의 입에서 이런 수준 높은 단어가 자연스럽게 나오는 모습을 보면 귀엽기만 하다.

둘째, 아이와의 놀이 시간을 의도적으로 많이 만들려고 노력했다. 이전에는 아이들이 놀고 있으면 아이들끼리만 놀게 놔두고 나는 나만의 시간을 갖거나 다른 일을 하기 바빴다. 놀이는 아이들끼리 해도 충분하니까 나는 굳이 아이들 놀이에 끼지 않아도 된다는 생각이었다. 그런데 이 수업을 통해서 부모가 세워야 할 피라미드의 가장 중요한 부분이 놀이라는 것을 알게 된 만큼, 나는 아이와 매일 놀이 시간을 확보하기 위해 노력했다. 함께 블록 놀이도 하고 클레이를 만들기도 하고 요리도 한다. 숨바꼭질, 보물찾기, '무궁화 꽃이 피었습니다' 같은 놀이도 함께한다. 최근에는 아이들과 보드게임을 많이 한다.

지금은 아이들에게 "얘들아 놀자!"라고 말하면 아이들은 바로 달려온다. 그리고 무슨 놀이를 하든, 아이들은 엄마 아빠와 논다는 것에 마냥 즐거워한다. 등산과 수영을 좋아하는 남편은 아이들과 함께 산 정상까지 가기도 하고 수영장에서 몇 시간이고 논다. 또 축구 경기장에서 좋아하는 축구팀을 함께 응원한다. 아이들은 아빠와 함께 힘든 등산 코스도 군소리 없이 신나게 다녀온다. 또 수영장에서는 물 만난 물고기처럼 즐거워한다. 이렇게 우리 가족만의 고유한 놀이 문화를 만들어갈 수 있다는 게 고마울 뿐이다.

셋째, 아이들에게 부정적인 것을 강조하기보다, 긍정적인 부분을 강조하여 더욱 나은 행동을 유도하는 습관을 만들려고 노력한다. 아이가 반찬을 안 먹을 때에도 "넌 왜 가지를 안 먹니?"라고 말하는 대신 "시금치도 먹었구나"라고 말하려고 하고, 집에 와서 아무 곳에나 옷을 벗어 던져놓은 것을 보고도 "빨래 바구니에 빨리 양말 안 넣어?"라고 말하는 대신 "바지를 벗어서 예쁘게 접어놓았구나!"라고 칭찬거리를 찾아서 이야기하려고 한다. 이처럼 착한 일을 한 것을 보면 반드시 그 행동에 대해 구체적으로 칭찬을 하려고 노력한다. 이렇게 긍정적인 면을 강조해서 이야기하다 보니 아이가 정말로 긍정적인 행동을 더 많이 보이기 시작했다.

어떻게 하면 칭찬을 받는지 알기 때문인지, 예전에는 잔소리처럼 말해야 하던 일을 언제인가부터는 시키지 않아도 알아서 하는 일이 한두 가지씩 생기게 되었다. 그런 아이의 행동을 발견하면 나는 또 아이에게 말한다. "엄마가 말하지 않아도 엄마 마음을 알고 먼저 해줘서 고마워"라고. 그러면 아이는 더욱 기분이 좋아 나에게 와서 안긴다. 그렇지만 늘 이런 것만은 아니다. 지금도 여전히 아이들이 나의 인내심을 시험하듯 종종 화가 머리끝까지 나서 버럭 소리치는 경우도 종종 있다. 나도 변하려고 끊임없이 노력 중이다.

넷째, 아이들에게 반드시 선택권을 준다. 다음 날 아침 메뉴부터, 어떤 옷을 입고 어떤 양말을 신을 것인지, 자기 전에는 어떤 책을 읽을지 스스로 고르게 한다. 다만 "아무것이나 골라 봐"라고 말하는 대신 선택할 수 있는 범위를 두세 가지로 정한다. 그러면 아이들은 그중 하나를 선택한다. 때로는 매우 진지하게 고심 끝에 선택하기도 하고, 때로는 "어느 것을 할까요, 딩동댕"같이 노래를 하며 선택을 하기도 한다. 아이들이 선택하는 과정을 즐거워한다는 것을 알게 되었기에 나 또한 아이들의 선택을 존중한다. 더운 여름에 털양말을 신고 간다고 해도 스스로 선택한 것이므로 아이가 마음을 바꾸지 않으면 그대로 놔둔다. 왜 여름에 털양말을 신으면 곤란한지 설명해주고, 그래도 아이가 다른 양말을 고르지 않으면 억지로 바꾸어 신기지 않는다.

다섯째, 아이들이 규칙적인 생활을 할 수 있도록 돕는다. 규칙적인 생활을 습관으로 만들고 나니 집에 들어가면 바로 손을 씻고 편한 옷으로 갈아입은 다음 간식을 먹는다는 것을 아이들이 잘 인지하고 있다. 저녁을 먹은 후에는 샤워를 하고 보드게임을 한 뒤 책을 두세 권 보고 자는 습관도 이제 자리를 잡았다. 그렇다고 매일이 이렇게 굴러가지는 않는다. 어떤 날은 해야 할 일을 몇 번씩 이야기해야 겨우 하는 경우도 있다. 그래도 매일 같은 일상을 습관으로 만들어놓으니 하루 일과가 비교적 순조롭다. 더 나아가 아이들의 아침을 열 때와 마무리 할 때, "사랑해, 축복해"라는 말을 하며 팔다리 마사지를 하루도 빠짐없이 해주는데 할 때마다 아이들의 자존감과 함께 몸도 무럭무럭 자라기를 바라는 마음을 담아 마사지한다. 그러자 언제인가부터는 아이들도 잠결에 나에게 "사랑해, 축복해"를 되풀이해 말해준다.

여섯째, "안 돼"라고 완강하게 말할 수 있게 되었다. 한 번 안 된다고 정한 것은 아이가 떼를 쓰고 고집을 부리고 매달려도 눈 하나 깜짝 않는다. 투정을 부린다고 "알았어, 알았어. 이번 한 번만 봐주는 거다"라는 식의 대화는 내 입에서 나오지 않는다. 아무리 장난감을 사달라고 졸라도 한 번 안 된다고 말을 하면 끝까지 사주지 않는다. 그러면 아이들은 어느새 포기한다. 장난감을 사달라고 해서 사주어도 그때뿐이고 안 사주어서 아이가 서운한 감정을 가져도 그때만 지나면 괜찮아지기 때문이다. 외출 전에는 아이에게 하지 말아야 할 행동을 미리 일러주고 나간다. 마트에 가기 전에도 "오늘은 장난감 안 사는 거야"라고 미리 약속을 한다. 약속을 해도 장난감이 눈앞에 보이면 아이는 여전히 사달라고 조르지만, 외출 전에 미리 안 된다고 약속했기 때문에 아이도 크게 기대는 하지 않는 눈치다. 이런 상황에서 재우는 종종 "엄마, 나 장난감 사고 싶은데도 참고 구경하고 있어"라고 말을 한다. 이런 말을 하는 재우를 보며 아이의 내면이 건강히 잘 자라고 있는 것 같아 나는 내심 고맙다. 그리고 그런 인내하는 행동에 대해 다시 한 번 구체적으로 칭찬한다.

또 재우가 분노발작 증상을 나타낼 때, 예전 같으면 아이를 안아 달래주며 쩔쩔맸는데 아이의 잘못된 행동에 반응하지 말라는 조언에 따라 분노발작 증상을 보여도 크게 신경을 쓰지 않았다. 처음 몇 번은 정말 그냥 그대로 놔두어도 괜찮을까 노심초사하기도 했지만, 배운 대로 잘못된 행동에는 반응하지 않기로 했다. 그대로 놔두었더니 정말 달래든 달래지 않든 아이 스스로 분노발작 증상을 멈춘다는 것을 알게 되었다. 숨을 쉬지 않는 증상이 나타난다고 해도 시간이 지나면 알아서 숨을 쉬기 시작한다. 전문가들의 조언이 맞았다면 아이의 분노발작 증상은 말 그대로 부모의 관심을 끌기 위한 매우 극적인 수단일 뿐이었던 것이다. 이전에 아이가 분노발작 증상을 나타내면 내가 호들갑을 떨고 어쩔 줄 몰라 하며 재우에게 달려갔기 때문이다. 그러나 아이가 분노발작을 해도 더 이상 예전처럼 호들갑을 떨지 않게 되자 재우도 그것이 더 이상 효과가 없다고 생각했나 보다. 분노발작 증상을 나타내더라도 스스로 알아서 감정을 조절하게 되었다.

하지만 여전히 성공적이지 못한 것도 몇 가지 있는데 그중 하나가 칭찬 스티커다. 초기에는 배운 대로 칭찬 스티커를 충분히 활용했고 그 효과를 보기도 했다. 그러나 칭찬 스티커의 목표 기간을 길게 잡거나 한 번에 여러 가지 목표를 세우기도 하면서 욕심을 부렸더니 칭찬 스티커를 완성하지 못하는 경우가 빈번했다. 나 역시 다시 한 번 칭찬 스티커의 목표 기간과 목표 내용을 세세하게 설정하여 아이들이 조금 더 쉽게 목표를 달성할 수 있도록 노력하고 반드시 보상에 대한 약속을 지켜야겠다고 다짐한다.

가트만 박사가 설명한 52개 감정을 적절한 상황에서 골고루 사용하는 것은 여간 어려운 일이 아니다. 그렇지만 확실히 부모 교육을 받기 전 보다는 사용하는 표현의 종류나 빈도가 늘어난 것은 사실이다.

타임아웃은 최대한 쓰지 않으려고 하는데 정말로 인내심의 한계를 느낄 때 몇 번 사용했다. 자주 사용하지 않기 때문에 타임아웃을 하면 아이들은 문제의 심각성을 금세 인지한다는 점에서 꽤나 효과적인 방법인 것 같다. 그렇지만 최대한 체벌이나 타임아웃을 사용하지 않으려고 노력하기 때문에 그 대신 나도 모르게 협박을 하는 경우가 종종 있다. 더 극단적인 방법을 사용하지 않으려다 보니 나도 모르게 협박을 하게 되는데 이 부분 역시 고치려고 노력 중이다.

테사가 그날 나에게 부모 교육을 받으라고 하지 않았다면 지금은 어땠을까 생각해본다. 아마 아이들이 여전히 말을 듣지 않는다고 계속 스트레스를 받고 있을 것이고 아이들에게 소리를 지르거나 야단치며 육아 전쟁터에서 힘겨워하고 있을 것 같다. "고마워"라고 말하는 대신 "노란 꽃을 선물로 주어 고마워!"라고 말하게 된 것, 아이와 규칙적으로 놀이를 하게 된 것, "장난감을 잘 치워주어서 고마워"와 같이 긍정적인 부분을 더욱 강조해서 말해주게 된 것만으로도 나에게는 큰 변화가 일어났다. 이전의 나는 감정 표현이 상당히 메말랐던 사람이었음을 새삼 깨닫는다. 테사는 내가 아이를 통제하지 못한다고 생각해 이 교육에 반강제로 등록해주었는데, 다행히도 목표를 꽤나 이룬 것 같다. 혹시 테사가 지금의 나에게 부모 점수를 준다면 몇 점을 줄지 궁금하다.

아이의 적응 일기

부모 교육은 하루 24시간 내내 엄마 옆에 '껌딱지'처럼 붙어다니던 재우에게도 매우 큰 도전이었다. 교육은 주 1회, 2시간 정도였지만 아이에게는 엄마와 떨어져 독립하는 것을 처음으로 배웠기 때문이다.

1주

본격적으로 수업이 진행된 첫 번째 수업날은 마침 남편이 쉬는 날이었다. 수업 전 열린 어린이 오리엔테이션 때 잘 적응하지 못했던 재우를 위해 남편이 재우를 데리고 둘이서만 박물관에서 데이트를 하기로 했다. 영국은 박물관이 매우 잘되어 있어 당시 우리가 살던 맨체스터에도 맨체스터산업과학박물관, 전쟁기념관, 축구박물관 등이 있고 모두 무료로 이용할 수 있었다. 그중 맨체스터박물관(Manchester Museum)은 우리가 주말마다 자주 놀러가던 곳이었다. 대부분의 영국 박물관이 그렇듯이 아이들을 위한 프로그램도 별도로 운영하고 있다. 무엇보다 고대관(Ancient Zone)을 지나 야생관(Wildlife Zone)에 이르면 살아 있는 카멜레온과 개구리, 뱀 등을 실제 볼 수 있는데 이 동물들은 아이들이 가장 좋아하는 친구들이었다. 영국박물관(The British Museum)과 자연사박물관에도 가보았지만, 규모가 어마어마해서 어른인 우리도 돌아다니다가 지쳤고 아이들은 말할 필요도 없었다. 반면 맨체스터박물관은 영국박물관의 축소판 같았다. 없는 것 없이 다 있으면서도 아담하고 아이들 위주의 프로그램도 매주 열려 아이들에게는 제

격이었다. 아빠와 단 둘이서만 데이트를 하고 온 재우는 신이 나 매번 가는 박물관인데도 흥분해서 집에 와 나를 보자마자 할 수 있는 모든 표현을 동원하여 그날 본 카멜레온 이야기를 신나게 했다.

2주

내가 부모 수업을 듣는 동안 본격적으로 놀이방에서 놀게 된 재우는 처음에는 물감 놀이에 흥미를 보였다. 약간은 불안한 마음도 있었다. "엄마는 옆방에서 공부하고 올게"라고 말하고 수업을 들으러 갔다. 아니나 다를까 10분 정도 지나자 선생님이 재우가 너무 심하게 운다며 나를 불렀다.

아이는 나를 보자마자 통곡하며 "엄마 나빠서 울었어"라고 섭섭한 마음을 내비친다. 자기 딴에 표현할 수 있는 방법이 이것뿐이었으리라 짐작한다. 마침 놀이방에 공룡 장난감이 있어서 나는 장난감을 보여주며 아이를 조금 달랬다. 다시 수업에 들어가려 하자 아이는 가지 말라며 또 다시 나를 끌어안고 운다. 하는 수 없이 "엄마 공부하고 올 때까지 안 울고 잘 놀면 초코 가져다줄게"라는 말을 했다. 아이는 그제서야 고개를 끄덕이며 내게서 떨어진다.

수업이 끝난 후 약속대로 초콜릿을 들고 아이를 데리러 가니 재우는 선생님 품에 안겨서 자고 있다. 선생님은 재우가 깰까 봐 움직이지도 못한다. 놀이방에서 다른 사람은 곁에 오지도 못하게 하고 혼자서만 놀

다가 내가 가기 5분 전에 졸려하며 그 선생님한테 오더니 안겨서 잠들었다고 한다. 아이는 내가 안아들자 잠에서 깼다. "다음에도 안 울고 선생님이랑 잘 놀 거야?" 하고 물으니 그렇게 하겠다고 끄덕인다. 집에 돌아오는 길에 지렁이가 있어서 보여주니 한참을 쭈그리고 앉아 쳐다본다. 지렁이를 유심히 관찰하는 재우에게 수업 시간에 배운 대로 지렁이의 모습을 하나하나 설명해주었다. 재우는 나의 그런 반응이 재미있었는지, 그 다음부터도 지렁이를 보면 내 손을 잡아끌고 가서 쭈그려 앉곤 했다.

5주

지난주까지는 나갈 때마다 울고불고 난리를 피우던 재우가 이제는 엄마와 떨어져도 일정 시간이 지나면 다시 돌아온다는 것을 알게 되어 그런지 떼를 덜 쓴다. 놀이방 분위기에도 익숙해지고 그 안에서 재미있는 요소를 찾아서 그런지, 요즘은 너무나도 씩씩하게 놀이방으로 들어가 선생님들과 나를 놀라게 한다.

마침 날씨가 좋아 아이들이 바깥 놀이터에 나가서 놀았는데 강의실 밖 창문으로 아이들이 노는 모습이 보였다. 재우는 지난번 안겨서 잠들었던 선생님 손을 꼭 붙잡고 여기저기 탐색을 하러 다니다가 선생님과 공놀이를 시작했다. 또 혼자서 세발자전거도 타 보다가 조금 지나자 다른 친구와도 놀았다.

밖에서는 강의실 안이 보이지 않아 내가 재우를 보고 있다는 것을 몰랐겠지만, 강사들과 수강생 모두 지난주까지 재우의 모습이 어땠는지 잘 알기에 재우의 변화한 모습을 보고 모두 함께 박수를 쳐주며 응원을 한다. 수강생 자녀 중에서 조금 큰 아이들은 학교에 가기도 해서 모든 부모가 아이를 데리고 오는 것은 아니었다. 놀이방에서 노는 아이들은 대여섯 명 정도였다. 이 아이들을 돌보아주는 아이 돌봄이 교사는 세 명이다. 영어도 한국어도 서툰 재우는 다른 아이들처럼 마음껏 표현을 할 수 없어서 선생님이 더 신경 쓰고 배려하는 것 같았다.

재우는 첫 주에 자신이 안겨 잠들었던 선생님을 매우 좋아했고, 그것을 아는 선생님 역시 재우만 돌보아주었다. 말은 통하지 않아도 마음은 통하나 보다. 다른 두 선생님이 나머지 아이들을 번갈아가며 돌보아주었다. 재우가 엄마와 떨어져 거의 처음 시작하는 사회 생활인데 재우에게 집중해주고 돌보아주는 선생님과, 그 선생님이 재우에게만 집중할 수 있도록 배려하는 다른 선생님들이 고맙기만 할 뿐이었다. 아이 수에 비해 돌봄 선생님이 많다는 것도 안심이 되었다.

교육이 끝나기 전, 강사 중 한 명이 나에게 말한다. "오늘은 재우가 정말 훌륭한 아이가 된 날이었어요. 재우에게 오늘 엄마랑 떨어질 때도 울지 않았고 밖에서 놀 때에도 얼마나 씩씩하고 멋졌는지에 대해 많이 칭찬해주세요." 강사의 조언에 따라 구체적인 칭찬을 해주자 재우는 더더욱 신나했다. 집으로 돌아가는 발걸음이 더욱 가벼워 보인다.

9주

이제 재우는 놀이방에 가는 날을 기다린다. 자기 몸만 한 가방을 메고 아장아장 뛰어가 놀이방 초인종을 스스로 누른다. 선생님들은 환한 미소로 아이를 환영해주고, 재우는 선생님들을 한 명씩 안아주며 인사한다. 그리고는 엄마에게 잘 가라고 손을 흔든다. 때론 조그만 사탕이나 초콜릿을 챙겨가서 선생님에게 내밀기도 한다. 그런 재우를 본 선생님들은 "매우 사랑스러운 아이"라며 칭찬을 해준다. 나도 재우에게 "재우가 좋아하는 초콜릿을 선생님에게 주니 선생님도 정말 기분이 좋을 거야"라고 구체적으로 상황을 설명해주었다. 선생님들이 작성해준 일지를 보니 재우는 미술 놀이도 잘하고 성격도 활발하며 간식도 잘 먹는다고 적혀 있다. 수업이 끝나 아이를 데리러 가면 재우는 나를 보고 환한 미소로 달려나온다. 그러면서 자신이 오늘 한 활동이 무엇인지 재잘재잘 말한다. 고작 2시간이지만 그것마저도 안 가겠다고 야단법석을 피우던 재우가 맞나 싶을 정도로 적응을 잘하고 있다. 이렇게 잘할 줄 알았으면 더 일찍부터 보육 시설을 이용할 걸 하는 생각을 잠시 했다.

13주

부모 교육 마지막 주다. 수업 전 아이를 놀이방에 데려다주자 재우는 오늘도 어김없이 좋아하는 선생님을 먼저 찾아 꼭 안아준다. 그런 선생님도 재우를 꼭 안아준다. 오늘이 마지막 날이라는 것을 아는 선

생님 얼굴에는 서운한 표정이 역력하다. "오늘이 놀이방에 가는 마지막 날이야"라고 재우에게 말해주었지만, 아이는 아직 그 뜻을 모르는 듯하다.

그날도 재우는 여느 때처럼 놀이방에서 신나게 놀다가 수업 후 데리러 가자 달려나온다. 선생님들에게 손을 흔들며 밝게 인사를 한 뒤 뒤도 안 돌아보고 뛰어간다. 마치 다음 주에도 또 올 것처럼. 오늘이 재우를 보는 마지막 날이라는 것을 아는 선생님들만 "많이 보고 싶을 거야"라며 아쉬워한다.

선생님이 내게 건네준 재우의 활동 일지와 사진을 보니 선생님들이 얼마나 아이를 아끼며 돌보아주었는지가 그대로 전해져서 코끝이 찡해진다. 13주간의 놀이방 경험은 재우를 한층 성장시키는 시기였다. 말이 자유자재로 통하지는 않았지만, 그 속에서 스스로의 방식대로 적응하며 재우는 더욱 밝은 아이가 되었다. 부모 교육을 받지 않았다면 나는 여전히 집안일을 하느라 분주하다는 핑계로 재우를 방에서 홀로 놀게 하고 여전히 많은 대화를 하지 않았을 것이다. 그러나 내가 부모 교육을 받는 동안 재우도 부모 교육과 함께 제공되는 놀이방 활동을 통해서 집 밖의 세계를 알게 되었고 엄마가 없는 곳에서 독립적으로 생활하는 법을 터득했다. 나는 재우에게 시시콜콜한 이야기를 더 많이 하려고 노력하기 시작했고, 말이 많아진 나에게 재우는 더욱 많은 말을 하기 시작했다. 조금은 더 수다스러워진 엄마에게 재우도 함께 수다로 반

응해주기 시작했다.

가끔 재우가 고집을 부리거나 분에 못 이겨 화를 내면 단지 그 상황을 보고 재우는 매우 힘든 아이라고만 생각했다. 어쩌면 유아기 때에는 또래에 비해 매우 규칙적이고 모범적인 생활을 해서 다루기 크게 어렵지 않았던 큰아이와 비교해서 그런 생각이 들었던 것일지도 모른다. 그러나 재우와의 수다가 길어지고 함께 놀이를 하는 시간이 더 많아지자 내가 재우에게 적응이 되어서 그런 것인지 재우는 생각했던 것만큼 힘든 아이가 아니라는 생각이 들었다.

부모 교육이 끝난 후

부모 수업이 끝난 지 꽤 되었다. 어느새 다시 평범한 일상이 이어지고 있었다. 그러던 어느 날, 강사 중 한 명인 데비가 내게 연락을 했다. 반가운 마음에 얼른 전화를 받았다.

"잘 지내고 있어요?"

수화기 저편에서 들려오는 데비의 목소리가 반갑다.

"수업이 끝난 지 꽤 됐는데 여전히 배운 것을 잘 활용하고 있는지 궁금해서 연락했어요. 시간 되면 다음 주에 한 번 만날까요?"

벌써 까마득히 지나 나는 잊고 있었는데, 데비는 잊지 않고 연락을 주었고 사후 관리까지 해주었다. 부모 교육이 끝난 지 정확히 14주 뒤

였다. 그 다음 주, 오랜만에 데비를 만나 즐겁게 수다를 떨며 그동안의 회포를 풀었다. 그때 놀랍게도 데비와 이야기를 하다가 알게 된 사실이 하나 있었다. 재우의 분노발작이 어느새 사라졌다는 것이다. 나는 인지하지 못하고 있었는데 "재우는 요즘에도 예전에 걱정하던 것처럼 숨을 안 쉬고 울기도 하나요?"라는 데비의 질문에 답을 하려고 생각해보니 언제인가부터 재우가 그 증상을 보이지 않고 있다는 것을 알게 되었다.

재우의 분노발작을 본 테사가 부모 교육을 들으라고 강력하게 추천해줬던 것인데, 부모 교육을 듣고 나니 재우의 분노발작이 사라진 것은 단순한 우연일까? 아니면 한국의 의사 말처럼 크면서 자연스럽게 사라진 것일까? 아이의 분노발작이 사라진 시기가 부모 교육이 끝난 시점과 맞물려서 정확히 원인을 알 수 없지만 재우는 이제 더 이상 다루기 힘들기만 한 아이가 아닌, 누구보다도 사랑스러운 아이가 되어 있었다. 더 이상 편식을 하지 않고 야채도 잘 먹어서 보는 이마다 깜짝 놀라게 하는 아이가 되었다. 바닥에 엎드려서 떼를 쓰기보다는 "사랑해", "고마워", "미안해"라는 표현을 자연스럽게 하는 아이가 되었다. 재우는 어느새 감정 표현이 풍부한 아이, 다른 사람을 배려하는 아이, 규칙적으로 생활하는 아이가 되어 있었다.

13주간의 기나긴 여정을 지나며 분명히 내 안에도 변화가 일어났다. 부모 교육은 아이를 내 취향에 맞게 바꾸는 방법을 터득하기 위한 프로그램이 아니었다. 반대로 내가 아이에게 맞춤형 부모가 되어 아이와

함께 긍정적인 관계를 형성하도록 도와주는 프로그램이었다. 교육이 끝난 뒤 데비가 나를 만나지 않았더라면 나는 나와 재우의 변화를 인지하지 못했을지도 모르겠다. 철저한 사후 관리 또한 처음 프로그램에 등록할 때와 마찬가지로 나에게 감동을 주었다. 이 수업이 일회성 수업이거나 단기 과정이었다면 나 역시 이렇게 변하지 않았을지도 모르겠다. 처음에는 13주가 매우 길다고 생각했는데 그 정도 시간이 있었기에 내게서도 변화가 나타났던 것 같다.

한국에서도 현재 수많은 부모 교육 프로그램이 진행되고 있다. 그만큼 필요하고 중요하고 더 나은 부모가 되고 싶어 교육을 받는다. 사설단체에서 진행하는 곳도 있고 지역마다 있는 건강가정지원센터나 육아종합지원센터에서도 교육을 제공한다. 그렇지만 대부분 일회성 또는 단기로 진행된다. 또 맞춤형 개별 교육이나 단체 토론식이 아니라 대부분 강의식으로 진행된다는 점도 아쉽다. 철저한 사후관리를 제공하는 프로그램도 드물다. 이처럼 구체적인 방법으로 장기간에 걸쳐 부모의 변화를 유도하는 프로그램은 흔하지 않다. 또한 대부분의 부모 교육 프로그램이 내가 받았던 프로그램과 같이 수강생이 함께 토론하며 직접 강의에 참여하고 정보를 나누는 형태가 아닌 것도 고민해볼 지점이다. 강사가 일방적으로 정보를 전달하고 끝부분에서 간단한 질의응답으로 마무리되는 경우가 일반적이다. 한국의 부모들도 토론 형식을 사용하고 강의 구성에 함께 참여한다면 어떨까.

나의 아이들은 이제 유아기를 보내고 있다. 나 역시 다른 선배 부모들이 이미 겪었던 아이들의 청소년기에도 대비해야 한다. 아직 갈 길이 멀지만, 꾸준히 부모가 세워야 할 피라미드의 핵심을 튼튼히 하면서 아이들의 초등학교 시절도, 질풍노도의 사춘기도 조금은 순조롭고 즐겁게 보내길 바란다. 피라미드가 무너져도 아이들과 다시 함께 세울 수 있기를 바라며.

워크북

1부 워크북

1장. 내 안의 놀이 끄집어내기

1. 어려서 재미있게 놀았던 놀이를 세 가지 생각해보세요. 각각의 놀이를 그림이나 글로 설명해 보세요.

2. 위에서 설명한 놀이가 왜 특별히 기억에 남나요? 어떤 점이 재미있었나요?

3. 위에서 설명한 놀이가 지금의 나에게 어떤 영향을 주었다고 생각하나요?

4. 놀이가 왜 중요한지 그 이유를 세 가지 생각해보세요.

5. 아이와 하고 싶은 놀이를 세 가지 생각해보세요. 각각의 놀이를 그림이나 글로 설명해보세요.

6. 왜 위와 같은 놀이를 아이와 해보고 싶은지 적어보세요.

7. 아이와 놀이를 할 때 아이에게 바라는 점, 또는 스스로에게 바라는 점이 있다면 구체적으로 적어보세요.

2장. 감정 코칭

1. 내가 긍정적인 감정을 느끼는 말에는 주로 어떤 것이 있나요?

2. 내가 부정적인 감정을 느끼는 말에는 주로 어떤 것이 있나요?

3. 아이에게 평소에 감정을 표현하는 말에는 주로 어떤 것이 있나요?

4. 아이에게 감정 표현을 해주고 싶어도 잘 못하는 말이 있다면 적어보세요.

5. 아이에게 꼭 표현해야 할 감정 코칭의 언어를 아는 대로 적어보세요.

3장. 사회성 코칭

1. 사회성 코칭 중 아이에게 평소에 표현하는 말에는 주로 어떤 것이 있나요?

2. 사회성 코칭 중 아이에게 표현을 해주고 싶어도 잘 못하는 말이 있다면 적어보세요.

3. 아이가 배우기를 바라는 사회성 코칭의 언어를 생각나는 대로 적어보세요.

4장. 학습 코칭

1. 아이와 놀이를 할 때 어떤 학습 코칭 언어를 사용하나요?

2. 구체적으로 학습 코칭 언어를 어떻게 사용할지 세 가지 예시를 생각해보고 아래 적어보세요.

5장. 인내 코칭

1. 아이와 있을 때 인내가 필요한 경우는 언제인가요?

____

____

____

____

2. 인내해야 할 상황에 대해 아이와 이야기하고 인내할 것을 약속해봅시다. 일주일 동안 하나씩 인내해야 할 상황을 바꾸어가며 실천해보세요.

월요일 ____

화요일 ____

수요일 ____

목요일 ____

금요일 ____

토요일 ____

일요일 ____

6장. 식생활 코칭

1. 아이가 잘 먹지 않지만 잘 먹었으면 하는 음식으로는 무엇이 있나요?

2. 위의 음식 재료를 가지고 요리를 해봅시다. 어떤 요리를 만들 수 있는지 적어보세요.

3. 요리 활동을 할 때 나의 느낌은 어땠나요? 요리를 할 때 아이의 느낌은 어때 보였나요?

4. 요리 활동을 할 때 사용한 감정 코칭, 사회성 코칭, 학습 코칭, 인내 코칭의 언어는 무엇이 있나요?

____

____

____

____

5. 일주일 동안 앞에 적어둔 재료를 넣어서 만든 음식을 매일 한 끼씩 식탁에 놀려놓아보세요. 단, 먹지 않으면 먹지 않았다고 화를 내지 않고 그대로 그냥 치워야 합니다.

7장. 칭찬하기

1. 아이에게 하루에 한 가지씩 칭찬해보세요. 칭찬을 할 때에는 왜 칭찬을 받는지 구체적으로 칭찬을 해야 합니다.

월요일 ______________________________

화요일 ______________________________

수요일 ______________________________

목요일 ______________________________

금요일 ______________________________

토요일 ______________________________

일요일 ______________________________

8장. 우리 집의 규율 정하기

1. 지시를 하지 않아도 아이가 반드시 지켰으면 하는 것이 있으면 적어보세요.
   (예. 장난감을 가지고 놀이를 한 후에는 자리를 정리하기)

____

____

____

____

2. 이 중 가장 실천 가능성이 높은 것을 골라 일주일 동안 반드시 지키도록 아이와 약속을 정하세요. 일주일 동안 하루씩 주제를 바꿔서 실천하세요.

월요일 ______________________________

화요일 ______________________________

수요일 ______________________________

목요일 ______________________________

금요일 ______________________________

토요일 ______________________________

일요일 ______________________________

3. 스티커 표를 아이와 함께 만들어 적극적으로 활용하세요. 목표, 기간, 보상을 정할 때 반드시 아이와 함께 이야기합니다.

목표 ____

기간 ____

보상 ____

9장. 아이를 통제해야 할 때

1. 아이가 하지 않았으면 하는 행동이 있으면 적어보세요.
   (예. 물건 집어던지지 않기)

____

____

____

____

2. 이 중 가장 실천 가능성이 높은 것을 골라 일주일 동안 반드시 지키도록 아이와 약속을 정하세요. 일주일 동안 하루씩 주제를 바꿔서 실천하세요.

월요일 ______________________________

화요일 ______________________________

수요일 ______________________________

목요일 ______________________________

금요일 ______________________________

토요일 ______________________________

일요일 ______________________________

10장. 부모 스스로의 감정을 조절하기

1. 언제 아이에게 화가 나나요?

____

____

____

____

2. 일주일 동안 S.T.O.P.을 사용한 경우가 있다면 적어보세요.

월요일 ____________________________________

화요일 ____________________________________

수요일 ____________________________________

목요일 ____________________________________

금요일 ____________________________________

토요일 ____________________________________

일요일 ____________________________________

11장. 우리 집의 타임아웃

1. 아이와 타임아웃을 해야 할 상황에 대해서 미리 이야기를 해보세요. 아이를 훈육하는 상황이 아닌, 아이의 기분이 좋을 때 이야기하 게 좋습니다.

2. 일주일씩 타임아웃 상황을 한 가지씩 정해서 돌아가며 실천하세요.

3. 타임아웃을 하는 상황이 되면 화를 내지 말고 차분히 타임아웃을 실천하세요.

4. 타임아웃이 끝나고 나면 잘못된 행동에 대해서는 언급하지 말고 끝내세요.

12장. 사랑의 다섯 가지 언어

1. 아이에게 사용하고 있는 다섯 가지 사랑의 언어를 생각해보세요.

시간: ____________________

함께하는 일: ____________________

말: ____________________

선물: ____________________

스킨십: ____________________

2. 아이에게 앞으로 사용하고 싶은 다섯 가지 사랑의 언어를 생각해보세요.

시간: ____________________

함께하는 일: ____________________

말: ____________________

선물: ____________________

스킨십: ____________________

2부 실천하기

1주		날짜:
1	금주의 규율	
2	아이와 함께한 놀이	
3	감정 코칭에 사용한 말	
4	사회성 코칭에 사용한 말	
5	학습 코칭에 사용한 말	
6	인내 코칭에 사용한 말	
7	식생활 코칭에 사용한 말	
8	칭찬한 말	
9	"안 돼"라는 말 대신 사용한 말	
10	나를 가장 힘들게 했던 아이의 행동	
11	나를 가장 기쁘게 했던 아이의 행동	
12	타임아웃을 사용한 일	
13	내 행동 중 개선해야 할 부분	
14	내가 아이에게 잘했다고 생각한 행동	
15	사랑의 다섯 가지 언어를 어떻게 사용했나?	시간: 함께한 일: 말: 선물: 스킨십:

2주		날짜:
1	금주의 규율	
2	아이와 함께한 놀이	
3	감정 코칭에 사용한 말	
4	사회성 코칭에 사용한 말	
5	학습 코칭에 사용한 말	
6	인내 코칭에 사용한 말	
7	식생활 코칭에 사용한 말	
8	칭찬한 말	
9	"안 돼"라는 말 대신 사용한 말	
10	나를 가장 힘들게 했던 아이의 행동	
11	나를 가장 기쁘게 했던 아이의 행동	
12	타임아웃을 사용한 일	
13	내 행동 중 개선해야 할 부분	
14	내가 아이에게 잘했다고 생각한 행동	
15	사랑의 다섯 가지 언어를 어떻게 사용했나?	시간: 함께한 일: 말: 선물: 스킨십:

3주		날짜:
1	금주의 규율	
2	아이와 함께한 놀이	
3	감정 코칭에 사용한 말	
4	사회성 코칭에 사용한 말	
5	학습 코칭에 사용한 말	
6	인내 코칭에 사용한 말	
7	식생활 코칭에 사용한 말	
8	칭찬한 말	
9	"안 돼"라는 말 대신 사용한 말	
10	나를 가장 힘들게 했던 아이의 행동	
11	나를 가장 기쁘게 했던 아이의 행동	
12	타임아웃을 사용한 일	
13	내 행동 중 개선해야 할 부분	
14	내가 아이에게 잘했다고 생각한 행동	
15	사랑의 다섯 가지 언어를 어떻게 사용했나?	시간: 함께한 일: 말: 선물: 스킨십:

4주		날짜:
1	금주의 규율	
2	아이와 함께한 놀이	
3	감정 코칭에 사용한 말	
4	사회성 코칭에 사용한 말	
5	학습 코칭에 사용한 말	
6	인내 코칭에 사용한 말	
7	식생활 코칭에 사용한 말	
8	칭찬한 말	
9	"안 돼"라는 말 대신 사용한 말	
10	나를 가장 힘들게 했던 아이의 행동	
11	나를 가장 기쁘게 했던 아이의 행동	
12	타임아웃을 사용한 일	
13	내 행동 중 개선해야 할 부분	
14	내가 아이에게 잘했다고 생각한 행동	
15	사랑의 다섯 가지 언어를 어떻게 사용했나?	시간: 함께한 일: 말: 선물: 스킨십:

5주		날짜:
1	금주의 규율	
2	아이와 함께한 놀이	
3	감정 코칭에 사용한 말	
4	사회성 코칭에 사용한 말	
5	학습 코칭에 사용한 말	
6	인내 코칭에 사용한 말	
7	식생활 코칭에 사용한 말	
8	칭찬한 말	
9	"안 돼"라는 말 대신 사용한 말	
10	나를 가장 힘들게 했던 아이의 행동	
11	나를 가장 기쁘게 했던 아이의 행동	
12	타임아웃을 사용한 일	
13	내 행동 중 개선해야 할 부분	
14	내가 아이에게 잘했다고 생각한 행동	
15	사랑의 다섯 가지 언어를 어떻게 사용했나?	시간: 함께한 일: 말: 선물: 스킨십:

6주		날짜:
1	금주의 규율	
2	아이와 함께한 놀이	
3	감정 코칭에 사용한 말	
4	사회성 코칭에 사용한 말	
5	학습 코칭에 사용한 말	
6	인내 코칭에 사용한 말	
7	식생활 코칭에 사용한 말	
8	칭찬한 말	
9	"안 돼"라는 말 대신 사용한 말	
10	나를 가장 힘들게 했던 아이의 행동	
11	나를 가장 기쁘게 했던 아이의 행동	
12	타임아웃을 사용한 일	
13	내 행동 중 개선해야 할 부분	
14	내가 아이에게 잘했다고 생각한 행동	
15	사랑의 다섯 가지 언어를 어떻게 사용했나?	시간: 함께한 일: 말: 선물: 스킨십:

7주		날짜:
1	금주의 규율	
2	아이와 함께한 놀이	
3	감정 코칭에 사용한 말	
4	사회성 코칭에 사용한 말	
5	학습 코칭에 사용한 말	
6	인내 코칭에 사용한 말	
7	식생활 코칭에 사용한 말	
8	칭찬한 말	
9	"안 돼"라는 말 대신 사용한 말	
10	나를 가장 힘들게 했던 아이의 행동	
11	나를 가장 기쁘게 했던 아이의 행동	
12	타임아웃을 사용한 일	
13	내 행동 중 개선해야 할 부분	
14	내가 아이에게 잘했다고 생각한 행동	
15	사랑의 다섯 가지 언어를 어떻게 사용했나?	시간: 함께한 일: 말: 선물: 스킨십:

8주		날짜:
1	금주의 규율	
2	아이와 함께한 놀이	
3	감정 코칭에 사용한 말	
4	사회성 코칭에 사용한 말	
5	학습 코칭에 사용한 말	
6	인내 코칭에 사용한 말	
7	식생활 코칭에 사용한 말	
8	칭찬한 말	
9	"안 돼"라는 말 대신 사용한 말	
10	나를 가장 힘들게 했던 아이의 행동	
11	나를 가장 기쁘게 했던 아이의 행동	
12	타임아웃을 사용한 일	
13	내 행동 중 개선해야 할 부분	
14	내가 아이에게 잘했다고 생각한 행동	
15	사랑의 다섯 가지 언어를 어떻게 사용했나?	시간: 함께한 일: 말: 선물: 스킨십:

9주		날짜:
1	금주의 규율	
2	아이와 함께한 놀이	
3	감정 코칭에 사용한 말	
4	사회성 코칭에 사용한 말	
5	학습 코칭에 사용한 말	
6	인내 코칭에 사용한 말	
7	식생활 코칭에 사용한 말	
8	칭찬한 말	
9	"안 돼"라는 말 대신 사용한 말	
10	나를 가장 힘들게 했던 아이의 행동	
11	나를 가장 기쁘게 했던 아이의 행동	
12	타임아웃을 사용한 일	
13	내 행동 중 개선해야 할 부분	
14	내가 아이에게 잘했다고 생각한 행동	
15	사랑의 다섯 가지 언어를 어떻게 사용했나?	시간: 함께한 일: 말: 선물: 스킨십:

10주		날짜:
1	금주의 규율	
2	아이와 함께한 놀이	
3	감정 코칭에 사용한 말	
4	사회성 코칭에 사용한 말	
5	학습 코칭에 사용한 말	
6	인내 코칭에 사용한 말	
7	식생활 코칭에 사용한 말	
8	칭찬한 말	
9	"안 돼"라는 말 대신 사용한 말	
10	나를 가장 힘들게 했던 아이의 행동	
11	나를 가장 기쁘게 했던 아이의 행동	
12	타임아웃을 사용한 일	
13	내 행동 중 개선해야 할 부분	
14	내가 아이에게 잘했다고 생각한 행동	
15	사랑의 다섯 가지 언어를 어떻게 사용했나?	시간: 함께한 일: 말: 선물: 스킨십:

11주		날짜:
1	금주의 규율	
2	아이와 함께한 놀이	
3	감정 코칭에 사용한 말	
4	사회성 코칭에 사용한 말	
5	학습 코칭에 사용한 말	
6	인내 코칭에 사용한 말	
7	식생활 코칭에 사용한 말	
8	칭찬한 말	
9	"안 돼"라는 말 대신 사용한 말	
10	나를 가장 힘들게 했던 아이의 행동	
11	나를 가장 기쁘게 했던 아이의 행동	
12	타임아웃을 사용한 일	
13	내 행동 중 개선해야 할 부분	
14	내가 아이에게 잘했다고 생각한 행동	
15	사랑의 다섯 가지 언어를 어떻게 사용했나?	시간: 함께한 일: 말: 선물: 스킨십:

12주		날짜:
1	금주의 규율	
2	아이와 함께한 놀이	
3	감정 코칭에 사용한 말	
4	사회성 코칭에 사용한 말	
5	학습 코칭에 사용한 말	
6	인내 코칭에 사용한 말	
7	식생활 코칭에 사용한 말	
8	칭찬한 말	
9	"안 돼"라는 말 대신 사용한 말	
10	나를 가장 힘들게 했던 아이의 행동	
11	나를 가장 기쁘게 했던 아이의 행동	
12	타임아웃을 사용한 일	
13	내 행동 중 개선해야 할 부분	
14	내가 아이에게 잘했다고 생각한 행동	
15	사랑의 다섯 가지 언어를 어떻게 사용했나?	시간: 함께한 일: 말: 선물: 스킨십:

13주		날짜:
1	금주의 규율	
2	아이와 함께한 놀이	
3	감정 코칭에 사용한 말	
4	사회성 코칭에 사용한 말	
5	학습 코칭에 사용한 말	
6	인내 코칭에 사용한 말	
7	식생활 코칭에 사용한 말	
8	칭찬한 말	
9	"안 돼"라는 말 대신 사용한 말	
10	나를 가장 힘들게 했던 아이의 행동	
11	나를 가장 기쁘게 했던 아이의 행동	
12	타임아웃을 사용한 일	
13	내 행동 중 개선해야 할 부분	
14	내가 아이에게 잘했다고 생각한 행동	
15	사랑의 다섯 가지 언어를 어떻게 사용했나?	시간: 함께한 일: 말: 선물: 스킨십: